研芝士
YANZHISHI

计算机考研精深解读系列
www.yanzhishi.cn

2022

计算机组成原理精深解读

研芝士计算机考研命题研究中心◎编著

航空工业出版社　北京航空航天大学出版社

内容简介

本书严格根据最新的全国硕士研究生招生考试计算机学科专业基础综合考试大纲《计算机组成原理》部分编写，针对计算机发展概述、数据的表示与运算、存储器层次结构、指令系统、中央处理器、总线和输入输出系统等大纲要求的知识点进行解读，力求内容精练深入，重点和难点突出。本书既包括历年全国联考的全部真题，也精选了多所非联考名校考研真题。另外，书中还重点组织编写了部分习题和模拟预测题，并对所有题目进行了解析，力求使考生能够深入把握考点、明确解题思路并熟练掌握解题技巧，有效提高复习效果。考生在使用本书的过程中遇到的问题可以通过扫描封底下方二维码进行互动答疑。

本书可作为考生参加计算机专业全国硕士研究生入学考试的辅导用书，也可作为计算机及相关专业跨学科跨院校报考的考生和在职考生复习备考《计算机组成原理》的参考书。

图书在版编目（CIP）数据

计算机组成原理精深解读 / 研芝士计算机考研命题研究中心编著. --北京：航空工业出版社，2021.4
ISBN 978-7-5165-2508-1

Ⅰ. ①计… Ⅱ. ①士… Ⅲ. ①计算机组成原理-研究生-入学考试-自学参考资料 Ⅳ. ①TP301

中国版本图书馆CIP数据核字（2021）第053355号

计算机组成原理精深解读
Jisuanji Zucheng Yuanli Jingshen Jiedu

航空工业出版社 北京航空航天大学出版社
（北京市朝阳区京顺路 5 号曙光大厦 C 座四层 100028）
发行部电话：010-85672663 010-85672683 010-82317025
石家庄市乡依印刷有限公司印刷 全国各地新华书店经售
2021 年 4 月第 1 版 2021 年 4 月第 1 次印刷
开本：850 × 1168 1/16 印张：18 字数：448 千字
印数：1—3000 定价：52.00 元

丛书编委会成员名单

序

信息技术的高速发展对现代社会产生着极大的影响。以云计算、大数据、物联网和人工智能等为代表的计算机技术深刻地改造着人类社会，数字城市、智慧地球正在成为现实。随着社会需求高速发展，各种新技术快速进步，计算机学科知识每时每刻都在不断更新、不断累积，因此，系统掌握前沿计算机知识和研究方法的高端专业人才必将越来越受欢迎。

为满足有志于在计算机方向进一步深造的考生的需求，研芝士组织撰写了“2020 计算机考研精深解读系列丛书”，包括《数据结构精深解读》《计算机操作系统精深解读》《计算机网络精深解读》和《计算机组成原理精深解读》。本系列丛书依据最新版的《全国硕士研究生招生考试计算机科学与技术学科联考计算机学科专业基础综合考试大纲》编写而成，编者团队由本硕博均就读于计算机专业且长期在高校从事计算机专业教学的一线教师组成。基于计算机专业的课程特点和研考命题规律的深入研究，编者们对大纲所列考点进行了精深解读，内容翔实严谨，重点难点突出。总体来说，丛书从以下几个方面为备考的考生提供系统化的、有针对性的辅导。

首先，丛书以考点导图的形式对每章的知识体系进行梳理，力图使考生能够在宏观层面对每章的内容形成整体把握，并且通过对最近 10 年联考考点题型及分值的统计分析，明确各部分的考查要求和复习目标。

其次，丛书严格按照考试大纲对每章的知识点进行深入解读、细化剖析，让考生明确并有效地掌握理论重点。

再次，书中每一节的最后都收录了历年计算机专业联考真题和 40 多所非联考名校部分真题，在满足 408 考试要求的同时，也能够满足大多数非联考名校考研要求。编者团队通过对真题内容的详细剖析、对各类题型的统计分析以及对命题规律的深入研究，重点编写了部分习题，进一步充实了题库。丛书对所有题目均进行了详细解析，力求使考生通过学练结合达到举一反三的效果，开拓解题思路、熟练解题技巧、提高得分能力，进而全方位掌握学科核心要求。

最后，丛书进一步挖掘高频核心重难点并单独列出进行答疑。在深入研究命题规律的基础上，该丛书把握命题趋势，精心组编了每章的模拟预测试题并进行详尽剖析，再现章节中的重要知识点以及本年度研考可能性最大的命题方向和重点。考生可以以此对每章内容的掌握程度进行自测，依据测评结果调整备考节奏，以有效地提高复习的质量和效率。

在系列丛书的编写过程中，来自北京大学、清华大学、北京航空航天大学和郑州大学的一些研究生和本科生作为“天使客户”也参与了广泛而深入的讨论，并且给出了宝贵的反馈意见，从而使得系列丛书能够实现理论与实践的进一步有效结合，切实帮助考生提高实战能力。

回想起我当年准备研究生考试时，没有相关系统的专业课复习材料，我不得不自己从浩如烟海的讲义和参考书中归纳相关知识，真是事倍功半。相信这一丛书出版后，能够为计算机专业同学的考研之路提供极大帮助；同时，该丛书对于从事计算机领域研究或开发工作的人员亦有一定的参考价值。

北京大学 郝一龙教授

前言

“2022计算机考研精深解读系列丛书”是由研芝士计算机考研命题研究中心根据最新《全国硕士研究生招生考试计算机科学与技术学科联考计算机学科专业基础综合考试大纲》（以下简称《考试大纲》）编写的考研辅导丛书，包括《数据结构精深解读》《计算机操作系统精深解读》《计算机网络精深解读》和《计算机组成原理精深解读》。《考试大纲》确定的学科专业基础综合内容比较多，计算机专业考生的复习时间要比其他专业考生紧张许多。使考生在短时间内系统高效地掌握《考试大纲》所规定的知识点，最终在考试中取得理想的成绩是编写本丛书的根本目的。为了达到这个目的，我们组织了一批长期在高校从事计算机专业教学的一线教师作为骨干力量进行丛书的编写，他们本硕博均为计算机专业，对于课程的特点和命题规律都有深入的研究。另外，在本丛书的编写过程中，北京大学、清华大学、北京航空航天大学和郑州大学的一些研究生作为“天使用户”也参与了广泛深入的讨论并积极给予反馈，他们极具价值的意见和建议让本丛书增色许多。

计算机学科专业基础综合是计算机考研的必考科目之一。一般而言，综合性院校多选择全国统考，专业性院校自命题的较多。全国统考和院校自命题考试的侧重点有所不同，主要体现在考试大纲和历年真题上。在考研实践中，我们发现考生常常为找不到相关真题或者费力找到真题后又没有详细的答案和解析而烦恼。因此，从考生的需求出发，我们在对《考试大纲》中的知识点进行精深解读的基础上，在习题部分不仅整理了历年全国联考408真题，而且搜集了50多所名校的许多真题，此外，还针对性地补充编写了部分习题和模拟预测题，并对书中所有习题进行深入剖析，希望帮助考生提高复习质量和效率并最终取得理想成绩。“宝剑锋从磨砺出，梅花香自苦寒来。”想要深入掌握计算机专业基础综合科目的知识点和考点，没有捷径可走，只有通过大量练习高质量的习题才能够深入掌握并灵活运用，这才是得高分的关键。对此，考生不应抱有任何侥幸心理。

由于时间和精力有限，我们的工作肯定也有一些疏漏和不足，在此，希望读者通过扫描封底下方二维码进行反馈，多提宝贵意见，以促使我们不断完善，更好地为大家服务。

考研并不简单，实现自己的梦想也不容易，只有那些乐观自信、专注高效、坚韧不拔的考生才最有可能进入理想的院校。人生能有几回搏，此时不搏何时搏？衷心祝愿各位考生梦想成真！

编者

2021年1月

上岸者说

1

我本科就读于河南省内的一所“双非”院校，甚至都算不上是省内重点院校，故而可想而知其日常的学习氛围、各方面的设施、环境等方面都会有所欠缺。当有考研这个想法的时候，我的内心还是比较慌张的，因为我深知自己几斤几两，所以我就要比别人提早准备。相信有一部分人跟我的经历是相似的，那我就借助研芝士这个平台分享一下我的专业课备考经历，希望可以给大家提供一些帮助。

我的专业课只有《数据结构》这一门课，虽然我本科是计算机科学与技术专业，但鉴于日常上课的“不作为”，致使我翻开这本书的时候，那扑面而来的陌生感使得我手足无措。既然要考研了，定不能以应付期末考试的心态去面对这门课了。所以面对全新的知识，要想在这场考试中取得成功，必须有完整的备战体系。故而我把专业课复习大体上分为两个大的阶段——自己复习和跟老师复习。自己复习就是，对于全新的知识先硬着头皮过一遍，书里的内容先大致有个印象，做一遍详细的笔记（当时也不知道所谓重点之类的，觉着重要的就整理，一步一步地学会画小的知识框架，其实这一点对后期记忆概念和简答题还是非常有帮助的），当然课后题也是一定要过一遍的。第二个阶段就是研芝士的老师们带着我复习，并且这其中辅以他们整理的参考资料（真的是很良心的参考资料）。老师先是带着我把课本过了一遍，每个角落都带着进行了全面复习，我则根据老师的讲解补充了一下上一遍的笔记。然后我又自己再大致过了一遍，把自己理解不透彻的知识点记下来。紧接着老师又把重点带着过了一遍，这一遍就是串讲知识点了，可以帮助我在脑海里形成完整的学科体系。最后就是答疑课，我有哪些遗忘的或者是做题时所遇到的问题都在答疑课上得到了解答。

我的专业课复习阶段无论是资料还是老师全部都是研芝士全程在负责，这为我节省了不少时间。讲真的，这里的老师讲解得非常细致，也很负责，全程一直在问我会不会，这个理不理解，那个懂不懂。并且他们都是已经上岸的学长学姐，他们的备考经验很有指导性的意义。不同于大学里一本正经的老师，他们跟我走过同样的路，理解我所遇到的一切问题，所以无论是在学习上还是心理上，都给了我莫大的帮助，在此我深表感谢。

在考研这条人潮拥挤的道路上，无处不充满着竞争，和时间争，和同学争，和自己争，争到自己麻木，争到自己都心疼自己，却还是要面对一个不确定的结局。那么在这之中，你还是要拼尽全力，为自己搏一把，结局大概率是好的，至少这样，自己不后悔。

李 梦

上岸者说

2

作为一名“双非”高校的计算机专业考生，我深知自己的基础并不好，所以我的考研备考时间从大三下学期一开学就开始了。这为期一年的“考研”磨炼，给我的学习以及生活带来很多启迪，我借助研芝士这个平台和大家从学习方法以及心路历程方面做一个分享。

整个专业课的复习分三轮。第一轮我将课本和精深解读系列仔仔细细地通读了一遍，这一轮一定每个角落都不能遗漏，因为第一遍读书的时候还很“懵懂”，自己很难一下子就抓到考点和重点，那最好的办法就是地毯式搜索，绝不放过每一个角落。虽然这会花费很多的时间，但是不要怕，一定要稳住！第一轮如果基础不打牢，第二遍、第三遍也很难有明显的进步。第一遍最重要的就是自己理清楚计算机专业课知识点有哪些。第二轮就需要梳理清楚知识点之间的逻辑，并标出自己薄弱的点，这个薄弱点一定要找得很细。举个例子：我发现我在看《数据结构》线性表链表的操作时，不清楚指针怎么使用。不可以这样标：《数据结构》第二章我不会。如果给自己的范围过大，那第三轮进行查漏补缺时就会发现视野范围内都是知识盲点，无从下手。等到第三轮就开始针对性复习了，要将第二轮发现的硬骨头给啃下来。经过三轮复习后，在最后的时间内，严格按照（14：00 ~ 17：00 ）的考试时间进行真题以及模拟题的练习，这个过程前期可能会发现自己仍然存在很多问题，一定稳住心态，按照刚才说的办法，继续找自己的薄弱点，一一攻克。

另外，掌握答题技巧也是取得高分的关键。在答题时，一定要有很强的时间观念。考试时间只有三个小时，而计算机专业考研题的题量一般都很大。把分握在手里才是稳稳的幸福，所以，做题一定要先把自己铁定能拿到分的题目全部做完，做完这些题目之后，开始做那些觉得自己不是很擅长的题目，切记，一定不可以只写个“解”！其实计算机考研试题很多都是没有标准答案的，只要你使用了正确的知识点进行答题，都能拿到相应的分数。而想要做到这一点，就需要在练习的过程中经常总结，坚持一段时间之后，你就会发现，其实很多题目都是一个套路走出来的。掌握这一点，拿下计算机考研专业课不在话下。

漫漫考研征途，我身边不乏聪明的、有天赋的、有基础的同学，但真正蟾宫折桂的是那些风雨无阻来教室学习的。其实大家的专业课基础都差不多，因此，在这个时间段内，谁付出的多，谁就得到的多，而且效果明显，性价比高。只要你坚持不懈，你的每一点点的努力都能真实地反映到试卷上。最后，我想和备考的大家说，计算机考研不是靠所谓的天赋，而是 100% 的汗水。考研路上哪有什么捷径，哪有什么运气爆棚，全部都是天道酬勤。多少年之后，希望你回想起这一年，可以风轻云淡地说：“人这一辈子总要为自己的理想、为自己认定的事，不留余地地拼一把，而我做到了。”

徐泽汐

最近 408 考试大纲与近 10 年考情统计

2021 年全国硕士研究生招生考试
计算机科学与技术学科联考
计算机学科专业基础综合考试大纲

Ⅰ 考试性质

计算机学科专业基础综合考试是为高等院校和科研院所招收计算机科学与技术学科的硕士研究生而设置的具有选拔性质的联考科目。其目的是科学、公平、有效地测试考生掌握计算机科学与技术学科大学本科阶段专业知识、基本理论、基本方法的水平和分析问题、解决问题的能力，评价的标准是高等院校计算机科学与技术学科优秀本科毕业生所能达到的及格或及格以上水平，以利于各高等院校和科研院所择优选拔，确保硕士研究生的招生质量。

Ⅱ 考查目标

计算机学科专业基础综合考试涵盖数据结构、计算机组成原理、操作系统和计算机网络等学科专业基础课程。要求考生系统地掌握上述专业基础课程的基本概念、基本原理和基本方法，能够综合运用所学的基本原理和基本方法分析、判断和解决有关理论问题和实际问题。

Ⅲ 考试形式和试卷结构

一、试卷满分及考试时间

本试卷满分为 150 分，考试时间为 180 分钟。

二、答题方式

答题方式为闭卷、笔试。

三、试卷内容结构

数据结构	45 分
计算机组成原理	45 分
操作系统	35 分
计算机网络	25 分

四、试卷题型结构

单项选择题　　80分（40小题，每小题2分）

综合应用题　　70分

Ⅳ 考查内容

计算机组成原理

【考查目标】

1. 理解单处理器计算机系统中各部件的内部工作原理、组成结构以及相互连接方式，具有完整的计算机系统的整机概念。

2. 理解计算机系统层次化结构概念，熟悉硬件与软件之间的界面，掌握指令集体系结构的基本知识和基本实现方法。

3. 能够综合运用计算机组成的基本原理和基本方法，对有关计算机硬件系统中的理论和实际问题进行计算、分析，对一些基本部件进行简单设计；并能对高级程序设计语言（如C语言）中的相关问题进行分析。

一、计算机系统概述

（一）计算机系统层次结构

1. 计算机系统的基本组成

2. 计算机硬件的基本组成

3. 计算机软件和硬件的关系

4. 计算机系统的工作过程

（二）计算机性能指标

吞吐量、响应时间，CPU时钟周期、主频、CPI、CPU执行时间，MIPS、MFLOPS、GFLOPS、TFLOPS、PFLOPS。

二、数据的表示和运算

（一）数制与编码

1. 进位计数制及其相互转换

2. 真值和机器数

3. 字符与字符串

（二）定点数的表示和运算

1. 定点数的表示

无符号数的表示，带符号整数的表示。

2. 定点数的运算

定点数的位移运算，原码定点数的加/减运算，补码定点数的加/减运算，定点数的乘/除运算，溢出概念和判别方法。

（三）浮点数的表示和运算

1. 浮点数的表示

IEEE 754 标准

2. 浮点数的加 / 减运算

（四）算术逻辑单元 ALU

1. 串行加法器和并行加法器

2. 算术逻辑单元 ALU 的功能和结构

三、存储器层次结构

（一）存储器的分类

（二）存储器的层次化结构

（三）半导体内部存储器

1. SRAM 存储器

2. DRAM 存储器

3. 只读存储器

4. Flash 存储器

（四）主存储器与 CPU 的连接

（五）双口 RAM 和多模块存储器

（六）高速缓冲存储器（Cache）

1. Cache 的基本工作原理

2. Cache 和主存之间的映射方式

3. Cache 中主存块的替换算法

4. Cache 写策略

（七）虚拟存储器

1. 虚拟存储器的基本概念

2. 页式虚拟存储器

3. 段式虚拟存储器

4. 段页式虚拟存储器

5. TLB（快表）

四、指令系统

（一）指令格式

1. 指令的基本格式

2. 定长操作码指令格式

3. 扩展操作码指令格式

（二）指令的寻址方式

1. 有效地址的概念

2. 数据寻址和指令寻址

3. 常见寻址方式

（三）CISC 和 RISC 的基本概念

五、中央处理器（CPU）

（一）CPU 的功能和基本结构

（二）指令执行过程

（三）数据通路的功能和基本结构

（四）控制器的功能和工作原理

1. 硬布线控制器

2. 微程序控制器

微程序、微指令和微命令，微指令格式，微命令的编码方式，微地址的形成方式。

（五）指令流水线

1. 指令流水线的基本概念

2. 指令流水线的基本实现

3. 超标量和动态流水线的基本概念

六、总　线

（一）总线概述

1. 总线的基本概念

2. 总线的分类

3. 总线的组成及性能指标

（二）总线操作和定时

1. 同步定时方式

2. 异步定时方式

（三）总线标准

七、输入输出（I/O）系统

（一）I/O 系统基本概念

（二）外部设备

1. 输入设备：键盘、鼠标

2. 输出设备：显示器、打印机

3. 外存储器：硬盘存储器、磁盘阵列

（三）I/O 接口（I/O 控制器）

1. I/O 接口的功能和基本结构

2. I/O 端口及其编址

（四）I/O 方式

1. 程序查询方式

2. 程序中断方式

中断的基本概念，中断响应过程，中断处理过程，多重中断和中断屏蔽的概念。

3. DMA 方式

DMA 控制器的组成，DMA 传送过程。

Ⅴ 计算机组成原理近两年大纲对比统计表（见表 1）

表 1《全国硕士研究生招生考试计算机科学与技术学科联考计算机学科专业基础综合考试大纲》近两年对比统计（计算机组成原理）

2020 年	变动情况	2021 年
微指令的编码方式	修改	微命令的编码方式
计算机的发展历程	删除	/
BCD 码，校验码	删除	/
总线的仲裁中“集中仲裁方式”“分布仲裁方式”	删除	/
光盘存储器	删除	/
/	新增	计算机性能指标中增加“EFLOPS，ZFLOPS”
/	新增	微指令格式

Ⅵ 计算机组成原理近 10 年全国联考真题考点统计表（见表 2）

表 2 计算机组成原理近 10 年全国联考真题考点统计

联考考点		年份									
章节	考点	2011	2012	2013	2014	2015	2016	2017	2018	2019	2020
1.2	冯·诺依曼机								√	√	
1.3.2	计算机硬件的基本组成										
1.3.3	计算机软件与硬件的关系					√	√				
1.3.4.	计算机系统的工作过程						√				
1.4.1	常用性能指标	√	√	√	√			√			
2.2.1	进制相互转换										
2.2.2	真值和机器数						√	√			
2.2.3	BCD 码										
2.2.4	字符与字符串										
2.2.5	校验码			√							
2.3.1	定点数的表示		√	√		√	√	√	√	√	√
2.3.2	定点数的运算	√			√				√	√	

表 2（续）

联考考点		年份									
章节	考点	2011	2012	2013	2014	2015	2016	2017	2018	2019	2020
2.4.1	浮点数的表示	√	√	√	√	√		√	√		
2.4.2	浮点数的加 / 减运算			√							√
2.5.2	算术逻辑单元 ALU 的功能和结构	√									
3.2	存储器的分类		√								
3.3	存储器的层次化结构		√								
3.4.1	静态存储器 SRAM	√									
3.4.2	动态存储器 DRAM	√				√			√		
3.4.3	只读存储器 ROM										
3.4.4	Flash 存储器										
3.5	主存储器与 CPU 的连接	√			√		√				
3.6	双口 RAM 和多模块存储器				√			√			
3.7.1	Cache 的基本工作原理		√	√		√		√			√
3.7.2	Cache 与主存映射方式		√	√			√				√
3.7.3	Cache 中内存块的替换算法										
3.7.4	Cache 写策略					√					
3.8.1	虚拟存储器的基本概念										√
3.8.2	页式虚拟存储器	√		√	√	√	√	√	√	√	
3.8.3	段式虚拟存储器										
3.8.4	段页式虚拟存储器										
3.8.5	TLB（快表）										
3.8.6	使用 Cache 的虚拟存储系统	√	√								
4.2	指令格式			√	√	√		√		√	√
4.3	指令的寻址方式	√		√	√	√	√	√		√	
4.4	CISC 和 RISC 的基本概念				√						
5.2	CPU 的功能和基本结构	√		√		√	√	√	√	√	√
5.3	指令执行过程	√	√	√	√	√	√	√		√	√
5.4	数据通路的功能和基本结构					√					
5.5.1	硬布线控制器										
5.5.2	微程序控制器		√	√				√			
5.6	指令流水线	√	√	√	√		√	√	√	√	√
6.2	总线概述						√	√			
6.3	总线的结构及性能指标	√	√	√	√				√	√	
6.4	总线操作和定时			√	√	√	√				
6.5	总线标准		√	√						√	√

表2（续）

联考考点		年份									
章节	考点	2011	2012	2013	2014	2015	2016	2017	2018	2019	2020
7.2	I/O 系统基本概念				√	√				√	
7.3	外部设备			√		√				√	
7.4	I/O 接口（I/O 控制器）		√				**√**		**√**		
7.5.1	程序查询方式	√									
7.5.2	程序中断方式	√	√		√	√	√	√	√	√	√
7.5.3	DMA 方式		√						**√**	√	√

注释：无阴影标记的√为单项选择题；有阴影标记的√为综合应用题。

Ⅶ 计算机组成原理近 10 年全国联考真题各章分值分布统计（见表 3）

表 3 计算机组成原理近 10 年全国联考真题各章分值分布统计

年份（年）	分值分布（分）							
	第一章 计算机发展概述	第二章 数据的表示和运算	第三章 存储器层次结构	第四章 指令系统	第五章 中央处理器	第六章 总线	第七章 输入输出系统	合计
2011	2	13	16	2	6	2	4	45
2012	2	6	8	0	12	7	10	45
2013	2	6	4	11	9	7	6	45
2014	2	4	11	11	9	4	4	45
2015	2	4	8	4	17	2	8	45
2016	2	4	18	2	6	5	8	45
2017	2	13	4	12	8	2	4	45
2018	2	8	19	0	4	2	10	45
2019	2	9	9	5	10	2	8	45
2020	0	9	12	2	12	2	8	45

目录

第1章

计算机发展概述

考点解读

计算机发展历程

计算机系统层次结构

计算机性能指标

重难点答疑

命题研究与模拟预测

第 1 章 计算机发展概述

1.1 考点解读

本章考点包含了大纲的三个内容，特别是后两个内容“计算机系统的基本组成”和“计算机工作过程”所涉及的知识点会在后续章节详细讲述。有些考题不能简单划分属于本章还是后续章节，考生关键是要掌握基本知识、理解概念并能灵活运用。“计算机性能指标”虽然不是本课程的重点，却是统考的一个考点。本章相关题目难度不大，仅要求考生理解一些常用或基本的概念。涉及本章考点的题型基本都是单选题。

本章考点如图 1.1 所示。本章最近 10 年联考考点题型分值统计如表 1.1 所列。

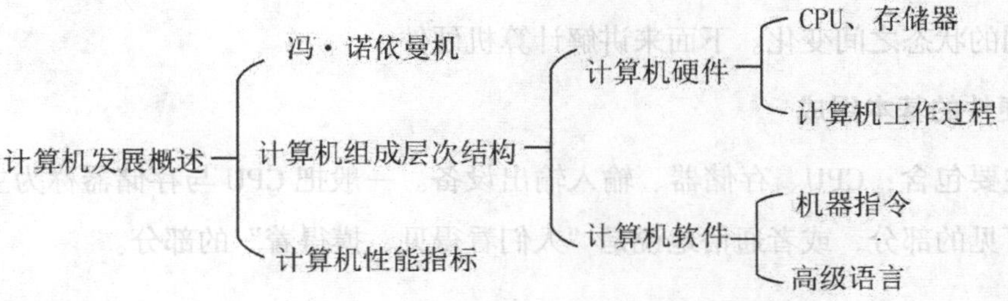

图 1.1 本章考点导图

表 1.1 本章最近 10 年联考考点题型分值统计

年份（年）	题型（题）		分值（分）			联考考点
	单项选择题	综合应用题	单项选择题	综合应用题	合计	
2011	1	0	2	0	2	计算机性能指标
2012	1	0	2	0	2	计算机运行时间
2013	1	0	2	0	2	MIPS 计算
2014	1	0	2	0	2	计算机运行时间
2015	1	0	2	0	2	软件作用
2016	1	0	0	0	2	软件作用
2017	1	0	2	0	2	计算机运行时间
2018	1	0	2	0	2	冯・诺依曼机思想
2019	1	0	0	0	2	冯・诺依曼机思想
2020	0	0	0	0	0	无

1.2 计算机发展历程

冯·诺依曼机

冯·诺依曼提出一种“存储程序式”计算机的设想，成为后来通用计算机的原型。他设想的计算机包括:

① 能够处理二进制数的算术运算与逻辑运算的单元 ALU（arithmetic and logic unit）。

② 用于存储数据与指令的主存储器。

③ 负责解释和执行指令的控制器。

④ 由控制器操作的输入输出设备。

具有这些特征的计算机，可以被称为“冯·诺依曼式计算机”。“冯·诺依曼式计算机”以 CPU 为中心，CPU 与存储器、I/O（input and output，输入输出）设备三者通过总线连接。

1.3 计算机系统层次结构

1.3.1 计算机系统的基本组成

一个计算机系统由硬件与软件组成。软件就是各种程序与数据。软件的概念是相对于硬件的，计算机软件是由 0 与 1 组成，是用 0 与 1 按照一定规则构造的序列。实际上，计算机更像一台状态机，根据不同的输入在不同的状态之间变化。下面来讲解计算机硬件。

1.3.2 计算机硬件的基本组成

计算机硬件主要包含：CPU、存储器、输入输出设备。一般把 CPU 与存储器称为主机。硬件主要是指计算机的物理可见的部分，或者通俗地说是“人们看得见、摸得着”的部分。

（1）CPU

CPU 主要包括: 算术逻辑运算部件(单元)、控制器、若干通用寄存器、专用寄存器、信号产生电路等。图 1.2 展示了一个 CPU 的内部组成。

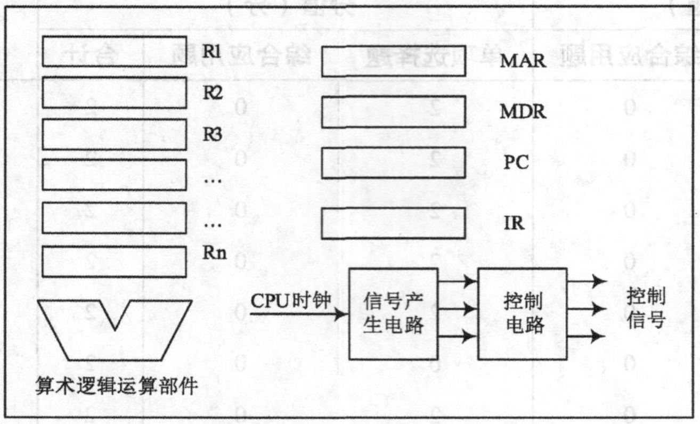

图 1.2 CPU 内部组成

① 若干个寄存器：R1~Rn。在数字电路系统中，寄存器是最常见的存储信息的器件。计算机中，存储器也是存储大量信息的器件，但是寄存器存储信息的原理与存储器存储信息的原理不一样。寄存器的存储速度会更快，因此，CPU 内部使用寄存器来存储信息。在 CPU 内部，寄存器的数目多少由 CPU 设

计者决定。通常，通过寄存器的名字来区分不同的寄存器。寄存器的英文是 register。可以把一个寄存器里存储的二进制位的多少叫作寄存器的位长。

② 算术与逻辑运算部件（ALU）：一个设计好的电路，能够完成两个数的加、减、乘、除、移位、逻辑与、逻辑或、逻辑非等运算。一个复杂的或高级的数学运算需要分解成许多个基本运算来实现。由于 CPU 每次进行一个基本运算花费的时间在微秒级别（μs）或纳秒级别（ns），速度极快，那么就可以在微秒级别（μs）或毫秒级别（ms）实现一个复杂运算。

③ 寄存器 MAR、MDR。这两个寄存器是 CPU 的专用寄存器。当 CPU 与存储器打交道时，需要使用这两个寄存器。

寄存器 MAR（memory address register）被称为存储器地址寄存器，CPU 用它存放要访问的存储单元的地址。

寄存器 MDR（memory data register）被称为存储器数据寄存器。当 CPU 进行读操作时，CPU 使用 MDR 接收存储器随后发来的数据。当 CPU 进行写操作时，CPU 把向存储器发出的 1 个数据存放在 MDR 中，由 MDR 输出给存储器。有些资料把该寄存器称为 MFR（memory buffer register）。

MAR 的位数决定 CPU 可以访问的存储单元的个数。MAR 为 n 位，则说明可以存储 2^n 个不同的地址，也就是说，CPU 最多可以访问 2^n 个不同的存储单元。MDR 的位数决定 CPU 进行一次读或写所传输的数据的位数。

④ 程序计数器 PC（program counter）。PC 也是一个寄存器，但是它是专用寄存器，CPU 不使用 PC 存放一般的数据信息。PC 存放的信息实际是一个地址，并且是 CPU 随后要读取的一条指令的地址。

多个指令在存储器连续存放，CPU 不能也不需要记录每条指令的地址，只需要记录下次读取的指令的存储地址即可。CPU 使用 PC 来记录下次读取的指令的存储地址。在本书中，为方便描述，通常把某个寄存器存储的信息也称作该寄存器的内容或者该寄存器的值。

当 CPU 根据 PC 的内容（代表一个地址）从存储器读取一条指令后，PC 的值应该被修改，使它的值为下一条指令的地址。

如果一个 CPU 的所有指令长度相同，则每条指令占用相等的存储单元，则（假定没有跳转指令情况）CPU 每次读取一条指令后，PC 的值加上一条指令长度（存储单元个数），就是下一条指令的地址。这种情况下，设计修改 PC 的电路会简单。

如果一个 CPU 的所有指令长度不全相同，则每条指令占用个数不等的存储单元，则（假定没有跳转指令情况）CPU 每次读取一条指令后，PC 的值加上被读取指令的长度（存储单元个数），就是下一条指令的地址。关于这点的知识会在第 5 章详细叙述。

⑤ 指令寄存器 IR（instruction register）。IR 也是一个专用的寄存器，通常 CPU 不使用 IR 存放一般的数据信息。当 CPU 从存储器读取一条指令后，CPU 把该指令存储在 IR 里面。

一条指令包含两部分：操作码、操作数。

操作码代表要完成什么操作或指出该指令的功能。操作码不同，则说明指令也不同。

⑥ 时钟产生电路。这个电路接收一个基本周期信号，产生几个不同的时序信号 T1、T2、…、Tn。这

里的基本周期信号就是CPU工作的时钟信号。CPU工作的时钟信号进入时钟产生电路，来驱动CPU一步一步工作。CPU工作的时钟信号的具体波形与频率范围由CPU的设计者决定。不同种类的CPU有所不同。

⑦ 控制器或控制电路。控制器是CPU内部最重要的部件或核心部件。

控制器接收IR的操作码部分，也接收时钟产生电路送来的时序信号T1、T2、…、Tn，按照时间顺序，产生每个时间段所需要的控制信号，从而完成IR存放的指令的功能。控制器的工作，从微观层面上讲，就是在极短时间段按照时间顺序发出若干控制信号，实现一些基本操作。从宏观层面上说，控制器在一个很短时间内完成指令的执行。

（2）存储器

这里的存储器指的是我们通常所说的内存或者主存。内存存放机器指令与数据。现在最常用的内存是半导体存储器。

一个内存存储器通常由地址寄存器、数据寄存器、译码电路、存储单元和控制电路组成。通常，一个存储器的内部结构如图1.3所示。为简化描述，图1.3中没有画出Read信号（信号有效，表示进行读操作）、Write信号（信号有效，表示进行写操作）和控制电路。

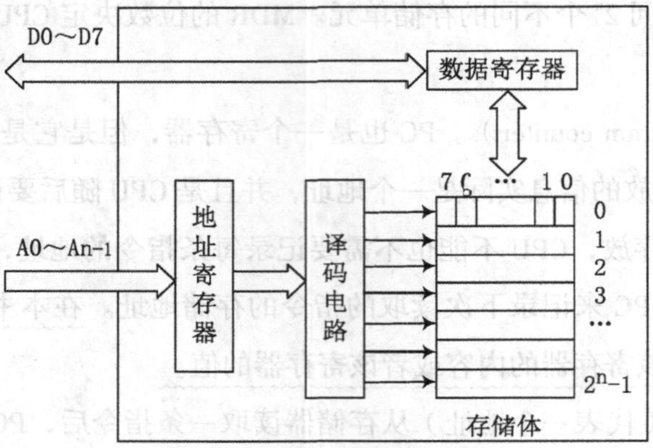

图1.3 存储器内部结构

① 存储体

存储体是存放信息的地方或电路。存储单元存放的信息叫作存储单元的内容。每个存储单元存储的二进制位数的多少称为存储器的字长。

理论上，对于存储器来说，每个单元可以存放任意个二进制位数。实际上，通常每个存储单元存放的二进制位数有1个、2个、4个、8个、16个。在计算机科学中，把一个二进制位——0或1，称为1个bit。它是最小的数据单位。理论上，一个存储器可以有任意个存储单元，但实际上，一个存储器的存储单元的个数常常是2的整数次方。

② 译码电路

一个内存存储器包含很多存储单元，微观上，CPU不能同时对多个存储单元进行读操作或写操作，CPU也不能对一个存储单元同时进行读操作与写操作。也就是说，微观上，在一个时间段，CPU只能对一个内存单元进行读操作或者写操作。如果CPU需要对某个存储单元进行读写操作，需要分两次进行。

例如，第一次是读操作，第二次是写操作。如果 CPU 需要对 100 个不同存储单元进行读操作，则需要进行 100 次读操作。

为识别或区分不同的单元，需要使用译码电路。一个译码电路也叫译码器，有 n 个输入端，2^n 个输出端。根据输入的信号，译码电路使 2^n 个输出端中的某一个输出端有效，用它来选中某个存储单元。

某个 n 位二进制序列输入译码器，使译码器的某个输出有效，从而选中某个存储单元，则该 n 位二进制序列就是该被选中存储单元的地址。

某 CPU 与存储器的连接示意图如图 1.4 所示。

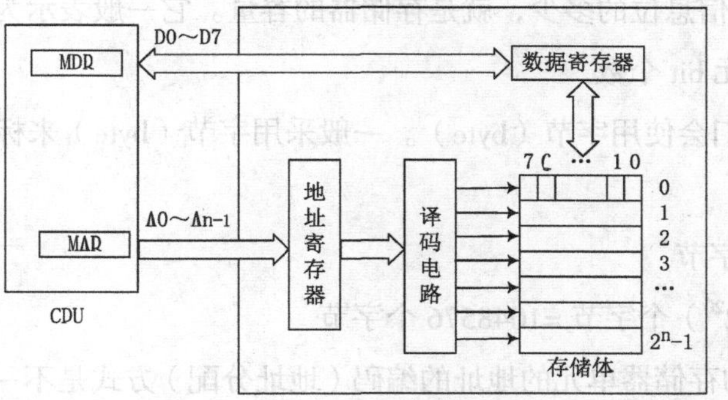

图 1.4 某 CPU 与存储器的连接示意图

某一个微观时刻，CPU 发来的地址信息经译码电路的译码，只能选中一个存储单元。

对一个选中的存储单元的操作也称为访问。更具体地说，对存储器的一次访问就是对被选中存储单元进行读操作或者写操作。

读操作就是要求存储器输出被选中单元的内容，从存储器角度来说，就是输出。

写操作就是要求存储器把数据管脚的信号保存到选中的单元。从存储器角度来说，就是输入。

存储器对外地址管脚有 n 个，n 个地址管脚通过 n 根很细的真实存在的金属线路与 CPU 地址的管脚连接，接收 CPU 发来的地址信息。这 n 根金属线称为地址线。CPU 访问内存的地址信息存放在 CPU 内部的 MAR 寄存器中。存储器的每个地址管脚接收 1 位地址，每个管脚的表示可能是 0 或 1，因此，n 个地址管脚接收的地址范围是从 000…000（n 位）到 111…111（n 位），也就是地址范围为：0~（2^n–1）。

CPU 中 MAR 寄存器发出的 n 位地址信息进入存储器的一个 n 位的地址寄存器。该地址寄存器把地址信号输出到译码电路，从而选中某个存储单元。

存储器的数据管脚通过存储器内部的数据寄存器与被选中存储单元的各个对应的位连接。

当 CPU 对存储单元进行读操作时，存储器的控制电路使被选中存储单元的内容进入存储器的数据寄存器，再输出到存储器的各个数据管脚。数据信号从存储器的数据管脚传输到 CPU 的数据管脚，CPU 的控制器决定该数据信息进入 CPU 的 MDR。

当 CPU 对存储单元进行写操作时，存储器的控制电路首先把存储器数据管脚的信息流入存储器的数据寄存器中，再把该数据寄存器的信息流入被选中的存储单元。当然，存储器数据管脚的信息来自 CPU 的 MDR。

③ 地址寄存器、数据寄存器

存储器中有两个寄存器，分别叫作地址寄存器、数据寄存器。这两个寄存器的作用前面已经描述，不再重复。

有些资料把存储器的地址寄存器也称为 MAR，这样与 CPU 的 MAR 同名，可能会导致有些读者产生困惑。实际上，无论是 CPU 中的 MAR，还是存储器的 MAR，只是两个不同寄存器的名字而已。寄存器就是存储信息的器件或电路，当新的信息进入寄存器时，就会覆盖原有的信息。设置寄存器的目的就是暂时存放信息，当电路掉电时，寄存器的信息也就丢失了。寄存器的读写速度较存储器的存储单元快。

④ 存储器的地址编址方式与地址对齐

一个存储器能够存放的信息位的多少，就是存储器的容量。它一般表示为：

存储单元个数 × 每单元 bit 个数

由于 bit 单位太小，我们会使用字节（byte）。一般采用字节（byte）来标识。1 个字节就是 8 个二进制位。字节的单位有：

1K byte=1024（2^{10}）个字节

1M byte=1024 × 1024（2^{20}）个字节 =1048576 个字节

不同的 CPU 对所连接的存储器单元的地址的编码（地址分配）方式是不一样的，由 CPU 设计者决定。

在一个 CPU 内部，所有寄存器位数一般是相等的，该位数称为 CPU 的字长。CPU 与存储器连接，给每个存储单元分配地址编号。有些 CPU 要求存储器单元的位数多少等于 CPU 的字长，也就是要求存储单元按照 CPU 的字长来编址。例如，图 1.5 是 CPU 与字长编址的存储器的连接图。

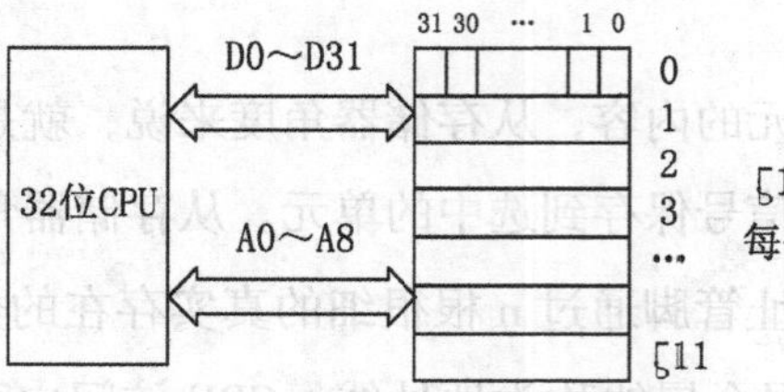

图 1.5 CPU 与存储器按照字长编址连接

图 1.5 中，CPU 每次读取 1 个单元，该单元有 32 位。在这种连接方式下，在存储器存储数据时，每个数据至少占用 1 个单元（32 位或者 4 个字节）。假定数据 X 是 1，则也需要占用 4 个字节，这样就会造成位数的浪费。这里的存储器的容量是 512 × 32，也就是 2048 字节。

现在很多 CPU 要求存储器按照字节进行地址编码。例如，图 1.6 是字节编址的存储器与 CPU 的连接图。

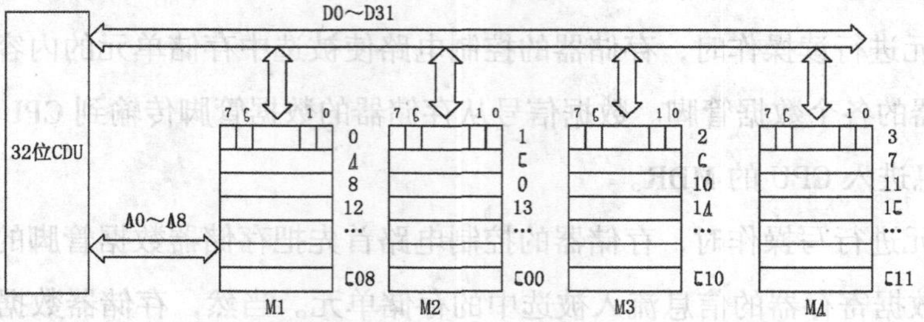

图 1.6 存储器按照字节编址与 CPU 的连接图

单个存储器容量为 128 × 8bit，4 个存储模块 M1、M2、M3、M4 组成总容量为 512 字节的存储器。这种按照字节编址的方式，使用存储器更灵活。

如果 1 个数据占用 1 个字节，则无论它的地址是什么，CPU 通过一次操作就可以访问它。使用其中的 8 根数据线对其进行传输。

如果 1 个数据占用多个存储单元，我们称最小的地址为该数据的存储地址。

比如，数据 Y 有 16 位，则需要占用 2 个连续的存储单元，有 2 个地址。

假定这 2 个地址是 0 与 1，那么，我们就说数 Y 的（开始）地址是 0，这是个偶地址。

假定这 2 个地址是 9 与 10，那么，我们说数 Y 的（开始）地址是 9，这是个奇地址。

比如，数据 Z 有 32 位，则需要占用 4 个连续的存储单元。假定这 4 个地址是 100、101、102、103，那么，我们就说数 Z 的（开始）地址是 100。

如果某个 n 字节的数据的开始地址是 n 的整数倍，则说该数据的地址是边界对齐的地址。

对于 16 位的数据，由于其相当于 2 字节，我们把是 2 的倍数的地址称为边界地址，比如：0、2、4、6、8、…。当一个 16 位数据 X 占用的地址是从边界地址开始时，我们称该数据的地址是边界对齐的地址。

对于 32 位的数据，由于相当于 4 字节，把地址为 4 的倍数的地址，称为边界地址，比如：0、4、8、12、16、…。当一个 32 位数据 X 占用的地址是从边界地址开始，称该数据的地址是边界对齐的地址。

一个 8 位数据在任何地址都是对齐的。

有些 CPU 要求数据必须地址对齐存储，不然读取时会出错。

有些 CPU 没有强制要求数据必须按照地址对齐存储，当数据地址不对齐时，无非增加访问次数而已。

当采用字节给存储器编址时，会有一个问题需要明确：1 个数据占用多个字节，则按照怎样的顺序存储。

有的 CPU 要求多字节的数据采用小端存储方式，即把数据的高位部分存入地址大的单元，而把数据的低位部分存入地址小的单元。

例如，16 位数据 X 是 2233H，占用 2 个单元，有 2 个地址。32 位数据 Y 是 55667788H，占用 4 个单元，有 4 个地址。假定地址从 100 开始，连续存储，不要求地址对齐。按照小端存储方式，数据 X、Y 的存储情况如图 1.7 所示。

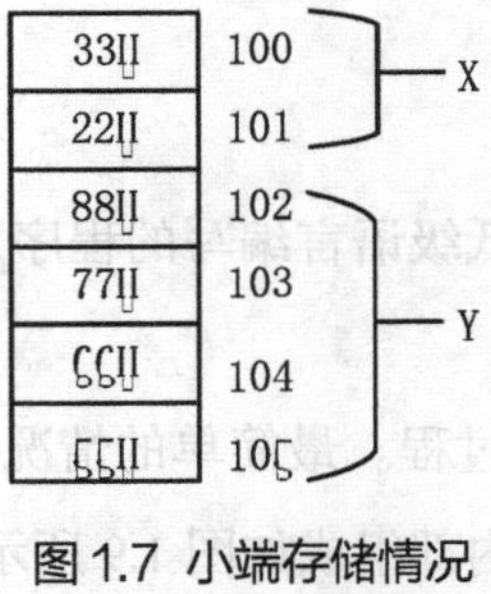

图 1.7 小端存储情况

有的 CPU 要求多字节的数据采用大端存储方式，即把数据的高位部分存入地址小的单元，而把数据的低位部分存入地址大的单元。

例如，16 位数据 X 是 2233H，占用 2 个单元，有 2 个地址。32 位数据 Y 是 55667788H，占用 4 个单元，有 4 个地址。假定地址从 100 开始，连续存储，不要求地址对齐。按照大端存储方式，数据 X、Y 的存储情况如图 1.8 所示。

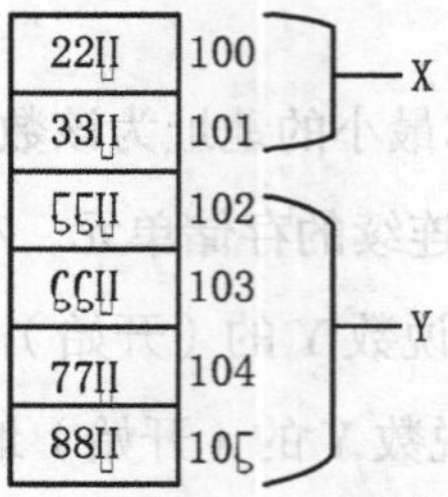

图 1.8 大端存储情况

1.3.3 计算机软件与硬件的关系

计算机看起来功能强大，主要在于两点：① 速度快，完成一个独立的简单操作时间极短；一个复杂任务可以分解为一系列独立的简单操作来实现。② 程序控制。由于每个独立的简单操作对应 1 条指令，把这些指令放在存储器中，CPU 从第一条指令开始，微观上顺序执行指令或者根据逻辑条件跳转到新的位置执行指令，宏观上就完成了一个复杂的任务。

CPU 只识别并执行由 0 与 1 组成的代码，称为机器指令或指令。但使用机器指令来编程很麻烦。

人们后来用助记符来代替机器指令，称为汇编指令。人们用汇编指令编写的程序，称为汇编语言程序。CPU 不识别汇编指令，需要把汇编指令翻译为机器指令。翻译有两种，最开始由人工翻译，当计算机发展后，由专门的翻译程序来翻译，这个翻译程序一般被称为汇编程序。

编写汇编程序，需要用户熟悉计算机的内部构成以及掌握一定的计算机知识。后来出现了高级语言。

高级语言方便人们书写、理解程序。但高级语言仍然需要被翻译为机器语言，才能被 CPU 执行。这个翻译程序被称为编译程序或翻译程序。

编译程序在生成二进制代码前需要读取整个源程序。

解释程序读取 1 条语句，生成目标代码。解释程序运行比编译程序慢。解释程序的工作过程类似编译程序，但不进行代码优化。

1.3.4 计算机系统的工作过程

无论用高级语言编写的程序，还是用低级语言编写的程序，在 CPU 执行前都需要翻译为成千上万条指令，并在存储器连续存放。

CPU 运行程序就是按顺序处理指令的过程。最简单的情况是，CPU 处理 1 条指令需要两个步骤：从存储器读取 1 条指令，执行该指令。CPU 内部组成如图 1.9 所示。

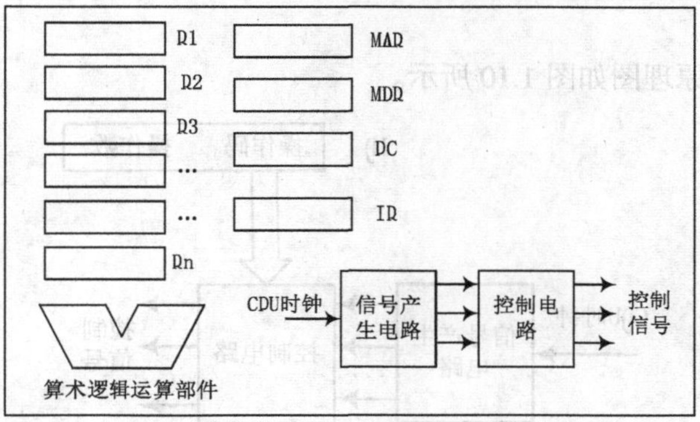

图 1.9 CPU 内部组成

读取指令、执行指令的具体步骤如下：

（1）读取指令

① PC 的内容送到 MAR。

② 打开 MAR 输出端，使 MAR 存储的地址信号送到 CPU 的地址管脚，传输到存储器的地址管脚。

③ 发出读存储器的控制信号。

④ 使数据管脚的信号进入 MDR。数据管脚的信号来自存储器的数据管脚。

⑤ MDR 的信息传送到 IR。

⑥修改 PC 里面的内容，让它成为下一条指令的地址（具体实现方法在第 4 章指令系统中介绍）。

这里使用了 6 个步骤，不同的 CPU 设计者采用的步骤可能有所不同。每个步骤花费的时间段可以设定为是相等的，每个时间段就是 1 个 CPU 的时钟周期。这 6 个步骤步花费了 6 个时钟周期，称为取指令周期。无论指令长短，读取指令花费的时间（取指令周期）需要一样。

（2）（译码与）执行指令

当指令进入 IR 后，指令的操作码进入控制电路，控制电路在 CPU 时钟信号的驱动下，在若干个时钟周期的每个周期产生不同的控制信号，控制不同的器件与 CPU 内部总线的连接或断开。当在规定的时钟周期完成各自的控制时，宏观上就完成了指令的功能。

有些资料会指出有译码时间，可以理解为在 IR 与控制电路之间加 1 个输出控制，可以有 1 个时钟周期的停顿，作为 1 个译码周期（1 个时钟周期）。一般可以认为 IR 与控制电路直接连接，下一个时钟周期就开始输出控制信号（可以理解为译码时间极短，忽略不计）。

控制器输出控制信号，实现指令功能，这一过程花费的时间称为执行周期，一般设定为 CPU 时钟周期的整数倍。一个 CPU 的所有指令的执行周期是否相等，由 CPU 设计者决定。

CPU 按照读取指令、执行指令的顺序处理 1 条指令后，开始时下一条指令的处理。当 CPU 遇到停止工作的指令，CPU 处理该指令时会进入停止工作的状态，这时就不再处理指令。这里描述的是一个简化的过程。实际上，现在的 CPU 会在一条指令执行完毕后检查是否有中断请求。如果有中断请求，并允许 CPU 处理中断，则 CPU 进行一个中断处理的步骤。

我们把 CPU 开始读取一条指令到执行该指令完毕花费的时间称为该指令的指令周期，等于取指令周期与执行周期之和。

一个简化的控制电路的原理图如图 1.10 所示。

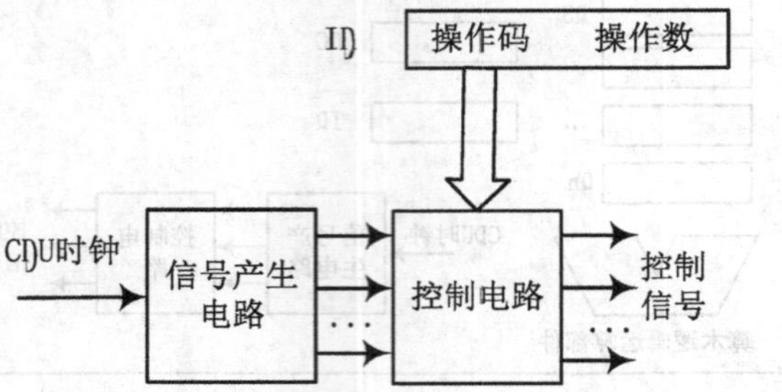

图 1.10 控制电路的原理图

1.3.5 真题与习题精编

● 单项选择题

1. 冯・诺依曼计算机中指令与数据均以二进制形式存放在存储器，CPU 区分它们的依据是（ ）。

【全国联考 2009 年】

A. 指令操作码的译码结果　　B. 指令和数据的寻址方式

C. 指令周期的不同阶段　　D. 指令和数据所在的存储单元

2. 某计算机存储器按字节编址，采用小端方式存放数据。假定编译器规定 int 型和 short 型长度分别为 32 位和 16 位，并且数据按边界对齐存储。某 C 语言程序段如下：

```
Struct {
 int a;
char b;
 short c;
 } record;
recorD. a = 273;
```

若 record 变量的首地址为 0XC008，则地址 0XC008 中内容及 recorD. c 的地址分别为（ ）。

【全国联考 2012 年】

A. 0x00、0xC00D　　B. 0x00、0xC00E

C. 0x11、0xC00D　　D. 0x11、0xC00E

3. 计算机硬件能够直接执行的是（ ）。【全国联考 2015 年】

Ⅰ. 机器语言程序　Ⅱ. 汇编语言程序　Ⅲ. 硬件描述语言程序

A. 仅 Ⅰ　　B. 仅 Ⅰ、Ⅱ

C. 仅 Ⅱ、Ⅲ　　D. Ⅰ、Ⅱ、Ⅲ

4. 将高级语言源程序转换为机器级目标代码文件的程序是（ ）。【全国联考 2016 年】

A. 汇编程序　　B. 链接程序

C. 编译程序　　D. 解释程序

5. 冯・诺依曼结构计算机中数据采用二进制编码表示，其主要原因是（ ）。【全国联考 2018 年】

Ⅰ. 二进制运算规则简单

Ⅱ. 制造两个稳态的物理器件较容易

Ⅲ. 便于用逻辑门电路实现算术运算

A. 仅Ⅰ、Ⅱ　　B. 仅Ⅰ、Ⅲ

C. 仅Ⅱ、Ⅲ　　D. Ⅰ、Ⅱ和Ⅲ

6. 某计算机字长为 32 位，按字节编址，采用小端（Little Endian）方式存放数据。假定有一个 double 型变量，其机器数表示为 1122334455667788H，存放在 00008040H 开始的连续存储单元中，则存储单元 00008046H 中存放的是（ ）。【全国联考 2016 年】

A. 22H　　B. 33H　　C. 66H　　D. 77H

7. 某 CPU 内部的 MAR 寄存器的位数为 10，它输出 10 位地址信息。它的 MDR 是 16 位，对外数据线有 16 根。则该 CPU 可以直接访问的存储器的地址空间是（ ）。

A. 1024　　B. 2048　　C. 65536　　D. 131072

8. 下列关于冯・诺依曼结构计算机基本思想的叙述中，错误的是（ ）。【全国联考 2019 年】

A. 程序的功能都通过中央处理器执行指令实现

B. 指令和数据都用二进制表示，形式上无差别

C. 指令按地址访问，数据都在指令中直接给出

D. 程序执行前，指令和数据需预先存放在存储器中

1.3.6 答案精解

● 单项选择题

1.【答案】C

【精解】考点为计算机的工作过程。

处理一条指令需要两个阶段：取指令，执行指令。取指令一定是读取存储器的操作，CPU 发出存储器的地址信息，从存储器接收过来的信息一定最终进入 IR。也就是这一阶段 CPU 从存储器获得的一定是指令。在执行指令阶段，当需要访问在存储器的数据时，CPU 会访问存储器。这是控制器设计好的流程。取指令的阶段是取指令周期，执行指令的阶段是指令执行周期。也就是说，CPU 区分从内存获得的是数据或是指令，依据指令周期的不同阶段。所以，答案为 C。

2.【答案】D

【精解】考点为计算机的基本组成。

char 型为 1 字节，占用 1 个单元。不要求对齐的话，存储情况下图所示。

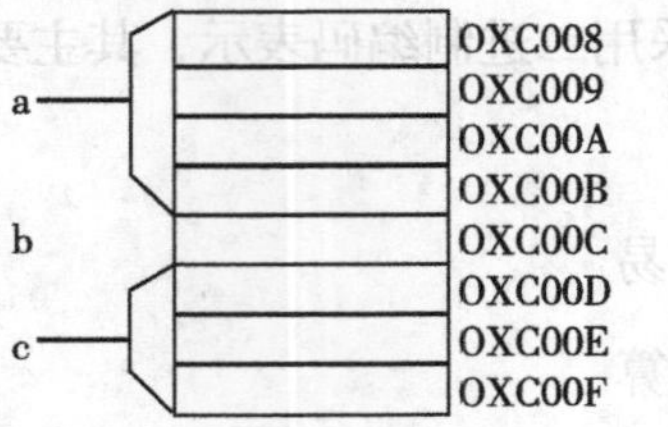

现在要求边界对齐。

由于a占用4个字节，则需要a的地址是4的倍数。现在a的地址是0XC008H，0XC008H是4的倍数，则a占用的地址不变，为0XC008~0XC00B。

由于b占用1个字节，需要b的地址是1的倍数，即b的地址是任意地址，这里按照顺序存储，即b占用地址是0XC00C。

由于c占用2个字节，则需要c的地址是2的倍数。地址0XC00D不是2的倍数，而地址0XC00E是2的倍数，因此，c占用地址从0XC00E开始，占用地址是0XC00E、0XC00F。

把273化为十六进制数，得到111H。占用4个字节，得到00 00 01 11H。采用小端存储，就是从存储地址小的单元开始按照数据位由低到高的次序依次存储。因此，存储情况下图所示。

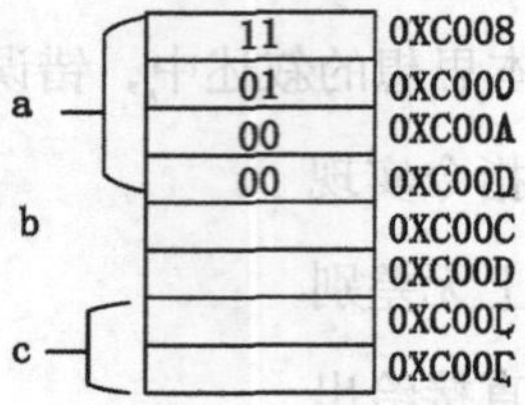

所以，答案为D。

3.【答案】A

【精解】考点为计算机软件的本质。

CPU只能识别并执行机器语言，就是0、1组成的代码或指令。所以，答案为A。

4.【答案】C

【精解】考点为计算机软件的基本知识。

笔者个人认为，这道题不算很严谨。唐朔飞编著的《计算机组成原理》第5页指出，编译程序与解释程序都可以翻译为机器语言。统考给的标准答案是C。

5.【答案】D

【精解】考点为计算机发展历史。

这三个原因就是选择二进制的依据。所以，答案为D。

6.【答案】A

【精解】考点为计算机存储器的存储情况。

存储情况如下图所示，存储单元00008046H中存放的是22H，所以，答案为A。

88H	8040H
77H	8041H
66H	8042H
55H	8043H
44H	8044H
33H	8045H
22H	8046H
11H	8047H

7.【答案】A

【精解】考点为计算机的基本组成。

存储器的地址空间就是地址的范围。MAR 存放要访问的存储单元的地址，现在有 10 位，则可以代表 2^{10}，即 1024 个不同地址。它与数据线没有关系。无论按照字节编址，还是按照字（此处为 16）编址，存储器最多 1024 个地址。所以，答案为 A。

8.【答案】C

【精解】考点为冯・诺依曼结构计算机基本思想。

C 与 D 的叙述矛盾，D 的叙述正确，所以 C 叙述有误。所以，答案为 C。

1.4 计算机性能指标

1.4.1 常用性能指标

CPU 时钟周期：CPU 工作需要一个时钟信号，这个时钟信号随后产生其他时钟信号，供 CPU 正常工作来使用。

一般可以把这个时钟信号称为 CPU 时钟信号。它的 1 个周期是 CPU 工作的最小时间单位。不同类型的 CPU 对该时钟信号有不同的要求（波形、频率范围），由 CPU 的设计者决定。

1 个 CPU 时钟周期等于该信号频率的倒数。时间单位的换算如下：

1 秒（s）=1000 毫秒（ms）。

1 毫秒（ms）=1000 微秒（μs）。

1 微秒（μs）=1000 纳秒（ns）。

主频：实际上就是 CPU 时钟信号的频率，或者叫作 CPU 的工作频率。

CPI：the average number of clock cycles per instruction，即每条指令需要花费的时钟周期的数目。CPU 处理 1 条指令需要的时间就是 1 个指令周期，指令周期是时钟周期的整数倍。不同指令需要的时钟周期不一样，每条指令的 CPI 是固定的，由 CPU 设计时决定的。

1 个程序的 CPI= 程序运行需要的 CPU 时钟周期个数 ÷ 程序的指令个数。

程序运行需要的 CPU 时钟周期个数 = 组成该程序的所有指令的周期个数之和。

某个程序的执行时间 = 组成该程序的所有指令运行时间之和。

每条指令运行时间 = 该指令的时钟周期个数（CPI）× CPU 时钟周期。

MIPS：million instructions per second，即 CPU 在每秒钟执行多少个百万条指令。

MFLOPS：million floating-point operations per second，即 CPU 每秒钟进行多少个百万次浮点数操作。

GFLOPS：giga floating-point operations per second，即 CPU 每秒钟进行多少个十亿次的浮点数操作。

1.4.2 真题与习题精编

● 单项选择题

1. 假设基准程序 A 在计算机上运行时间为 100s，其中 90s 为 CPU 时间，其余为 I/O 时间。若 CPU 速度提高 50%，I/O 速度不变，则运行基准程序 A 所耗费的时间是（ ）。【全国联考 2012 年】

A. 55 秒　　B. 60 秒　　C. 65 秒　　D. 70 秒

2. 某计算机主频为 1.2 GHz，其指令分为 4 类，它们在基准程序中所占比例及 CPI 如下表所示。

指令类型	所占比例	CPI
A	50%	2
B	20%	3
C	10%	4
D	20%	5

该机的 MIPS 数是（ ）。【全国联考 2013 年】

A. 100　　B. 200　　C. 400　　D. 600

3. 程序 P 在机器 M 上的执行时间是 20 秒，编译优化后，P 执行的指令数减少到原来的 70%，而 CPI 增加到原来的 1.2 倍，则 P 在 M 上的执行时间是（ ）。【全国联考 2014 年】

A. 8.4 秒　　B. 11.7 秒　　C. 14 秒　　D. 16.8 秒

4. 假定计算机 M1 和 M2 具有相同的指令体系结构（ISA），主频分别为 1.5GHz 和 1.2GHz。在 M1 和 M2 上运行某基准程序 P，平均 CPI 分别为 2 和 1，则程序 P 在 M1 和 M2 上运行时间的比值是（ ）。【全国联考 2017 年】

A. 0.4　　B. 0.625　　C. 1.6　　D. 2.5

● 综合应用题

假定某个程序在计算机 A 上运行需要 50s。A 的时钟频率为 100MHz。现在将该程序在计算机 B 上运行，希望用时 20s。运行该程序，B 需要的时钟周期数量是 A 需要的时钟周期数量的 2.5 倍，计算 B 的时钟频率。

1.4.3 答案精解

● 单项选择题

1. 【答案】D

【精解】考点为计算机性能指标。

不同指令的指令周期不同，可以认为每条指令具有平均的指令周期。

CPU 运行 1 个程序的时间 = 平均的指令周期 × 指令总数 =（时钟周期 × 平均 CPI）× 指令总数

现在程序 A 不变，则平均 CPI、指令总数不变。CPU 速度提高 50%，理解为：新的时钟频率为原来时钟频率的 1.5 倍，则新的时钟周期为原来时钟周期的 2/3，代入上式，则新的运行时间是原来运行时间的 2/3。

原来运行时间是 90s，新的运行时间应该是 60s。I/O 时间不变，为 10s，则总时间为 70s。所以，答案为 D。

2.【答案】C

【精解】考点为计算机性能指标。

平均 CPI=0.5 × 2+0.2 × 3+0.1 × 4+0.2 × 5=3

平均 1 条指令花费时间 =3/（1.2×10^9）s

1 秒平均执行指令条数 =（1.2×10^9）/3=400×10^6=400MIPS

所以，答案为 C。

3.【答案】D

【精解】考点为计算机性能指标。

不同指令的指令周期不同，可以认为指令具有一个平均的指令周期。

CPU 运行程序的时间 = 平均的指令周期 × 指令总数 =（时钟周期 × 平均 CPI）× 指令总数

现在的指令总数为原来指令总数的 0.7 倍，新的平均 CPI 为原来 CPI 的 1.2 倍，则新的 CPU 运行时间为原来 CPU 运行时间的 0.84 倍。原来的运行时间是 20s，则新的运行时间应该是 16.8s。所以，答案为 D。

4.【答案】C

【精解】考点为计算机性能指标。

CPU 运行程序的时间 = 平均的指令周期 × 指令总数 =（时钟周期 × 平均 CPI）× 指令总数

在 M1 运行，程序的运行时间 =（1/1.5G）× 2 × 指令总数。

在 M2 运行，程序的运行时间 =（1/1.2G）× 1 × 指令总数。

所以，比值为 1.6。所以，答案为 C。

● 综合应用题

【答案精解】

CPU 运行时间 = 平均的指令周期 × 指令总数 =（时钟周期 × 平均 CPI）× 指令总数 =（平均 CPI × 指令总数）/ 时钟频率。

在 A 上运行，

50s=（平均 CPI × 指令总数）/100M；

在 B 上运行，

20s=（2.5 × 平均 CPI × 指令总数）/fb。

因此，fb=625MHz。

1.5 重难点答疑

1. 关于计算机字长、存储器字长。

【答疑】很多时候，可以认为计算机字长就是 CPU 字长。CPU 字长就是 CPU 内部每个寄存器的位数。一般情况下，一个 CPU 内部所有寄存器的位数是相等的。各个寄存器可以采用内部总线连接，因此计算机字长也是内部总线的根数。

存储器的每个单元的位数就是存储器字长。

2. 关于计算机性能的计算。

【答疑】明确几点基本知识，就很容易完成计算。

第一点是：指令周期是 CPU 时钟周期的倍数。指令运行时间的总和除以指令的条数，可得到 1 个平均指令周期。

第二点是：CPU 时钟周期是 CPU 时钟频率的倒数，是 CPU 工作的最小时间单位。

3. 指令长度（包含的二进制位数）不一样，为什么取指令周期相等?

【答疑】第一种，使某个 CPU 的所有指令采用相等的长度，并且指令长度等于 CPU 数据线的位数（宽度或 CPU 字长），等于 1 个存储器单元的位数。这样 CPU 每次正好读取 1 条完整的指令，不会出现有指令需要读取两次的情况。

第二种：不要求所有指令等长。CPU 先读取一次 1 个字长（CPU 数据线的位数或根数）的指令，该指令可能是一条完整的指令，或者不是一条完整的指令。但获得的这条指令必然包含操作码，控制器在对操作码译码后，了解该指令是否完整。如果该指令不完整，还有未读取的部分在存储器中，则控制器再继续读取剩余部分。也就是把读取剩余部分放到后面的阶段完成。

1.6 命题研究与模拟预测

1.6.1 命题研究

本章中冯·诺依曼机的特点曾经考过，需要考生掌握。计算机的硬件组成是基础知识，也是考生必须掌握的内容。计算机的 CPU 的组成、CPU 的工作过程虽然在第五章会再次详细叙述，但本章也详细讲述了这些知识点，考生可以结合第 5 章的学习对这些知识加以掌握。关于计算机软件的知识，曾经考过程序编译这个知识点。

本章的最后是计算机性能的计算，是经常考试的内容，有时会结合流水线知识、计算程序运行的时间或系统吞吐量一起考查。

总之，本章是后续各章的基础或总结，知识点少，但都是关键的内容。经过认真的复习，考生应该能够很好地掌握。

1.6.2 模拟预测

● 单项选择题

1. 下列描述中，16 位 CPU 的含义不包含的是（ ）。

A. CPU 的寄存器位数是 16 位　　B. 存储器单元是 16 位

C. 1 次处理 16 位数运算　　D. CPU 内部传输线是 16 位

2. 某 16 位 CPU 要求存储单元按照字节编址，该 CPU 的地址线为 20 根。则该 CPU 连接的存储器容量是（ ）。

A. 1M × 8　　B. 65536 × 8　　C. 1M × 16　　D. 65536 × 16

3. 某 CPU 采用等长指令，指令长度均为 1 字节。CPU 顺序执行一段代码。指令 n 在内存的地址是

100，当 CPU 处于执行指令 n 阶段时，CPU 的 PC 的值是（ ）。

A. 100　　B. 101　　C. 102　　D. 103

● 综合应用题

某个 10MHz 的 CPU 执行某基准程序。该程序有 100000 条指令。各类指令的数量与执行时间如下表所示。计算该程序的 CPI、MIPS 和执行时间。

指令类型	指令条数	该类指令的指令周期
算术运算	40 000	1
数据传送	30 000	2
浮点运算	20 000	3
逻辑运算	10 000	2

1.6.3 答案精解

● 单项选择题

1.【答案】B

【精解】考点为 CPU 内部组成。

答案 A、C、D 都是 CPU 的正确描述，B 与 CPU 位数无关。

所以，答案选择 B。

2.【答案】A

【精解】考点为计算机的存储器、CPU 对存储器编址。

这里采用字节编址，则存储器的地址大小是 2^{20}，就是 1M，但每个单元是 8 位，不是 16 位。

3.【答案】B

【精解】考点为 CPU 内部组成。

在取指令阶段，CPU 把 PC 的内容传送到 MAR 寄存器，再通过地址线送给存储器来选中存储器的某个单元以获取 1 条指令。然后 CPU 的控制器把 PC 的内容进行修改，使 PC 的内容为下一条指令的地址。后面 CPU 进入执行该指令周期。

结合本题，当 CPU 执行指令 n 时，此时 PC 的内容为下一条指令的地址。下一条指令的地址是 101。所以，此时 PC 的值为 101。

● 综合应用题

【答案精解】

这 4 类指令的数量在总代码中的比重分别是：40%、30%、20%、10%。

CPI=$1\times0.4+2\times0.3+3\times0.2+2\times0.1=1.8$ 个周期 / 条；

程序执行时间 =$0.1\,\mu s\times1.8\times100000=0.018s=18ms$；

1 条指令平均执行时间 =$1.8\times0.1=0.18\,\mu s$；

1 秒平均执行指令条数 =$10^5\div0.018=5555555.6$ 条 $\approx 5.6\times10^6$。

因此，MIPS 为 5.6。

第2章 数据的表示和运算

第 2 章 数据的表示和运算

2.1 考点解读

本章内容多、基础知识点多、计算多，属于重点考查的章节，也是后续内容的基础。本章的知识或考点脉络清晰，包括定点数编码、补码加减、原码与补码乘除、浮点数格式、浮点数加法运算、加法器的电路等。

本章考点如图 2.1 示。本章最近 10 年联考考点题型分值统计如表 2.1 所列。

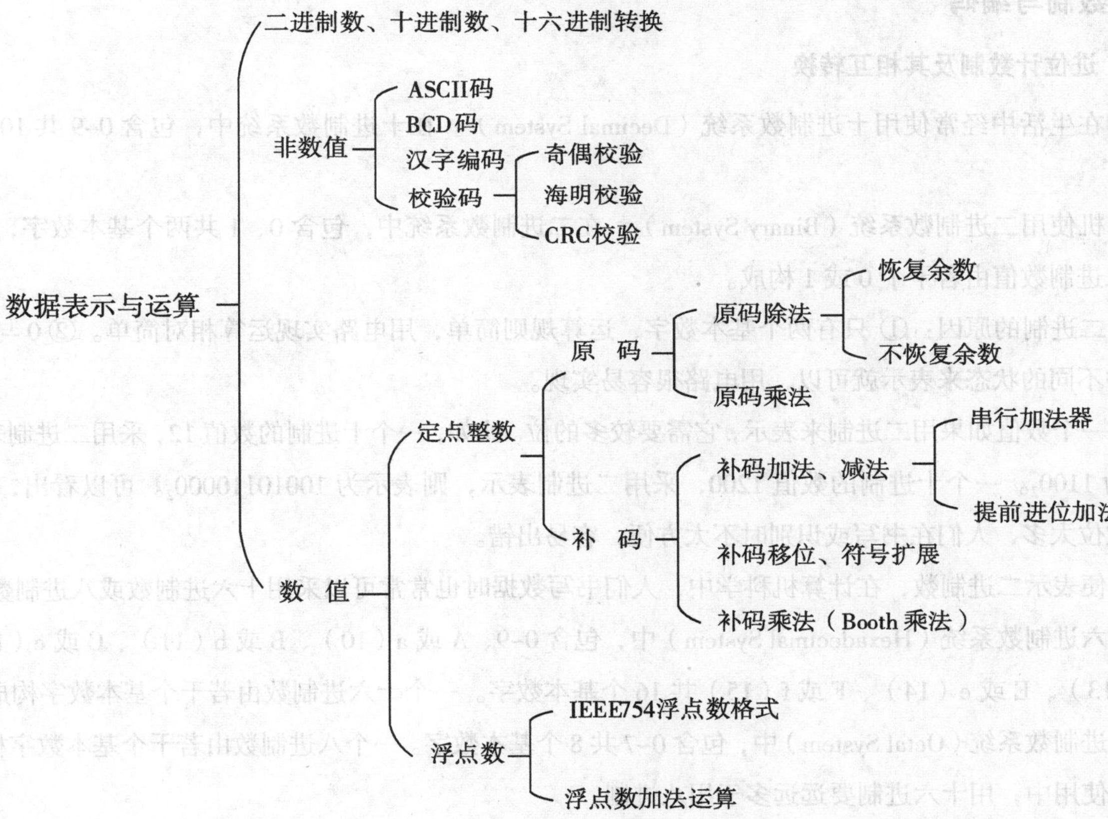

图 2.1 本章考点导图

表 2.1 本章最近 10 年联考考点题型分值统计

年份（年）	题型（题）		分值（分）			联考考点
	单项选择题	综合应用题	单项选择题	综合应用题	合计	
2011	1	1	2	11	13	补码加减溢出、浮点数表示
2012	3	0	6	0	6	数的表示、浮点数范围、小端存储
2013	3	0	6	0	6	浮点数表示、浮点运算、海明码
2014	2	0	4	0	4	补码溢出、浮点数表示
2015	2	0	4	0	4	补码表示、浮点数表示
2016	2	0	4	0	4	补码表示、大小端
2017	0	1	0	13	13	补码表示、浮点数表示
2018	4	0	8	0	8	补码加减溢出、浮点数范围、整数移位
2019	1	1	2	7	9	数的表示、溢出
2020	2	1	4	5	9	浮点数的表示、小端存储、数据的表示

2.2 数制与编码

2.2.1 进位计数制及其相互转换

人们在生活中经常使用十进制数系统（Decimal System）。在十进制数系统中，包含 0~9 共 10 个基本数字。

计算机使用二进制数系统（Binary System）。在二进制数系统中，包含 0、1 共两个基本数字，也就是一个二进制数值由若干个 0 或 1 构成。

采用二进制的原因：① 只有两个基本数字，运算规则简单，用电路实现运算相对简单。② 0 与 1 只要用两种不同的状态来表示就可以，用电路很容易实现。

通常一个数值如果用二进制来表示，它需要较多的位。比如，一个十进制的数值 12，采用二进制表示，则表示为 1100_2。一个十进制的数值 1200，采用二进制表示，则表示为 10010110000_2。可以看出，如果二进制数位太多，人们在书写或识别时不太方便，容易出错。

为方便表示二进制数，在计算机科学中，人们书写数据时也常常可以采用十六进制数或八进制数。

在十六进制数系统（Hexadecimal System）中，包含 0~9、A 或 a（10）、B 或 b（11）、C 或 c（12）、D 或 d（13）、E 或 e（14）、F 或 f（15）共 16 个基本数字。一个十六进制数由若干个基本数字构成。

在八进制数系统（Octal System）中，包含 0~7 共 8 个基本数字。一个八进制数由若干个基本数字构成。实际使用中，用十六进制要远远多于用八进制。

2.2.2 进制相互转换

一个十进制数的数是以 10 为底数。比如，数值 9432 由数字千位 9、百位 4、十位 3、个位 2 组成。即：$9432_{10}=9\times10^3+4\times10^2+3\times10^1+2\times10^0$。

同理，数值 $709.28_{10}=7\times10^2+0\times10^1+9\times10^0+2\times10^{-1}+8\times10^{-2}$。

提示：小数点右边的指数为负数。

（1）一个二进制数的数是以 2 为底数。将二进制数的各位按照以 2 为底数的形式进行求和，就转化为十进制数。

比如：

$10_2=1\times 2^1+0\times 2^0=2+0=2$

$101_2=1\times 2^2+0\times 2^1+1\times 2^0=4+1=5_{10}$

$1101_2=1\times 2^3+1\times 2^2+0\times 2^1+1\times 2^0=8+4+1=13_{10}$

$1011.101_2=1\times 2^3+0\times 2^2+1\times 2^1+1\times 2^0+1\times 2^{-1}+0\times 2^{-2}+1\times 2^{-3}$

$=8+2+1+0.5+0.125=11.625_{10}$

（2）一个八进制数的数是以 8 为底数。将八进制数的各位按照以 8 为底数的形式进行求和，就转化为十进制数。

比如：

$12_8=1\times 8^1+2\times 8^0=8+2=10_{10}$

$1.1_8=1\times 8^0+1\times 8^{-1}=1+0.125=1.125_{10}$

（3）一个十六进制数的数是以 16 为底数。将十六进制数的各位按照以 16 为底数的形式进行求和，就转化为十进制数。

比如：

$13_{16}=1\times 16^1+3\times 16^0=16+3=19_{10}$

$2A1_{16}=2\times 16^2+A\times 16^1+1\times 16^0=2\times 256+10\times 16+1=673_{10}$

$20.4_{16}=2\times 16^1+0\times 16^0+4\times 16^{-1}=32+0.25=32.25_{10}$

（4）将一个十进制数 X 转换为其他 N 进制的数 Y，有两种不同的转换方法。

如果 X 是整数，则转换步骤是：

① 用 X 除以 N，记录余数。

② 如果商为 0，则转到第③步。如果商不为 0，则商继续除以 N，记录余数，重复本步骤。

③ 由于最先得到的余数是最低位，最后得到的余数是最高位，因此将所得的一系列余数逆序排列，就得到转换后的 N 进制的数 Y。

比如，把 13 转换为二进制数。将 13 除以 2，得到商为 6，余数为 1。由于商不是 0，则将 6 除以 2，得到商为 3，余数为 0。将 3 除以 2，得到商为 1，余数为 1。将 1 除以 2，得到商为 0，余数为 1。由于商为 0，转换结束。产生的余数次序是：1、0、1、1。

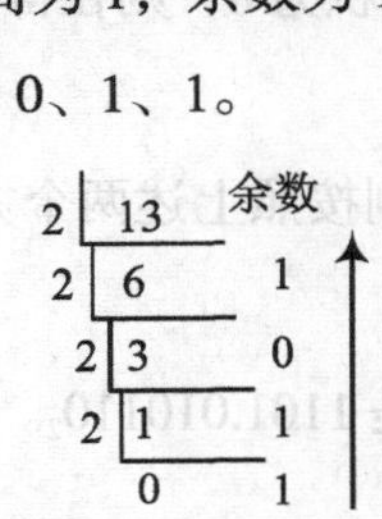

需要把余数逆序排列，因此，转换结果是 1101_2。

比如，把 280 转换为十六进制数。将 280 除以 16，得到商为 17，余数为 8。由于商不是 0，则将 17

除以 16，得到商为 1，余数为 1。将 1 除以 16，得到商为 0，余数为 1。由于商为 0，转换结束。产生的余数次序是：8、1、1。

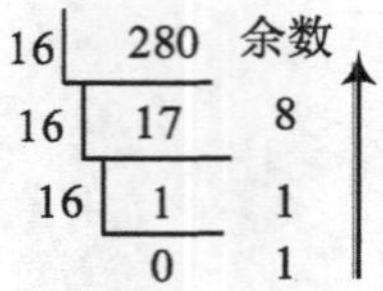

把余数逆序排列，得到转换结果是 118_{16}。

如果 X 是纯小数，则转换通过一系列的乘以 N 实现。步骤是：

① 用 X 乘以 N，记录积的整数部分，该整数部分或者是 0，或者非 0；它就是转换结果的最高位。

② 如果积的小数部分为 0，则转换结束。否则，把积的小数部分继续乘以 N，记录积的整数部分，回到本步骤。如果积的小数部分永远不为 0，则重复一定次数（或得到需要的位数），不再继续转换。

③ 将获得的一系列积的整数部分按照先后次序排列，就是转换后的结果。

比如，把 0.25 转换为二进制数。

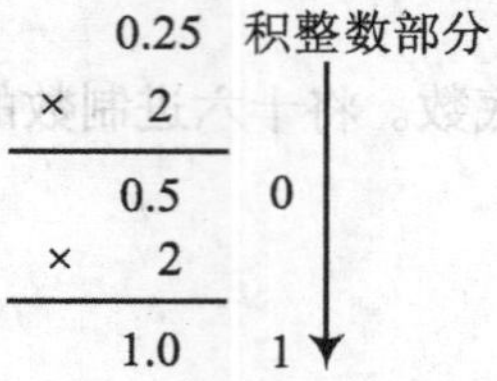

得到转换结果是 0.01_2。

比如，把 0.345 转换为二进制数。

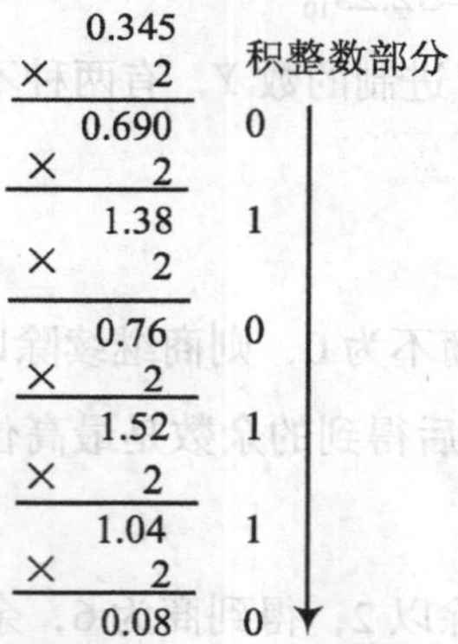

该值在转换过程永远不能使小数点后面的积为 0，则在得到需要的位数后停止转换。这里的转换结果取 0.010110_2。

如果 X 既有整数部分，也有小数部分，则按照上述两个方法分别对整数部分、小数部分进行转换，将转换后的结果用小数点连接。

比如，把 13.345 转换为二进制数，结果是 1101.010110_2。

（5）由于 $2^3=8$，意味着：

①一个二进制整数转换为八进制数的方法是：方向从右向左进行，每 3 位二进制数转化为 1 个八进制数，不够 3 位的话，在最左边补 0，凑足 3 位。

例如：将 10110111_2 转换为八进制数。

10110111 ⟶ 10 110 111 ⟶ 010 110 111
2 6 7

因此，结果是 267_8。

一个二进制小数转换为八进制数的话，操作方向从左向右，每 3 位二进制数转化为 1 个八进制数，不够 3 位的话，在最右边补 0，凑足 3 位。

例如：将 0.101101110_2 转换为八进制数。

0.101101110 ⟶ 0.101 101 110
5 5 6

因此，结果是 0.556_8。

如果二进制数既有整数部分，也有小数部分，则按照上述两个方法分别对整数部分、小数部分转换，将转换后的结果用小数点连接。

例如：将 100110.10110111_2lflfn 转换为八进制数。

100110.10110111 ⟶ 100 110.101 101 111
4 6. 5 5 7

因此，结果是 46.557_8。

② 把一个八进制数转换为二进制数的方法是：把每位的值用 3 个二进制数表示即可。

例如：将 107.301_8 转换为二进制数。

107.301 → 001 000 111. 011 000 001（最右边的 2 个 0 可以省略）

（6）由于 2^4=16，意味着：

① 一个二进制整数转换为十六进制数的方法是：方向从右向左进行，每 4 位二进制数转化为 1 个十六进制数，不够 4 位的话，在最左边补 0，凑足 4 位。

十六进制数位中 A~F 分别对应十进制的值是 10~15，对应的二进制数如下：

A=（1010） B=（1011） C=（1100）

D=（1101） E=（1110） F=（1111）

需要熟练掌握单个十六进制数的二进制编码。

例如：将 10110111_2 转换为十六进制数。

10110111 ⟶ 1011 0111
B 7

因此，结果是 $B7_{16}$。

一个二进制纯小数转换为十六进制数的话，操作方向从左向右，不够 4 位的话，在最右边补 0，凑足 4 位。

例如：将 0.1011101110_2 转换为十六进制数。

0.1011101110 ⟶ 0.1011 1011 1000
B B 8

因此，结果是 $0.BB8_{16}$。

如果二进制数既有整数部分，也有小数部分，则按照上述两个方法分别对整数部分、小数部分进行转换，将转换后的结果用小数点连接。

例如：将 11010100.1011110_2 转换为十六进制数。

$$11010100.1011110 \longrightarrow \underset{D}{1101}\ \underset{4}{0100}.\ \underset{B}{1011}\ \underset{C}{1100}$$

因此，结果是 $D4.BC_{16}$。

② 把一个十六进制数转换为二进制数的方法是：把每位的值用 4 个二进制数表示即可。

例如：将 3F0A. $C1_{16}$ 化为二进制数。

$$3F0A.C1 \longrightarrow 0011\ 1111\ 0000\ 1010.1100\ 0001$$

（7）二、八、十、十六进制数据的转换

这 4 种不同进制之间可以相互转换。转换关系如图 2.2 所示。

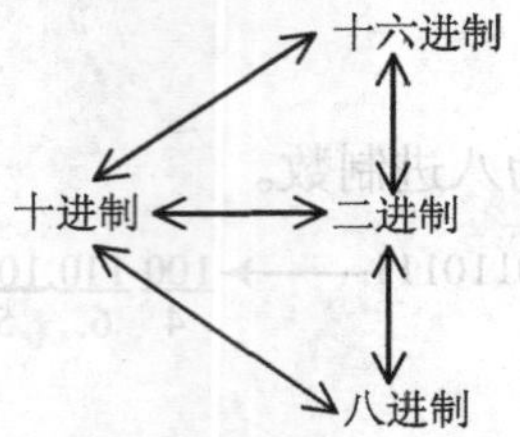

图 2.2 进制转换关系

提示：在实际应用中，一个十进制数值要转换为二进制数，如果采用前面介绍的重复除以 2（整数）或乘以 2（纯小数）的方法，需要计算多次，在计算过程中容易出错。

因此，最方便的方法是：先把该数值转换为十六进制，再转换为二进制。反之，一个二进制数值要转换为十进制数，也最好先把该数值转换为十六进制数。

2.2.3 真值和机器数

在计算机术语中，1 个二进制位被称为 bit（位），是计算机最小的数据单位或存储单位。8 个 bit 被称为 1 个字节（Byte）。

寄存器（Register）是计算机（准确地说，应该是 CPU）内存储信息的部件。一个寄存器由若干个基本存储单元组成，每个基本存储单元能存储 1 个 bit。理论上讲，一个寄存器可以存储 N 个 bit，N 被称为寄存器的长度。N 的值理论上可以是任意值，但在 CPU 发展历史中，N 曾经为 4、8、16、32、64。通常，一个 CPU 内部所有的寄存器的长度 N 相同，但也可能有例外，取决于 CPU 的设计者。不同型号的 CPU，其内部的寄存器数量也不一样，寄存器的长度 N 可能相同，也可能不同。

现实世界中的信息可以分为两大类：数值与非数值。

数值要按照某种规则进行编码后在计算机中存储。这种存储在计算机中的编码被称为机器数。

机器数对应的实际数值被称为真值。同一个真值可以采用不同的二进制编码，也就是说：同一真值可以有不同的机器数。后面将具体描述两种不同的编码。

2.2.4 BCD 码

BCD 码（Binary Coded Decimal）是一种编码，它用二进制编码来表示一个十进制数的每位数字。也就是一个十进制数每位的数采用二进制表示。由于十进制数的每个位包含的数值范围为 0~9，因此，每个十进制位至少需要 4 个二进制位。

0~9 的 BCD 编码分别是：

0（0000）、1（0001）、2（0010）、3（0011）、4（0100）、

5（0101）、6（0110）、7（0111）、8（1000）、9（1001）。

可以看出，0~9 的 BCD 编码就是每个数字按照数值转换后的二进制数的形式。

一个十进制数采用 BCD 码进行存储的话，有两种不同的格式：非压缩的 BCD 码、压缩的 BCD 码。

（1）非压缩的 BCD 码：就是用 1 个字节存储 1 个 BCD 码，一般占用字节的低 4 位，字节的高 4 位可以存储为 0000。不考虑符号，也就是只考虑无符号数，*N* 个字节可以存储 *N* 个 BCD 码。或者说，*N* 个 BCD 码需要 *N* 个字节。

例如，用非压缩 BCD 码表示下列十进制数。

123，应该是：0000 0001 0000 0010 0000 0011。

说明：每个数字占用 1 个字节，BCD 码占用低 4 位，高 4 位没有使用，可以存放 4 个 0。

3867，应该是：0000 0011 0000 1000 0000 0110 0000 0111。

说明：每个数字占用 1 个字节，BCD 码占用低 4 位，高 4 位没有使用，可以存放 4 个 0。

（2）压缩的 BCD 码：就是用 1 个字节存储 2 个 BCD 码，因为 1 个字节包含 8 个二进制位。不考虑符号，也就是只考虑无符号数，*N* 个字节可以存储 $2 \times N$ 个 BCD 码。或者说 *N* 个 BCD 码需要 $N/2$（*N* 为偶数）或（$N/2$）+1（*N* 为奇数）个字节。

例如，用压缩 BCD 码表示下列十进制数。

123，应该是：0000 0001 0010 0011。

说明：数字 2 与 3 共同占用 1 个字节，2 占用高 4 位，3 占用低 4 位。数字 1 需要占用 1 个字节，可以占用低 4 位，高 4 位可以存放 4 个 0。

3867，应该是：0011 1000 0110 0111。

说明：数字 6 与 7 共同占用 1 个字节，6 占用高 4 位，7 占用低 4 位。数字 3 与 8 共同占用 1 个字节，3 占用高 4 位，8 占用低 4 位。

存储非压缩的 BCD 码，会有空间浪费。采用压缩 BCD 码能节约空间。通常，使用压缩 BCD 码的场合比使用非压缩 BCD 码的场合更多。程序员很容易识别出存放在寄存器中采用 BCD 码的数值，而识别存放在寄存器中采用二进制的数值很困难。

BCD 码可以表示无符号数，也可以表示有符号数。通常，在 BCD 编码中，如果数值是无符号数，则用编码 1111 表示。如果数值是有符号数，正数用编码 1100 表示，负数用编码 1101 表示。对于压缩 BCD 码，可以把符号位的编码放在数值位编码的最右边或最左边（BCD 码符号位一般不要求）。

例如，用压缩 BCD 码表示十进制数 +259。

假定把符号位放最右边，则为：0010 0101 1001 1100。

假定把符号位放最左边，则为：1100 0010 0101 1001。

例如，用压缩 BCD 码表示十进制数 +1259。

假定把符号位放最右边，则为：0001 0010 0101 1001 1100。

假定把符号位放最左边，则为：1100 0001 0010 0101 1001。

2.2.5 字符与字符串

对于常见的英语字母、符号、数字字符等编码，采用 ASCII 码（American Standard Code for Information Interchange，美国信息交换标准代码）。标准的 ASCII 码是 7 位编码，有 128 个字符。最高位一般为 0，也可以存放某个信息。它包含可见字符与不可见字符。提示：字符 0~9 对应的 ASCII 码是连续的。字母 A~Z 对应的 ASCII 码是连续的。字母 a~z 对应的 ASCII 码是连续的。

汉字编码有三种。

① 在我国，为了使每个汉字有一个全国统一的代码，所有汉字都进行了统一的编码，这就是区位码。区位码是一个 4 位的十进制数，每个区位码都对应着一个唯一的汉字或符号。区号与位号的范围都在 1~94。

例如，“果”的区位码是 2591。25 是区号，91 是位号。

② 国标码：把一个汉字的区位码的区号与位号分别加上 32（十六进制的 20），就得到汉字的国标码。

例如，“果”的区位码是 2591。25+32=57（十六进制的 39），91+32=123（十六进制的 7B），因此，“果”的国标码采用十六进制表示是：397B。

③ 机内码：汉字国标码有 2 个字节，每个字节的最高位为 0，如果直接在计算机内存储，不能与存储的 ASCII 码区分。

例如，假定汉字“果”的国标码为 $397B_{16}$，存储在 2 个存储单元。现在要进行显示，计算机无法判定是显示为 1 个汉字“果”，还是显示为 2 个英文字符：“9”（它的 ASCII 码为 39_{16}）与“{”（它的 ASCII 码为 39_{16}）。

为区分汉字编码与 ASCII 码，则把表示一个汉字的国标码的 2 个字节的最高位均改为 1（相当于每个字节加上 128，或十六进制的 80），就得到汉字的机内码，即该汉字在计算机内的存储形式。

例如，“果”的国标码采用十六进制表示是：397B。$39_{16}+80_{16}=B9_{16}$，$7B_{16}+80_{16}=FB_{16}$，则“果”在计算机内的存储形式用十六进制表示是：$B9FB_{16}$。

可以看出：把一个汉字的区位码的区号与位号分别加上 160（十六进制的 A0），也直接得到汉字的机内码。

例如，“果”的区位码是 2591_{10}。

$25+160=185=B9_{16}$，$91+160=251=FB_{16}$

字符串：由多个字符组成。通常，计算机在存储字符串时，在存储器内一片连续的单元存储字符串中每个字符的 ASCII 码。

2.2.6 校验码

数字信息在传输过程中受到外界干扰，会产生错误。为发现或者改正错误，需要检测错误或纠正错误的技术。检测错误技术只发现错误，而纠正错误技术能够发现并纠正错误，恢复正确的信息。假定信息要从器件 A 传输到器件 B。器件 A 在发送正常信息的同时需要发送额外的信息，这些额外的信息被称为校验码。器件 B 根据接收到的校验码，确定接收到的信息是否无误。这里介绍三种校验方法。

（1）奇偶校验

该方法分为奇校验与偶校验两种。校验码占 1 位，理论上，校验码的位置可以放在信息的任意位置。通常为了方便，实际上将校验码放在信息的最前面或最后面，只需要信息的发送方与接收方约定好校验码的位置就可以。

奇校验与偶校验的不同主要在于产生的校验码不同。

采用奇校验，就是信息位与校验位共同包含的 1 的个数为奇数。

采用偶校验，就是信息位与校验位共同包含的 1 的个数为偶数。

例 1：假定器件 A 发送信息到器件 B。双方约定：采用奇校验，校验码放在信息的最前面。如果信息为 00011001（8 位），由于信息位包含 3（奇数）个 1，则校验位应该为 0，这样才符合奇校验原则。则器件 A 应该向器件 B 发送：000011001（9 位）。

假定器件 B 接收到：000011000（9 位），由于 000011000 包含 2 个 1，不符合奇校验原则，器件 B 就可以认为接收的信息错误。

假定器件 B 接收到：000011010（9 位），由于 000011010 包含 3 个 1，符合奇校验原则，器件 B 就可以认为接收的信息正确。实际上，该信息的最后 2 位产生了错误。

例 2：假定器件 A 发送信息到器件 B。双方约定：采用偶校验，校验码放在信息的最前面。如果信息为 00011001（8 位），由于信息位包含 3（奇数）个 1，则校验位应该为 1，这样才符合偶校验原则。则器件 A 应该向器件 B 发送：100011001（9 位）。

假定器件 B 接收到：100011000（9 位），由于 100011000 包含 3 个 1，不符合偶校验原则，器件 B 就可以认为接收的信息错误。

假定器件 B 接收到：100011010（9 位），由于 100011010 包含 4 个 1，符合偶校验原则，器件 B 就可以认为接收的信息正确。实际上，该信息的最后 2 位产生了错误。

结论：奇偶校验能够发现奇数个位错误，不能发现偶数个数据位的错误。但实际上，信息传输中，产生 1 位的错误的概率更大，因此奇偶校验在实际中是有价值的。奇偶校验方法简单，在计算机内部得到应用，也可以应用在设备级别。

（2）循环冗余校验（Cyclic Redundancy Check）

采用循环冗余校验也可以发现错误。在循环冗余校验中需要用到数的模 2 运算。

模 2 加法运算规则如下：

0+0=0	0+1=1	1+0=1	1+1=0

模 2 减法运算规则如下：

0−0=0	0−1=1	1−0=1	1−1=0

可以看出，模 2 加法运算和模 2 减法运算规则相同，实际上是二进制位的异或运算。

例如：用模 2 除法计算 $110101_2 \div 1011_2 = ?$

除法过程如图 2.3 所示，在运算中，需要使用模 2 减法。

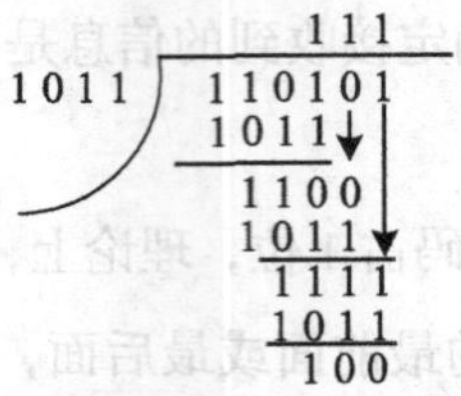

图 2.3 模 2 除法过程

上面的例子中，除数 $1011_2=1\times2^3+0\times2^2+1\times2^1+1\times2^0$，令 $X=2$，则除数 1011 可以用多项式表示：$1\times X^3+0\times X^2+1\times X^1+1\times X^0$，或者记为：$X^3+X+1$。

在 CRC 校验中，称上面的多项式为生成多项式 P（或者叫做模式 P）。

假定器件 A 发送信息 I（称有效信息）到器件 B，采用 CRC 校验。则器件 A 除了向器件 B 发送信息 I 之外，还要发送 CRC 校验码。

计算 CRC 校验码，需要使用 1 个生成多项式 P。选择使用哪个生成多项式 P，需要器件 A、器件 B 约定。最终，CRC 校验码与信息 I 有关，也与选择的生成多项式 P 有关。一般来说，当生成多项式 P 的最高位与最低位都为 1 时，效果最好。

假定信息 $I=1001011_2$（7 位），生成多项式 $P=1011_2$（4 位）。计算与使用 CRC 校验码的过程如下：

① 生成多项式 P 有 n 位，则需要把有效信息 I 向左移动（$n-1$）位，在最右的（$n-1$）位补上 0。由于 P 有 4 位，4−1=3，则需要把信息 I 左移 3 位，补充 3 个 0，也就是得到 $I'=1001011000_2$（10 位）。

② 用信息 I' 作为被除数，生成多项式 P 作为除数，进行模 2 除法运算，得到（$n-1$）位的余数。余数就是获得的 CRC 校验码。商舍弃不用。

这里，得到的 3 位余数是 100_2。

③ 一般，校验码放在有效信息 I 的后面，因此，器件 A 发送到器件 B 的全部信息 M（10 位）为：1001011100_2。

④ 器件 B 接收发来的全部信息，假定接收的信息 M 为 1001011100_2。器件 B 用 M 作被除数，生成多项式 P 作为除数，进行模 2 除法运算。

如果计算后，得到的余数为 0，也就是恰好整除，则认为接收的信息 M 无误，可以把前 7 位作为有效信息使用。

如果计算后，得到的余数不为 0，就说明接收的信息有误。

总结：生成多项式 P 为 n 位，则 CRC 校验码的位数是（$n-1$）。一般来说，由于 CRC 校验需要进行移位与除法计算，花费时间，因此应用在对许多数据位组成的一个数据块进行校验的场合。

（3）海明码（Hamming Code）

海明码实质上是采用偶校验，在有效信息中插入若干偶校验位。

假定采用的海明校验位有 m 位，需要被校验的有效信息位有 k 位，这样，总的信息位的位数 $n=k+m$。m 位海明码有 2^m 种状态，值的范围为 0~（2^m-1），用来指出总的信息位中哪一位产生（位的位置）

错误，0 表示没有错误。因此，产生错误的位的位置范围为 1~（2^m-1）。总的信息位的任意位可能产生错误，因此，m、k 需要满足关系式：

（2^m-1）$\geqslant k+m$。

在海明校验中，总的信息位每位的位置编号从最右边开始，以 1 开始编号。每个校验位占用位置正好是 2 的整数次幂，换句话，校验位的位置在 1、2、4、8、16、32、…。

例如：假定有效信息位数 k=11，海明校验位的位数是 m。m、k 需要满足关系式：

（2^m-1）$\geqslant$ 11+m，即 $2^m \geqslant 12+m$。

则 $m \geqslant 4$。即需要至少 4 位校验码。

选取 m=4。11 位有效信息位与 4 位海明校验位组成 15 位信息位。4 位校验码从右到左分别为 P1、P2、P3、P4。总的信息位每位的位置如图 2.4 所示。

位置序号：	15	14	13	12	11	10	9	8	7	6	5	4	3	2	1
								P4				P3		P2	P1

总的信息位

图 2.4 总的信息位每位的位置

不同的校验位负责对不同的有效信息位进行偶校验。

P1 的位置是 1，1 的二进制编码为 0001，该编码的最低位为 1。

P1 就是对总的信息位中（除去 P1）只要位置编码的最低位为 1 的位进行偶校验的值。最低位为 1 的位置有：3（0011）、5（0101）、7（0111）、9（1001）、11（1011）、13（1101）、15（1111）。也就是位置的编码形如 XXX1 或者是奇数值的位置。

P2 的位置是 2，2 的二进制编码为 0010，该编码的次低位为 1。

P2 就是对总的信息位中（除去 P2）只要位置编码的次低位为 1 的位进行偶校验的值。次低位为 1 的位置有：3（0011）、6（0110）、7（0111）、10（1010）、11（1011）、14（1110）、15（1111）。也就是位置的编码形如 XX1X。

P3 的位置是 4，4 的二进制编码为 0100，该编码的次高位为 1。

P3 就是对总的信息位中（除去 P3）只要位置编码的次高位为 1 的位进行偶校验的值。次高位为 1 的位置有：5（0101）、6（0110）、7（0111）、12（1100）、13（1101）、14（1110）、15（1111）。也就是位置的编码形如 X1XX。

P4 的位置是 8，8 的二进制编码为 1000，该编码的最高位为 1。

P4 就是对总的信息位中（除去 P4）只要位置编码的最高位为 1 的位进行偶校验的值。最高位为 1 的位置有：9（1001）、10（1010）、11（1011）、12（1100）、13（1101）、14（1110）、15（1111）。也就是位置的编码形如 1XXX。

如果有其他的校验位，选取校验位中负责校验的位的位置则遵从类似的规则。

得到的总的海明码位数如图 2.5 所示。

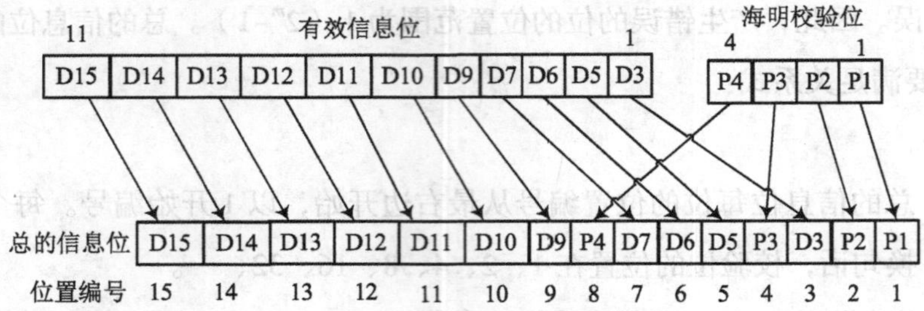

图 2.5 海明码总位数

结合图 2.5，可以得到 P1~P4 的表达式如下：

P1=D15 ⊕ D13 ⊕ D11 ⊕ D9 ⊕ D7 ⊕ D5 ⊕ D3

P2=D15 ⊕ D14 ⊕ D11 ⊕ D10 ⊕ D7 ⊕ D6 ⊕ D3

P3=D15 ⊕ D14 ⊕ D13 ⊕ D12 ⊕ D7 ⊕ D6 ⊕ D5

P4=D15 ⊕ D14 ⊕ D13 ⊕ D12 ⊕ D11 ⊕ D10 ⊕ D9

说明：⊕代表异或运算，对 n 个位进行偶校验就是 n 个位进行异或运算。

上面排列的 15 位编码就是总的信息的海明编码。一般来讲，信息在传输或存储时，可以把有效信息与校验码分开。在上面的描述中把有效信息与校验码组合在了一起，主要是为说明校验的过程。

现在假定获得一个总的信息，需要检验该信息是否有误。检验的步骤是：

（1）生成 4 个不同的检验码 C4、C3、C2、C1。

其中：

C1=D15 ⊕ D13 ⊕ D11 ⊕ D9 ⊕ D7 ⊕ D5 ⊕ D3 ⊕ P1

C2=D15 ⊕ D14 ⊕ D11 ⊕ D10 ⊕ D7 ⊕ D6 ⊕ D3 ⊕ P2

C3=D15 ⊕ D14 ⊕ D13 ⊕ D12 ⊕ D7 ⊕ D6 ⊕ D5 ⊕ P3

C4=D15 ⊕ D14 ⊕ D13 ⊕ D12 ⊕ D11 ⊕ D10 ⊕ D9 ⊕ P4

（2）把 C4、C3、C2、C1 从左到右排列为一个二进制序列，记作 C。

如果 C=0000，说明没有错误产生。

如果 C≠0000，说明存在错误。为简化，我们描述两种不同的情况。

第一种：已知只有 1 个位产生错误，则错误位的位置就是 C 的值。

例如，假定 D6 错误，则 C1=0，C2=1，C3=1，C4=0，C=0110，15 位编码中的第 6 位就是 D6。

假定 D10 错误，则 C1=0，C2=1，C3=0，C4=1，C=1010，15 位编码中的第 10 位就是 D10。

假定 P3 错误，则 C1=0，C2=0，C3=1，C4=0，C=0100，15 位编码中的第 4 位就是 P3。

换句话说，就是在已知只有 1 位出错的情况下，C 的值代表了出错的位的位置。把该位置的值进行非操作，就是正确的值。

第二种：已知有 2 个位产生错误，则可以确认有错误，但无法确定错误的位置。

例如，假定 D3、D5 均产生错误，则 C1=0，C2=1，C3=1，C4=0，C=0110。不能认为是编码中的 D6 位出错。

当有 2 个位出错时，想要找到出错的位置，从而进行纠错，需要采用其他改进的海明校验方法，这里不再介绍。

2.2.7 真题与习题精编

● 单项选择题

1. 用海明码对长度为 8 位的数据进行检 / 纠错时，若能纠正一位错，则校验位数至少为（ ）。

【全国联考 2013 年】

A. 2　　B. 3　　C. 4　　D. 5

2. 某个 2 位十进制数 34，假定采用压缩 BCD 码形式存储在某 8 位寄存器中，不要求存储符号，则该寄存器的内容是（ ）。

A. 22H　　B. 34H　　C. 22　　D. 34

3. 某个 2 位十进制数 57，假定用两个 8 位寄存器采用非压缩 BCD 码形式存储它，不要求存储符号，则这两个寄存器里面的内容分别是（ ）。

A. 0507H　　B. 0309H　　C. 0507　　D. 0309

4. 1 个汉字在计算机存储时，存储的形式被称为（ ）。

A. 汉字输入码　　B. 汉字区位码　　C. 汉字国标码　　D. 汉字内码

5. 在显示或打印一个汉字时，需要该汉字的信息是（ ）。

A. 汉字输入码　　B. 汉字国标码　　C. 汉字内码　　D. 汉字点阵

6. 某汉字字库有 6000 个汉字，每个汉字的点阵是 32×32，则存储该字库需要（ ）字节。

A. 768000　　B. 96000　　C. 12000　　D. 6000

7. 计算机甲向计算机乙发送字符时，采用奇校验。假定要发送的字符为 34H。发送时，字符占用 8 位，逆序发送，即从字符最低位开始发送，最后发送最高位。最后发送 1 位校验位。则发送的信息序列是（ ）。

A. 0011 1000 0　　B. 0011 1000 0　　C. 0010 1100 0　　D. 0010 1100 1

8. 计算机甲乙通信采用奇校验，发送信息时，真实信息占 7 位，校验码在最后。则下列接收信息中，可以认为有误的是（ ）。

A. 1001 0001　　B. 1101 1011　　C. 0000 0001　　D. 1011 1111

9. 对信息进行海明编码，假定需要发送的信息是 16 位，则增加的海明校验码至少需要（ ）位。

A. 3　　B. 4　　C. 5　　D. 6

10. 计算机甲、乙通信采用 CRC 校验。假定需要发送的信息是 11 1101，CRC 多项式为 X^3+X+1。则得到的 CRC 校验码是（ ）。

A. 001　　B. 010　　C. 100　　D. 101

11. 某个汉字的区位码是 1324H，则该汉字存储时的编码为（ ）。

A. 1324H　　B. 3344　　C. 3344H　　D. B3C4H

2.2.8 答案精解

● 单项选择题

1.【答案】C

【精解】考点为海明码。

设校验位为 n 位，则总位数为（8+n）。n 位校验码有 2^n 种编码，除去代表“没有错误”这种编码，还有（2^n-1）种编码用于指出出错位的位置。因此，

（2^n-1）≥（8+n），

即 2^n ≥（9+n）。

所以，n 至少为 4。所以答案为 C。

2.【答案】B

【精解】考点为压缩 BCD 码。

采用压缩 BCD 码就是用 4 位二进制数表示一个数字 0~9。3 的压缩 BCD 码是 0011，4 的压缩 BCD 码是 0100。所以寄存器里面为 0011 0100。所以答案为 B。

3.【答案】A

【精解】考点为压缩 BCD 码。

采用非压缩 BCD 码就是用 8 位二进制数表示一个数字 0~9。5 的非压缩 BCD 码是 0000 0101，7 的非压缩 BCD 码是 0000 0111。所以这 2 个寄存器里面的内容分别是 05H、07H。所以答案为 A。

4.【答案】D

【精解】考点为汉字编码。

汉字存储时，采用汉字内码。就是把区位码的 2 字节分别加上 A0H，就是汉字的内码，也是汉字的存储形式。所以答案为 D。

5.【答案】D

【精解】考点为汉字编码。

汉字显示，需要汉字点阵。所以答案为 D。

6.【答案】A

【精解】考点为汉字编码。

每个汉字点阵占用的字节数是 $32\times32\div8=128$。6000 个汉字占用 768000 字节。所以答案为 A。

7.【答案】C

【精解】考点为奇偶校验码。

34H 的序列为 0011 0100，奇校验位为 0，字符从低位开始发送。序列应该为 0010 1100 0。所以答案为 C。

8.【答案】B

【精解】考点为奇偶校验码。

奇校验就是信息位与校验位中 1 的个数为奇数。答案 B 中的序列不满足此条件。所以答案为 B。

9.【答案】C

【精解】考点为海明校验。

假定校验码的位数是 n，则关系式 $2^n-1\geqslant16+n$ 需要成立，则 $n\geqslant5$。所以答案为 C。

10.【答案】B

【精解】考点为 CRC 校验。

CRC 多项式为 X^3+X+1，即生成多项式是 1011。把原信息左移 3（4–1=3）位，添加 3 个 0，得到 11 1101 000，用模 2 除法除以 1011，得到 3 位余数 010，就是 CRC 校验码。所以答案为 B。

11.【答案】D

【精解】考点为汉字编码。

汉字存储时，采用汉字内码。就是把区位码的 2 字节分别加上 A0H，得到汉字内码。所以答案为 D。

2.3 定点数的表示和运算

2.3.1 定点数的表示

假定有一个二进制编码为 00110010，两个程序员 A、B 可以约定小数点的位置。可以约定为 0011.0010，也可以约定为 001100.10，还可以约定为其他形式。

如果约定为 .00110010，小数点在最左边，则该数据就是一个定点小数，也就是我们数学上的纯小数。

如果约定为 00110010.，小数点在最右边，则就是一个定点整数，也就是我们数学上的整数。

将一个定点小数扩大若干倍，就变成一个定点整数。将一个定点整数缩小若干倍，就变成一个定点小数。两者本质一样。

有些教材在讲解本部分知识时，采用了定点小数的形式。为了让学生更容易理解，这里采用定点整数来进行讲解。

现实中的整数需要转化为定点整数的形式后，才能存放或进行运算。

现实中的数值有些可以看作无符号数，有些必须看作有符号数，有些既可以认为是无符号数也可以认为是有符号数。

例如，对于“今天买了 5 个橘子”，这里的 5 通常被看作无符号数。对于“今天温度是 –3 摄氏度”，这里的 –3 通常被看作有符号数。

在存储或表示无符号数时，由于没有符号，因此只需要存储数值就可以。例如，上面的“5”在一个 8 位寄存器中的表示如图 2.6 所示。

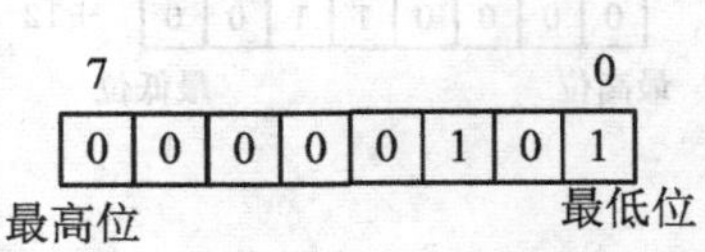

图 2.6 值 5 在 8 位寄存器的表示

用一个 n 位寄存器存放一个无符号数，该无符号数的范围应该是 0~（2^n–1）。

用一个 8 位寄存器存放一个无符号数，该无符号数的范围应该是 0~255。

用一个 16 位寄存器存放一个无符号数，该无符号数的范围应该是 0~65535。

在存储或表示有符号数时，需要用 1 位（通常在最高位、最左边）存储符号，还需要位来存储数值，也就是需要对有符号数进行编码。两种常用的编码是：原码、补码。

（1）原　码

原码是一种最简单的编码方法。用最高位（最左边的位）表示符号，正号用 0 表示，负号用 1 表示。剩下的位就是数值本身的二进制位。

例如，用 8 位原码对数据 +12 编码；用 8 位原码对数据 –12 编码。

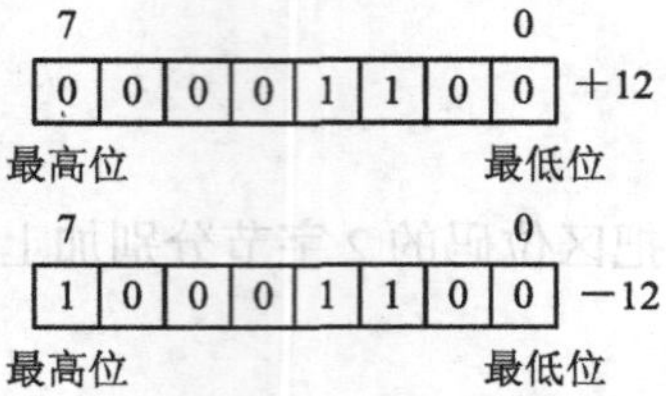

原码的缺点在于：在进行加减运算时，确定结果的符号比较复杂。在用硬件电路来实现原码加减时，设计困难且复杂。另外，在原码中，0 需要有两种编码：00000000、10000000（假定 8 位编码），分别对应 +0、–0。这也导致原码在运算中比较麻烦。

用一个 *n* 位寄存器存放一个原码形式的有符号数，该有符号数的范围应该是：

–［$2^{(n-1)}$–1］~+［$2^{(n-1)}$–1］。

用一个位寄存器存放一个原码形式的有符号数，该有符号数的范围是：

–127~+127。

用一个 16 位寄存器存放一个原码形式的有符号数，该有符号数的范围是：

–32767~+32767。

原因是：0 有 +0、–0 之分，占用两种编码。

（2）补　码

可以这样理解：现代计算机中，有符号数据采用补码表示。

在补码编码中，用最高位（最左边的位）表示符号，正号用 0 表示，负号用 1 表示。如果数据是正数，剩下的位就是数值本身。如果数据是负数，剩下的位就是：对数值的每个二进制位进行取反，然后再加上数值 1。

例如，用 8 位补码对数据 +12 编码。

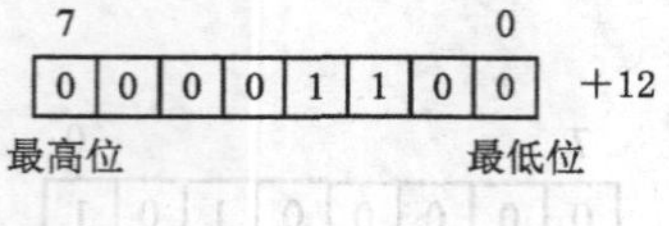

用 8 位补码对数据 –12 编码。

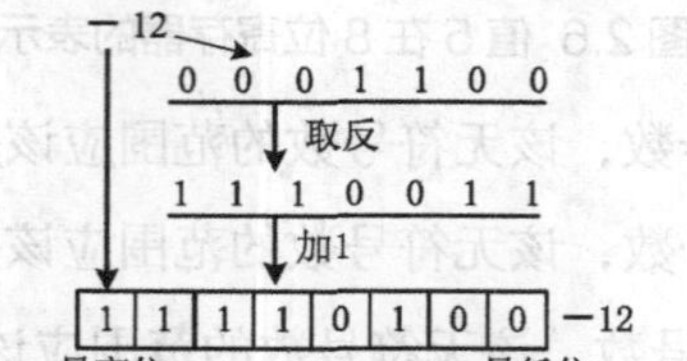

补码的特点：

① 0 的补码编码形式是唯一的，0 的补码为 000…0。

如果补码的每个位均为 1，即 111…1，则该补码的真值是 −1。

正整数的补码形式是 0XX…X，即最高位是 0，其他位是 0 或 1。

负整数的补码形式是 1XX…X，即最高位是 1，其他位是 0 或 1。

假定采用 8 位来表示补码，8 位补码与对应的真值如图 2.7 所示。

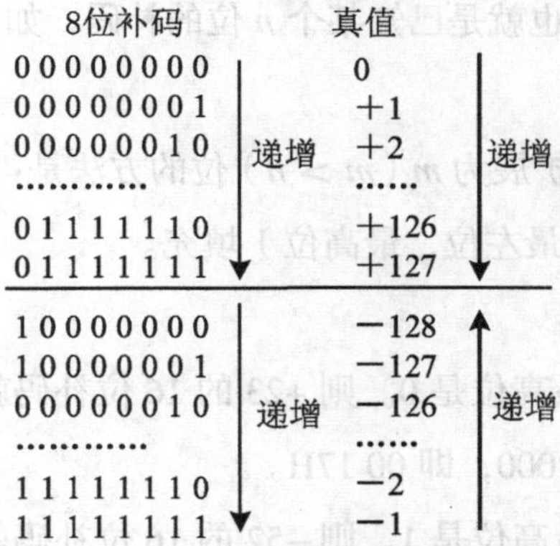

图 2.7　8 位补码与真值的关系

用一个 n 位寄存器存放一个补码表示的有符号数，该有符号数的范围是：

$-2^{(n-1)}$~$+[2^{(n-1)}-1]$。

用一个 8 位寄存器存放一个补码表示的有符号数，该有符号数的范围是：

−128~+127。

用一个 16 位寄存器存放一个补码表示的有符号数，该有符号数的范围是：

−32768~+32767。

②一个有符号数用补码进行编码，编码的表示形式与所要求的二进制位数有关。

例如：用 8 位补码表示 +23、−52、−106。

由于 +23 是正数，则补码的最高位应该是 0，后 7 位是 23 的二进制编码本身。把 23 转换为十六进制数 17_{16}，再把 17_{16} 转化为 7 位二进制数 001 0111。+23 的 8 位补码是 0001 0111。

由于 −52 是负数，则补码的最高位应该是 1，后 7 位是 52 的二进制编码本身取反后加 1。把 52 转换为十六进制数 34_{16}，将 34_{16} 转化为 7 位二进制数 011 0100。再把 011 0100 按位取反，得到 100 1011。最后，进行加 1 运算，得到 100 1100。−52 的 8 位补码为 1100 1100。

同样的方法，得到 −106 的 8 位补码编码为 1001 0110。

说明：为方便识别二进制数，在书写二进制数时，可以在前 4 位与后 4 位之间加个空格。

例如：用 16 位补码表示 +23、−52、−106。

由于 +23 是正数，则补码的最高位是 0，后 15 位为 23 的二进制编码本身。因此，补码为 0000 0000 0001 0111。

由于 −52 是负数，则补码的最高位是 1，后 15 位应该为 52 的二进制编码本身取反后加 1。首先把 52 转换为 15 位二进制数 000 0000 0011 0100。再对 000 0000 0011 0100 按位取反，得到 111 1111 1100 1011。最后进行加 1 运算，得到 111 1111 1100 1100。因此，补码为 1111 1111 1100 1100。

同样的方法，得到 –106 的 16 位补码为：1111 1111 1001 0110。

+23 的 8 位补码是 17H，16 位补码是 0017H。

–52 的 8 位补码是 CCH，16 位补码是 FFCCH。

–106 的 8 位补码是 96H，16 位补码是 FF96H。

这里实际涉及补码的扩展问题，也就是已知某个 n 位的补码，如何快速获得 m（$m > n$）位的补码，并且这两个补码的真值相等。

已知某个 n 位的补码，把该补码扩展为 m（$m > n$）位的方法是：n 位补码保持不变，多出的（$m–n$）位均用原 n 位补码的符号位（也就是最左位、最高位）填充。

例如：

+23 的 8 位补码是 0001 0111，最高位是 0。则 +23 的 16 位补码就是在原 8 位补码 0001 0111 的前面添加 8 个 0，也就是 0000 0000 0001 1000，即 00 17H。

–52 的 8 位补码是 1100 1100，最高位是 1。则 –52 的 16 位补码就是在原 8 位补码 1100 1100 的前面添加 8 个 1，也就是 1111 1111 1100 1100，即 FF CCH。

–106 的 8 位补码是 96H，16 位补码是 FF 96H，32 位补码是 FF FF FF 96H。

8 位补码 56H 扩充为 16 位补码，就是 00 56H；扩充为 32 位补码，就是 00 00 00 56H。

8 位补码 96H 扩充为 16 位补码，就是 FF 96H；扩充为 32 位补码，就是 FF FF FF 96H。

某 32 位补码是 FF FF FD 12H，由于 F 表示 4 个 1，则把前面的 FF FF 去掉，可以得到 16 位补码 FD 12H。这两个补码的真值相同，但占用的位数是不同的。将 FD 12H 用二进制表示，得到 1111 1101 0001 0010，可以看出从最高位起有 6 个连续的 1，说明可以把 1 看作补码的符号位。这样得到另外一个补码 101 0001 0010。这个补码有 11 位，用十六进制表示是 512H。这说明：32 位的补码 FF FF FD 12H、16 位的补码 FD 12H、11 位的补码 512H，这 3 个补码的真值相等。

如果打算把位数少的无符号数扩展为较多的位数，则直接在该无符号数的二进制编码前面添加若干个 0，使二进制编码达到需要的位数即可。例如，8 位无符号数 45H 扩展为 16 位无符号数，得到 00 45H；8 位无符号数 95H 扩展为 32 位无符号数，得到 00 00 00 95H。

2.3.2 定点数的运算

（1）补码的移位

早期有些计算机的有符号数据采用原码表示，而现在大多数计算机采用补码表示有符号数据。有些“计算机组成原理”方面的书籍中讲解了原码的移位操作。本书不再讲解原码的补码，而直接讲解通常补码的移位操作。

通常补码的移位分为两类：逻辑移位、算术移位。按照移动的方向，每类移位可以分为左移、右移。为方便理解，可以认为该补码存储在一个寄存器中。

1）补码的逻辑移位

逻辑移位就是把该补码看作一个二进制序列进行移动。

① 逻辑左移：

把补码整体向左移动 1 位或若干位。移位过程中，移出的位或者被丢弃，或者把最后移出的 1 位存储到标志寄存器的 CF 位，供后续使用。移位后，右边空出的位用 0 补充。

例如，把 8 位补码 34H 进行逻辑左移 1 位。移出的位丢弃。移位过程如下：

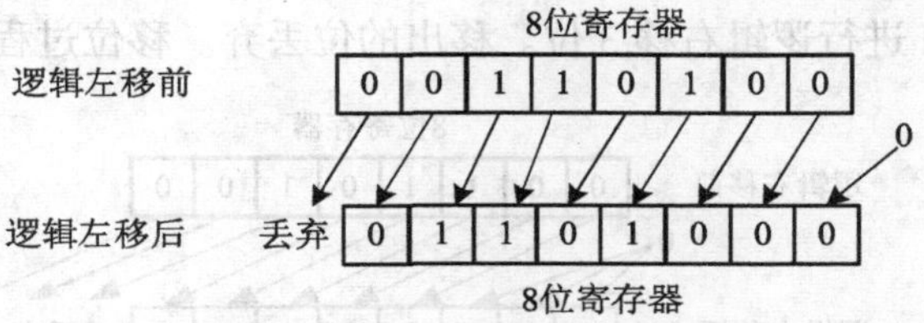

例如，把 8 位补码 34H 进行逻辑左移 1 位。最后移出的位存储在 CF 位。移位过程如下：

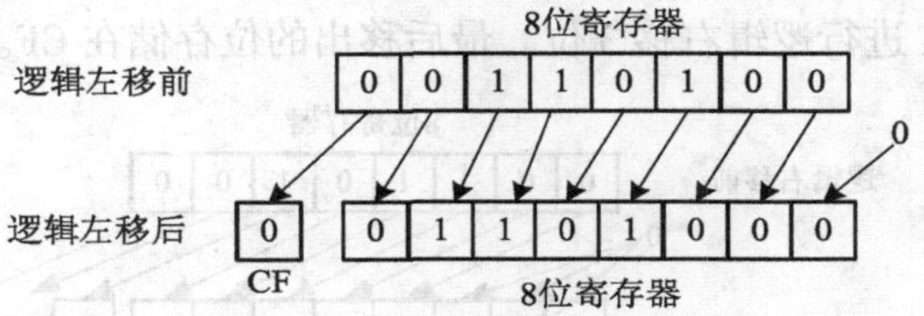

例如，把 8 位补码 34H 进行逻辑左移 3 位。移出的位丢弃。移位过程如下：

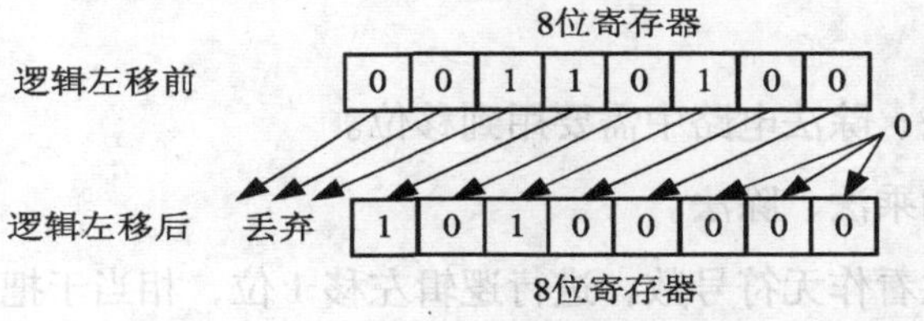

例如，把 8 位补码 34H 进行逻辑左移 3 位。最后移出的位存储在 CF 位。移位过程如下：

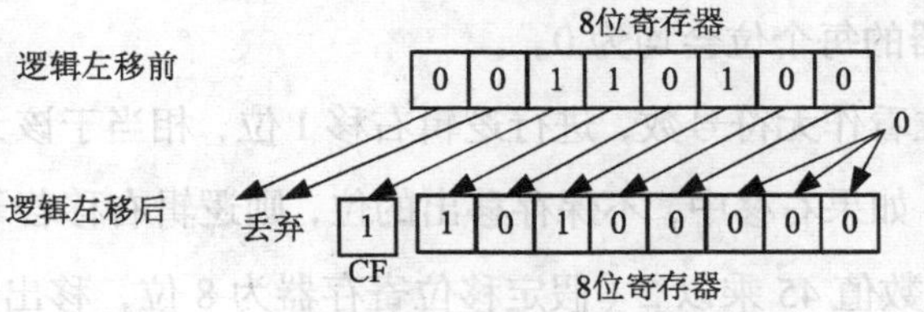

② 逻辑右移：

把补码整体向右移动 1 位或若干位。移位过程中，移出的位或者被丢弃，或者把最后移出的 1 位存储到标志寄存器的 CF 位，供后续使用。移位后，左边空出的位用 0 补充。

例如，把 8 位补码 34H 进行逻辑右移 1 位。移出的位丢弃。移位过程如下：

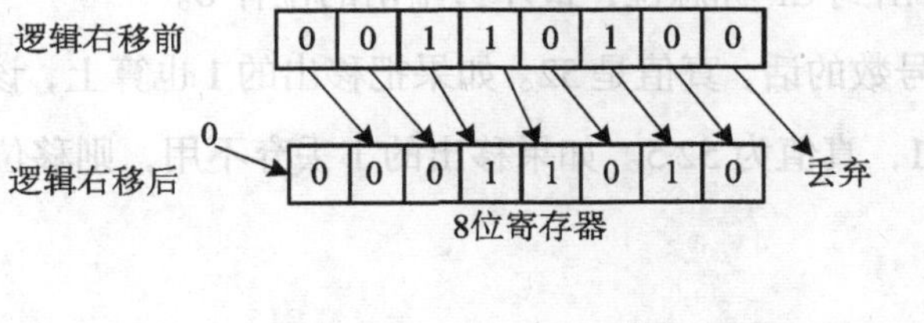

例如，把 8 位补码 34H 进行逻辑右移 1 位。最后移出的位存储在 CF 位。移位过程如下：

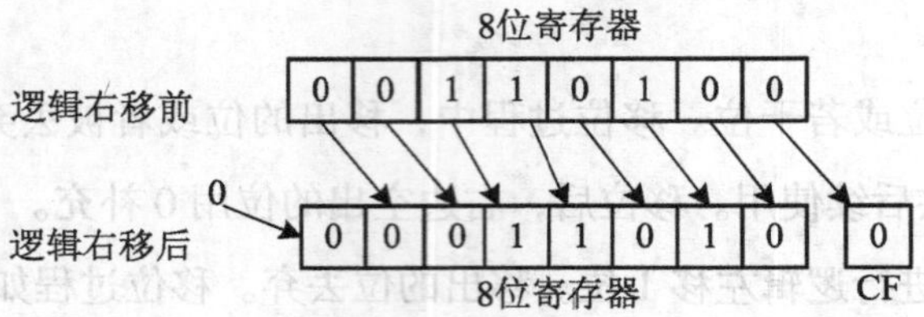

例如，把 8 位补码 34H 进行逻辑右移 3 位。移出的位丢弃。移位过程如下：

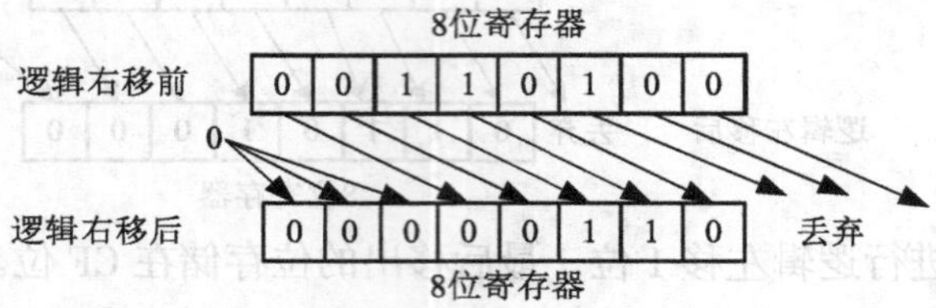

例如，把 8 位补码 34H 进行逻辑右移 3 位。最后移出的位存储在 CF。移位过程如下：

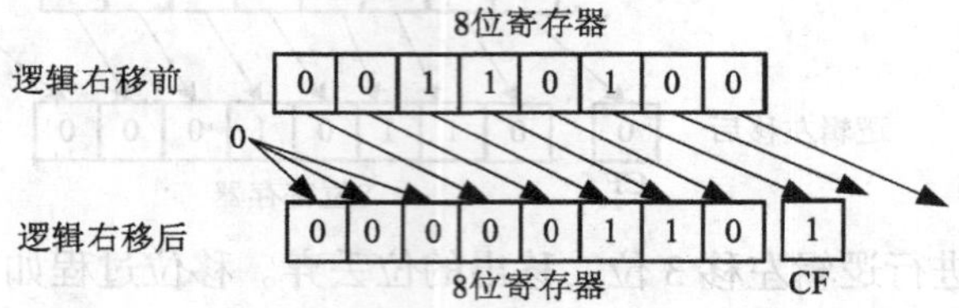

逻辑移位有两个作用：

第一，在设计数的乘法、除法电路中需要用到移位。

第二，可以实现简单的乘法、除法。

把寄存器存储的信息位看作无符号数，进行逻辑左移 1 位，相当于把该无符号数乘以 2。进行逻辑左移 n 位，相当于把该无符号数乘以 2^n，当然前提条件是算上移出的位。如果左移中，不保存移出的位，则逻辑左移若干次，寄存器的每个位会均为 0。

把寄存器存储的信息位看作无符号数，进行逻辑右移 1 位，相当于该无符号数除以 2。逻辑右移 n 位，相当于该无符号数除以 2^n。如果右移中，不保存移出的位，则逻辑右移若干次，寄存器的每个位会均为 0。

【例 1】用移位实现把数值 45 乘以 2（假定移位寄存器为 8 位，移出的位进入 CF 标志位）。

【解答】把 45 存储到移位寄存器，存储形式为 0010 1101。进行逻辑左移 1 位。移位后为 0101 1010。把 0101 1010 看作无符号数的话，就是 90，等于 45 乘以 2。

【例 2】用移位实现把数值 105 除以 2（假定移位寄存器为 8 位，移出的位进入 CF 标志位）。

【解答】把 105 存储到移位寄存器，存放形式为 0110 1001。进行逻辑右移 1 位。移位后为 0011 0100。原来最右边的 1 被移出到 CF 标志位，最左边空出的位补 0。

把 0011 0100 看作无符号数的话，真值是 52。如果把移出的 1 也算上，该 1 相当于小数点后面第 1 位，则移位后的值为 0011 0100.1，真值为 52.5。如果移出的 1 丢弃不用，则移位后的值为 0011 0100，真值为 52。

2）补码的算术移位

① 算术左移：

通常，规定算术左移的操作与逻辑左移的操作相同。也就是：把补码整体向左移动 1 位或若干位。

移位过程中，移出的位或者被丢弃，或者把最后移出的 1 位存储到标志寄存器的 CF 位，供后续使用。移位后，右边空出的位用 0 补充。

例如，把 8 位补码 34H 进行算术左移 1 位。移出的位丢弃。移位过程如下：

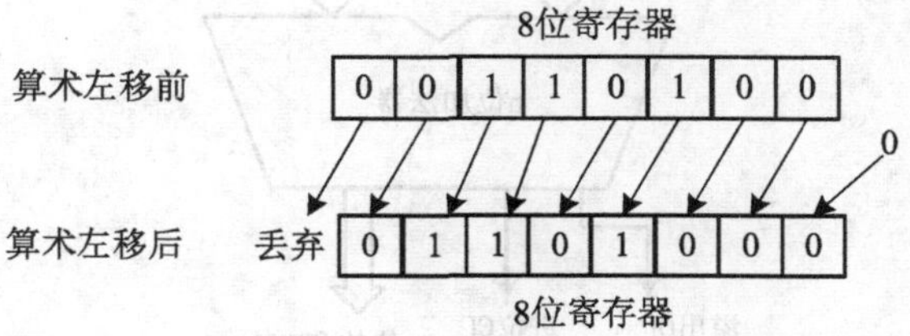

② 算术右移：

算术右移时，把寄存器的信息看作补码表示的有符号数，因此在移位过程，需要保持寄存器的最高位（符号位）不变，同时所有位右移。移出的位或者丢弃，或者把最后移出的位存储到标志寄存器的 CF 位。

对补码进行 1 位算术右移，相当于把有符号数除以 2。对补码进行 *n* 位算术右移，相当于把有符号数除以 2^n。

例如，把 8 位补码 74H 进行算术右移 3 位。移出的位丢弃。移位过程如下：

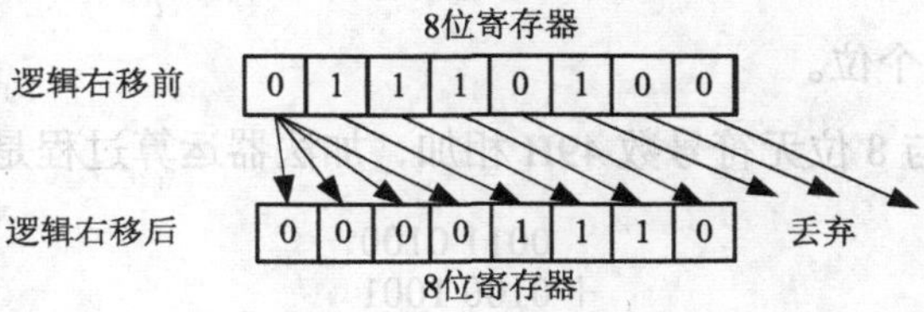

移位前，补码的真值是 +116。移位后，补码的真值是 +14。算术右移 3 位，相当于（+116）÷ 2^3=+14

例如，把 8 位补码 94H 进行算术右移 3 位。移出的位丢弃。移位过程如下：

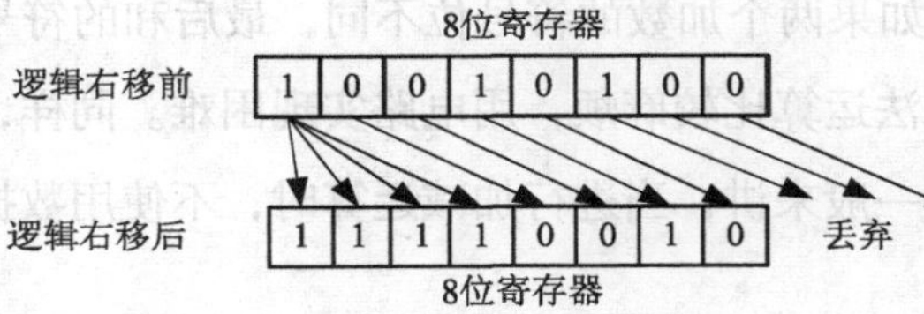

移位前，补码的真值是 −108；移位后，补码的真值是 −14。

这里需要注意：−108 有 2 个算术表达式：

−108=（−14）×8+（+4）；

−108=（−13）×8+（−4）。

这里进行算术右移 3 位后，得到的真值是 −14，相当于使用上面第一个表达式。而通常我们在手工计算 −108 ÷ 8 时，容易得到商是 −13，相当于使用上面第二个表达式。这两个商是不同的。后面讲述的除法运算中，余数的符号与被除数的符号应该保持相同。

（2）加法运算

CPU 内部有一个加法器，该加法器由逻辑电路构成。加法器有两个输入端，分别用于输入两个 n 位的二进制数。加法器的输出有：n 位的和，一个表示产生进位的位 CF，一个表示是否溢出的位 OF（overflow，溢出）。加法器的结构如图 2.8 所示。

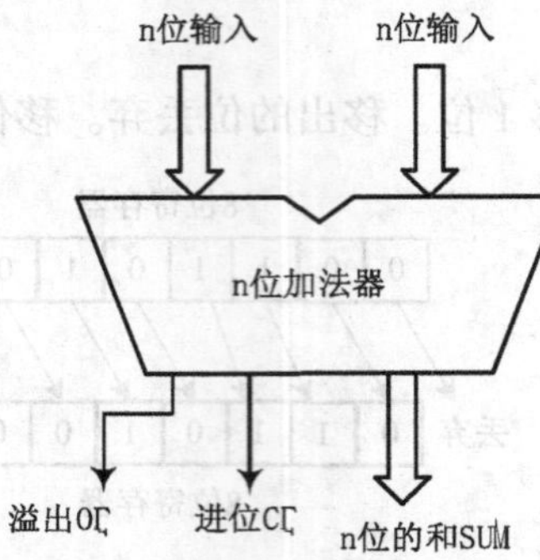

图 2.8 加法器结构

加法器可以进行两种加法计算：无符号数加法、有符号数加法。在加法过程中把两个 n 位加数分别输入到加法器的两个输入端，加法器内部电路就得到了和。

1）无符号数的加法运算

把两个 *n* 位的无符号数通过加法器的两个输入端输入，相加后，加法器产生（*n*+1）位的结果。结果的低 *n* 位可以输出到 1 个 *n* 位的寄存器 SUM 中，第（*n*+1）位可以存储到 1 个命名为进位 CF 的存储位。通常 CF 是标志寄存器 FR 的 1 个位。

例如，8 位无符号数 34H 与 8 位无符号数 49H 相加，加法器运算过程是：

$$\begin{array}{r} 0011\ 0100 \\ +\ 0100\ 1001 \\ \hline 00111\ 1101 \end{array}$$

最高位存储在 CF 位，低 8 位可以存储在 SUM 寄存器。加法结果是 00111 1101，共 9 位。

2）补码的加法运算

使用原码进行加法运算时，如果两个加数的符号位不同，最后和的符号与绝对值最大的加数的符号位相同。因此，使用原码进行加法运算比较麻烦，用电路实现困难。同样，还要设计减法电路，也需要考虑运算数据的符号位。总之，一般来讲，当进行加减运算时，不使用数据的原码编码。而使用补码进行加减运算，则很方便。

假定补码用 *n* 位表示：

$X_{补}=(X+2^n)\ \mathrm{MOD}\ 2^n$，

$Y_{补}=(Y+2^n)\ \mathrm{MOD}\ 2^n$。

因此，得到：

$X_{补}+Y_{补}=(X+Y+2^n)\ \mathrm{MOD}\ 2^n$。

当 $X+Y$ 为 *n* 位时：

$(X+Y)_{补}=(X+Y+2^n)\ \mathrm{MOD}\ 2^n$

$=X_{补}+Y_{补}$。

也就是说，当 $X+Y$ 可以用 *n* 位补码表示时，把 $X_{补}$ 与 $Y_{补}$ 直接相加，得到的 *n* 位结果可以认为是 $X+Y$

的补码。

例如，8 位补码 $X_{补}$=1100 1000（真值 – 56），8 位补码 $Y_{补}$=0101 1100（真值 + 92）：

$X_{补}+Y_{补}$=1100 1000+0101 1100=1 0010 0100。

$X+Y$ 的和是（–56）+（+92）=+36。+36 能用 8 位补码表示，因此，可以把 1 0010 0100 的低 8 位作为 $X+Y$ 的补码。

例如，8 位补码 $X_{补}$=0100 1000（真值 +72），8 位补码 $Y_{补}$=0101 1100（真值 +92）：

$X_{补}+Y_{补}$=0100 1000+0101 1100=1010 0100。

$X+Y$ 的和是 +164，+164 不能用 8 位补码表示，因此不能把 1010 0100 作为 $X+Y$ 的补码。

把两个 n 位的补码通过加法器的两个输入端输入，相加后，加法器产生（n+1）位的结果与 1 个溢出标志位。（n+1）位结果的低 n 位可以输出到 1 个 n 位的寄存器 SUM 中，第（n+1）位也存储到进位 CF。溢出标志位存储到 1 个命名为溢出位 OF 的存储位。通常 OF 是标志寄存器 FR 的 1 个位。在补码加法中，只关注结果的低 n 位。

说明：如果两个无符号数输入加法器相加，和是（n+1）位，没有溢出问题。当两个补码（有符号数）输入加法器相加，和是 n 位，需要判断是否存在溢出问题。

当 OF 位的值为 1 时，说明运算的 n 位结果不能作为两个真值的和的补码。原因是：两个真值的和的补码表示超过 n 位，或者说是 n 位补码不能表示两个真值的和。

两个真值的和的补码表示超过 n 位的情况叫作溢出（overflow）。溢出的解决方法有：将真值的补码用更多的位表示，使用更多位的加法器。

加法器电路判断是否溢出的方法有两种。

第一种判断溢出的方法是：加法过程中，把次高位向最高位的进位值与最高位的进位值（实际就是进位 CF 的值）进行异或运算，异或运算的结果就是 OF 的值。

异或的符号是⊕，两个位进行异或的规则是：0 ⊕ 0=0，0 ⊕ 1=1，1 ⊕ 0=1，1 ⊕ 1=0。可以看出：当两个位的值不同时，异或的结果是 1；当两个位的值相同时，异或的结果是 0。

例如，8 位补码 0100 1001（真值 +73）与 8 位补码 1110 1001（真值 –23）相加。

```
 最高位 次高位
      ↘ ↙
   0100 1001
 + 1110 1001
 ------------
  10011 0010
```

次高位向最高位的进位是 1，最高位的进位为 1，OF=1 ⊕ 1=0，即没有溢出，则运算结果的低 8 位 0011 0010 可以作为真值和的补码。0011 0010 代表的真值为 +50。可以看出两个真值的和就是 +50。

例如，8 位补码 1000 1001（真值 –119）与 8 位补码 1110 1001（真值 –23）相加。

```
 最高位 次高位
      ↘ ↙
   1000 1001
 + 1110 1001
 ------------
  10111 0010
```

次高位向最高位的进位是 0，最高位的进位为 1，OF=0 ⊕ 1=1，代表溢出，则运算结果的低 8 位

0111 0010 不能作为真值和的补码。可以验证一下：真值的和应该是 –142。补码 0111 0010 对应的真值是 +114。

第二种判断溢出的方法是：把加数的补码的符号位扩展为 2 个符号位，这样加数变为（*n*+1）位，送入（*n*+1）位加法器进行加法。把（*n*+1）位运算结果的高 2 位（即 2 个符号位）进行异或运算，异或的结果就是溢出位 OF 的值。

例如，8 位补码 0100 1001（真值 +73）与 8 位补码 1110 1001（真值 –23）相加。

```
   2个符号位
     ↓
    00100 1001
+   11110 1001
--------------
   100011 0010
```

运算结果的 2 个符号位相等，异或结果为 0，OF 值为 0，代表没有溢出。这样可以把 0011 0010 作为正确的结果使用。补码 0011 0010 对应的真值是 +50。

例如，8 位补码 1000 1001（真值 –119）与 8 位补码 1110 1001（真值 –23）相加。

```
   2个符号位
     ↓
    11000 1001
+   11110 1001
--------------
   110111 0010
```

运算结果的 2 个符号位不相等，异或结果为 1，OF 值为 1。这代表溢出，不能使用运算结果。

（3）减法运算

以十进制为例，我们看看减法的实现方法。例如，求 754–234=？

754–234=754+（1000–234）=754+（999–234）+1=754+765+1=1520，只保留 3 位数，得到 520。

注意：本例子中，在进行加法时产生了进位 1，实际上对应的减法过程没有产生借位，或者说借位是 0。这两个值是非的关系。

234 与数值（999–234）的关系：每个对应的位的和是最大值 9。计算机中实现减法运算的道理与此类似。

假定补码 $X_{补}$、$Y_{补}$均为 *n* 位。由于 $(-Y)_{补}+Y_{补}=2^n$，因此：

$X_{补}-Y_{补}=X_{补}+(2^n-Y_{补})=X_{补}+(1\cdots1-Y_{补})+1$。

把 $Y_{补}$的每位进行取反（或者非运算），就得到（$1\cdots1-Y_{补}$）。或者说 $Y_{补}$的每位与（$1\cdots1-Y_{补}$）的每位是非的关系，对应位的和是 1。

补码的减法就是：把减数 $Y_{补}$的每位取反，然后与 $X_{补}$相加，最后再加上 1。加法器在加法过程中产生 OF 的值的方法同前面补码加法运算时介绍的方法一样。总之，计算机中就是使用加法器来实现减法运算。

需要注意的是：在减法运算的过程中，使用加法器产生的进位需要经过非运算后才存储到进位位 CF。

与补码加法运算一样，在最后，当 OF 的值为 0 时，可以把运算的结果作为（*X*–*Y*）的补码；当 OF 的值为 1 时，不能把运算的结果作为（*X*–*Y*）的补码。

例如，8 位补码 $X_{补}$=0101 1100（真值 +92），$Y_{补}$=0010 0110（真值 +38）。求（*X*–*Y*）的过程是：

① 对 $Y_{补}$的每个位取反，得到 1101 1001。

② 进行 $X_{补}$+1101 1001+1 运算。

```
     0101 1100
     1101 1001
 +           1
 -------------
   1 0011 0110
```

③ 由于溢出位 OF 的值为 0，那么，结果的低 8 位可以作为（$X-Y$）的补码。补码 0011 0110 对应的真值是 +54，所以（$X-Y$）就是 +54。

加法结果的第 9 位是 1，经过取反（或者非）运算后，值为 0，值 0 存储在进位位 CF 中。CF 值为 0，表示在减法运算中没有产生借位。

例如，8 位补码 $X_{补}$=0101 1100（真值 +92），$Y_{补}$=1101 1010（真值 −38）。求（$X-Y$）的过程是：

① 对 $Y_{补}$的每个位取反，得到 0010 0101。

② 进行 $X_{补}$+0010 0101+1 运算。

```
     0101 1100
     0010 0101
 +           1
 -------------
   0 1000 0010
```

③ 由于溢出位 OF 的值为 1，那么结果的低 8 位不能当作（$X-Y$）的补码。要想求（$X-Y$）$_{补}$，需要把 $X_{补}$、$Y_{补}$用更多的位表示后，再进行运算才可以。具体过程这里不再详细介绍。

（4）定点数的乘 / 除运算

1）原码的乘法

原码的最高位是符号位，其余是数值的绝对值。两个原码在进行乘法时，两个原码符号位异或的结果就是积的符号位。两个原码剩余的位进行无符号乘法。

无符号二进制数的乘法类似我们手工计算乘法的过程。手工乘法的计算如下：

```
       1110   被乘数
     × 1010   乘数
     ------
       0000
      1110
     0000
    1110
   --------
   10001100
```

可以看出：先根据乘数的每 1 位决定 1 个部分积。当该位为 1 时，部分积为被乘数；当该位为 0 时，部分积为 0。把得到的所有部分积依次左移 1 位，再求和，得到最终的乘积。

在现代计算机中，乘法可以通过硬件电路来实现。硬件电路由多个乘法单元的阵列构成，每个乘法单元能够计算部分积。每个乘法单元的结构如图 2.9 所示。

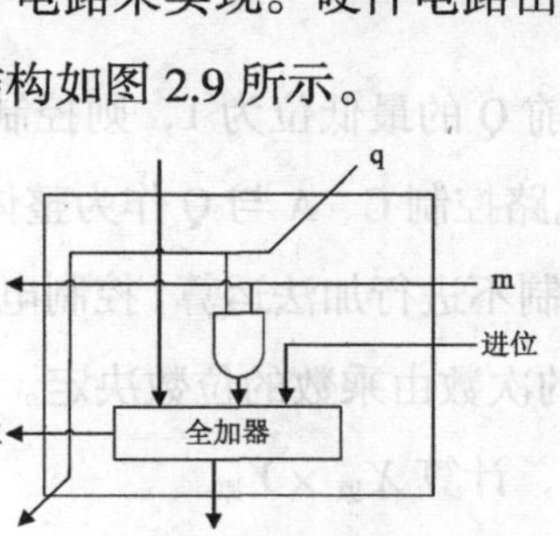

图 2.9 乘法单元内部结构

由乘法单元构成的乘法阵列如图 2.10 所示。图中两个 4 位的数相乘，得到 8 位的积。

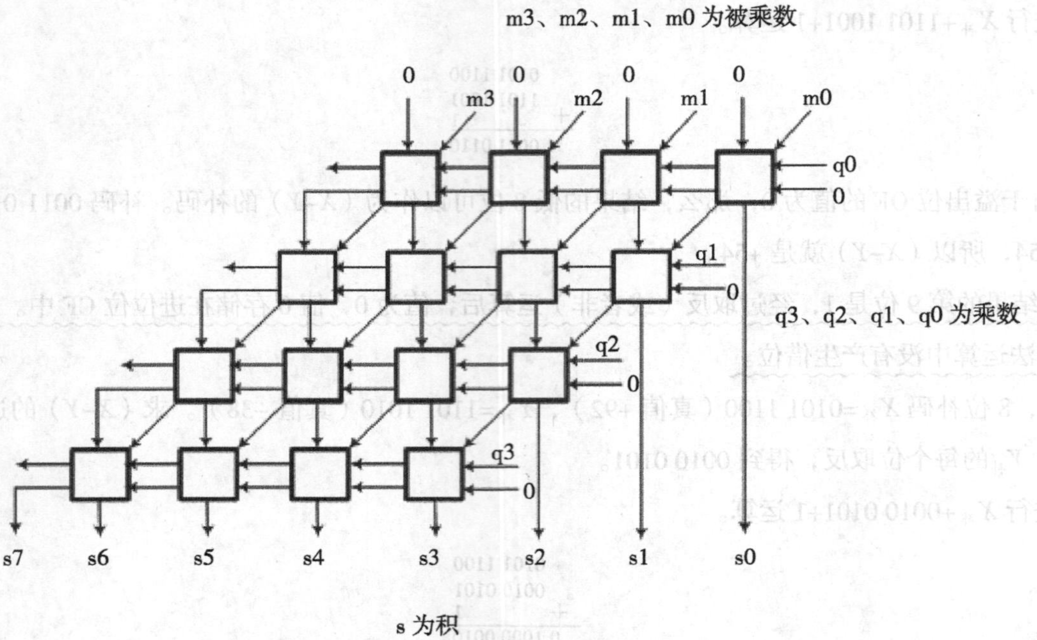

图 2.10 1 个 4 位的乘法阵列

原码的乘法也可以通过一系列的加法与移位实现。

实现这种乘法的硬件原理如图 2.11 所示。进位标志位 CF 用来存放 *n* 位加法器进行加法产生的进位。

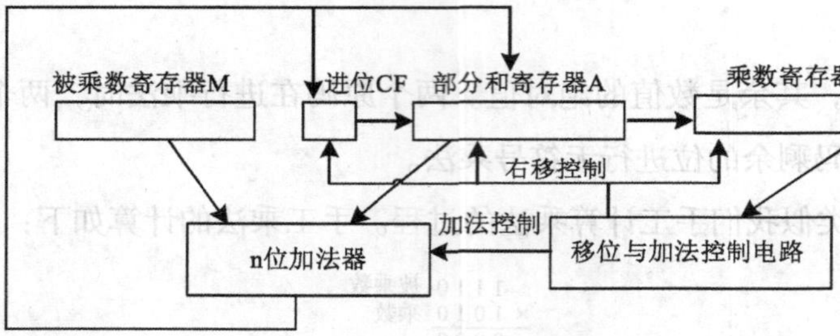

图 2.11 原码的乘法逻辑

需要 3 个寄存器 A、M、Q。

寄存器 M 存放被乘数，在整个过程中，存放的内容保持不变。寄存器 Q 存放乘数，在整个过程中，存放的内容会变化。寄存器 A 存放操作过程获得的部分积，初始值为 0。

操作过程是：

控制电路检查 Q 最低位，如果当前 Q 的最低位为 1，则控制电路控制 M 与 A 进行加法运算，得到的和进入 A，进位保存在 C，然后控制电路控制 C、A 与 Q 作为整体进行逻辑右移，Q 的当前最低位被舍弃。如果当前 Q 的最低位为 0，控制电路控制不进行加法运算，控制电路控制 C、A 与 Q 作为整体进行逻辑右移，Q 的当前最低位被舍弃。重复该过程的次数由乘数的位数决定。最终，存放在 A 与 Q 中的信息就是乘积。

【例题】$X_{原}$=1 1110，$Y_{原}$=0 1010，计算 $X_{原} \times Y_{原}$。

【解答】乘积的符号位是 $X_{原}$的符号位 1 与 $Y_{原}$的符号位 0 进行异或的结果 1。M 存放被乘数 1110，Q 存放 1010，A 初值为 0。CPU 处理数值部分流程如表 2.2 所列。

表 2.2 CPU 处理数值部分流程

	M	C	A	Q	
	1110	0	000	1010	初始状态
第 1 次	1110	0	000	0101	C、A、Q 整体右移
第 2 次	1110	0	1110	0101	A+M－＞C、A
	1110	0	0111	0010	C、A、Q 整体右移
第 3 次	1110	0	0011	1001	C、A、Q 整体右移
第 4 次	1110	1	0001	1001	A+M－＞C、A
	1110	0	1000	1100	C、A、Q 整体右移

因此，乘积原码为 1 1000 1100，也就是 –140。

2）补码的乘法

补码的乘法叫 Booth 方法。Booth 方法不用区分乘数的正负，还可以减少需要的循环次数。

下面是几个等式：

$13=0000\ 1101.0_2=2^4-2^2+2^1-2^0$

$41=0010\ 1001.0_2=2^6-2^5+2^4-2^3+2^1-2^0$

可以看出，每个等式中最右边的获得方法是：对二进制数的个位后（小数点后）添加 0，形成一个二进制序列。从左边开始检索二进制序列，每次检索相邻的两个位，遇到 01，就是加法；遇到 10，就是减法；遇到 00 或 11，跳过。

Booth 方法的操作步骤如下：

① Q 存放乘数，M 存放被乘数，A 存放部分和，初值为 0，Q_{-1} 为一个二进制位，初值为 0。设置计数器初值为 *n*。*n* 是补码的位数。

② 控制电路检查 Q 的最低位 Q_0 与 Q_{-1}：

如果 Q_0、Q_{-1}=00 或 11，则转到步骤③；

如果 Q_0、Q_{-1}=01，则进行操作（A+M）->A；

如果 Q_0、Q_{-1}=10，则进行操作（A–M）->A；

减法运算时，先对 M 的每位取反后加 1，再加 A。

③ 把 A、Q、Q_{-1} 作为整体，进行算术右移。计数器减 1。

④ 如果计数器不为 0，则回到步骤②；如果计数器为 0，运算过程结束。

运算结束后，A、Q 存储运算结果。

例题：$X_补=1101$，$Y_补=0110$，计算 $X_补 \times Y_补$。

该补码乘法操作步骤如表 2.3 所列。

表 2.3 补码乘法操作步骤

	M	A	Q	Q_{-1}	
	1101	0000	0110	0	初始状态
第 1 次	1101	0000	0110	0	需要移位
	1101	0000	0011	0	移位后

表 2.3（续）

	M	A	Q	Q_{-1}	
第 2 次	1101	0000	0011	0	需要 A–M
	1101	1110	0011	0	A–M
	1101	1111	0001	1	移位后
第 3 次	1101	1111	1001	1	需要移位
	1101	1111	1100	1	移位后
第 4 次	1101	1111	1100	1	需要 A+M
	1101	1100	1100	1	A+M 后
	1101	1110	1110	0	移位后

得到的乘积是 1110 1110，真值为 –18。

3）原码的除法

原码的除法类似原码的乘法，需要单独处理符号位，数值部分进行无符号数除法。

无符号数除法分为两种：恢复余数除法、不恢复余数除法。

第一种是恢复余数除法。

假定寄存器 Q 存放被除数，M 存放除数。A 存放运算中产生的部分差，初值为 0。设置计数器初值为 n。恢复余数除法的步骤如下：

① 把 A、Q 作为整体，进行逻辑左移。

② 操作（A–M）->A。

③ 检查 A 的最高位。如果最高位为 1，说明 A 小于 M，则设置 Q0（Q 的最低位）为 0，再进行操作（A+M）->A，以恢复 A 的原值。如果 A 的最高位为 0，则设置 Q0（Q 的最低位）为 1。

④ 计数器进行减 1 操作。然后检查计数器值，如果计数器值为 0，则整个除法运算结束；如果计数器值不为 0，说明整个除法运算还没有结束，需要转到步骤②。

当除法过程结束后，得到的商在 Q 中，余数在 A 中。

【例题】$X_{原}$=1 1110，$Y_{原}$=0 0011，计算 $X_{原} \div Y_{原}$。

【解答】商的符号位是 $X_{原}$的符号位 1 与 $Y_{原}$的符号位 0 进行异或的结果 1。数值部分进行除法的步骤如表 2.4 所列：

表 2.4 数值部分除法进行步骤

	A	Q	M	
	0000	1110	0011	初始状态
第 1 次	0001	1100	0011	逻辑左移后
	1110	1100		A–M 后
	0001	1100		恢复 A，Q0 为 0
第 2 次	0011	1000	0011	逻辑左移后
	0000	1000		A–M 后
	0000	1001		Q0 为 1

表 2.4（续）

	A	Q	M	
第 3 次	0001	0010	0011	逻辑左移后
	1110	0010		A–M 后
	0001	0010		恢复 A，Q0 为 0
第 4 次	0010	0100	0011	逻辑左移后
	1111	0100		A–M 后
	0010	0100		恢复 A，Q0 为 0

Q 的内容就是商，为 0100。A 的内容就是余数，为 0010。

这个例题中，将数据用真值表示，就是（–14）÷ 3，得到的商是 –4，余数是 –2。也就是余数的符号与被除数的符号相同。在手工计算时，需要注意。

第二种是不恢复余数的除法。

不恢复余数的除法就是在运算过程中，不再恢复余数。

假定寄存器 Q 存放被除数，M 存放除数，A 存放运算中产生的部分差，初值为 0。设置计数器初值为 n。n 就是除数或被除数的位数。

不恢复余数的除法的步骤：

① 如果 A 的最高位（最左位）为 0，则：把 A、Q 作为整体进行逻辑左移 1 位；操作（A–M）->A。

如果 A 的最高位（最左位）为 1，则：把 A、Q 作为整体进行逻辑左移 1 位；操作（A+M）->A。

② 如果 A 的最高位（最左位）为 0，设置 Q0（Q 的最低位）为 1。

如果 A 的最高位（最左位）为 1，设置 Q0（Q 的最低位）为 0。

③ 重复上述两个步骤 n 次。

④ 如果 A 的最高位（最左位）为 1，则（A+M）->A，恢复 A 的值。

【例题】$X_{原}$=1 1110，$Y_{原}$=0 0011，用不恢复余数的除法计算 $X_{原} \div Y_{原}$。

【解答】商的符号位是 $X_{原}$的符号位 1 与 $Y_{原}$的符号位 0 进行异或的结果 1。数值部分进行除法的步骤如表 2.5 所列。

表 2.5 数值部分除法进行步骤

	M	A	Q	
	0011	0000	1110	初始状态
第 1 次	0011	0001	1100	A、Q 整体逻辑左移
		1110	1100	A–M= > A
		1110	1100	Q0 为 0
第 2 次	0011	1101	1000	A、Q 整体逻辑左移
		0000	1000	A+M= > A
		0000	1001	Q0 为 1
第 3 次	0011	0001	0010	逻辑左移后移位
		1110	0010	A–M= > A
		1110	0010	Q0 为 0
第 4 次	0011	1100	0100	逻辑左移后移位
		1111	0100	A+M= > A
		1111	0100	Q0 为 0
第 5 次		0010		A+M= > A

Q 的内容就是商，为 0100。A 的内容就是余数，为 0010。被除数的真值是 –14，除数的真值是 +3，得到的商的真值是 –4，余数的真值是 –2。也就是余数的符号与被除数的符号相同。

2.3.3 真题与习题精编

● 单项选择题

1. 假定带符号整数采用补码表示，若 int 型变量 x 和 y 的机器数分别是 FFFF FFDFH 和 0000 0041H，则 x、y 的值以及 $x-y$ 的机器数分别是（ ）。【全国联考 2018 年】

A. $x=-65$，$y=41$，$x-y$ 的机器数溢出

B. $x=-33$，$y=65$，$x-y$ 的机器数为 FFFF FF9DH

C. $x=-33$，$y=65$，$x-y$ 的机器数为 FFFF FF9EH

D. $x=-65$，$y=41$，$x-y$ 的机器数为 FFFF FF96H

2. 整数 x 的机器数为 1101 1000，分别对 x 进行逻辑右移 1 位和算术右移 1 位操作，得到的机器数各是（ ）。【全国联考 2018 年】

A. 1110 1100 、1110 1100　　B. 0110 1100 、1110 1100

C. 1110 1100 、0110 1100　　D. 0110 1100 、0110 1100

3. 有如下 C 语言程序段：

```
short si = –32767;
unsigned short usi = si;
```

执行上述两条语句后，usi 的值为（ ）。【全国联考 2016 年】

A. –32767　　B. 32767　　C. 32768　　D. 32769

4. 由 3 个“1”和 5 个“0”组成的 8 位二进制补码能表示的最小整数是（ ）。【全国联考 2015 年】

A. –126　　B. –125　　C. –32　　D. –3

5. 若 $x=103$，$y=-25$，则下列表达式采用 8 位定点补码运算实现时，会发生溢出的是（ ）。【全国联考 2014 年】

A. $x+y$　　B. $-x+y$　　C. $x-y$　　D. $-x-y$

6. 某字长为 8 位的计算机中，已知整型变量 x、y 的机器数分别为 $[x]_{补}=1\ 1110100$，$[y]_{补}=1\ 0110000$。若整型变量 $z=2*x+y/2$，则 z 的机器数为（ ）。【全国联考 2013 年】

A. 1 1000000　　B. 0 0100100　　C. 1 0101010　　D. 溢出

7. 假定编译器规定 int 和 short 型长度分别为 32 位和 16 位，执行下列 C 语言语句：

```
Unsigned short x= 65530;
Unsigned int   y= x;
```

得到 y 的机器数为（ ）。【全国联考 2012 年】

A. 0000 7FFAH　　B. 0000 FFFAH　　C. FFFF 7FFAH　　D. FFFF FFFAH

8. 一个 C 语言程序在一台 32 位机器上运行。程序中定义了三个变量 x、y 和 z，其中 x 和 z 为 int 型，y 为 short 型。当 x=127，y=−9 时，执行赋值语句 $z=x+y$ 后，x、y 和 z 的值分别是（ ）。【全国联考 2009 年】

A. x=0000007FH，y=FFF9H，z=00000076H

B. x=0000007FH，y=FFF9H，z=FFFF0076H

C. x=0000007FH，y=FFF7H，z=FFFF0076H

D. x=0000007FH，y=FFF7H，z=00000076H

9. 假定有 4 个整数用 8 位补码分别表示为 r1=FEH，r2=F2H，r3=90H，r4=F8H，若将运算结果存放在一个 8 位寄存器中，则下列运算中会发生溢出的是（ ）。【全国联考 2010 年】

A. r1 × r2　　B. r2 × r3　　C. r1 × r4　　D. r2 × r4

10. 把 8 位补码 89H 进行逻辑左移 1 位，结果是（ ）。

A. 0001 0010　　B. 1100 0100　　C. 0001 0001　　D. 1001 0001

11. 把 8 位补码 89H 进行逻辑右移 1 位，结果是（ ）。

A. 1100 0100　　B. 0100 0100　　C. 1100 0101　　D. 0100 0101

12. 把 8 位补码 89H 进行算术左移 1 位，结果是（ ）。

A. 0001 0010　　B. 1100 0100　　C. 0001 0001　　D. 1001 0001

13. 把 8 位补码 89H 进行算术右移，结果是（ ）。

A. 0001 0010　　B. 1100 0100　　C. 0001 0001　　D. 1001 0001

14. $X_{补}$=0101 1111，$Y_{补}$=0111 0111，进行 $X_{补}$与 $Y_{补}$的加法运算后，进位 CF 与溢出位 OF 分别为（ ）。

A. 1、0　　B. 1、1　　C. 0、1　　D. 0、0

15. 把 8 位补码 94H 转换为 16 位补码，得到（ ）。

A. 0094H　　B. FF94H　　C. 0F94H　　D. F094H

16. 把 8 位无符号数 94H 转换为 16 位无符号数，得到（ ）。

A. 0094H　　B. FF94H　　C. 0F94H　　D. F094H

17. 某个 32 位有符号数的补码为 FFFF9094H，与它的真值相等的补码是（ ）。

A. 4H　　B. 94H　　C. 094H　　D. 9094H

18. 要把存放在寄存器 R0 的无符号数乘以 8，可以进行的操作是（ ）。

A. 把 R0 逻辑左移 3 位　　B. 把 R0 逻辑右移 3 位

C. 把 R0 逻辑右移 8 位　　D. 把 R0 算术右移 8 位

19. 已知 $X_{补}$，求（$-X$）$_{补}$的步骤是（ ）。

A. 把 $X_{补}$的所有位取反，加 1　　B. 把 $X_{补}$的除去最高位的剩余位取反，加 1

C. 把 $X_{补}$的所有位取反　　D. 把 $X_{补}$的除去最高位的剩余位取反

20. 两个 4 位无符号数送入加法器运算后，和为 0111，进位 C 为 1，溢出位 OF 为 0，则两个无符号数的和的真值是（ ）。

A. 23　　B. 7　　C. −7　　D. 无法确定

21. 两个 4 位有符号数以补码形式送入加法器运算后，和为 1011，进位 C 为 1，溢出位 OF 为 0，则两个有符号数的和的真值是（ ）。

A. −3　　B. −5　　C. −11　　D. 无法确定

22. 两个 4 位有符号数以补码形式送入加法器运算后，和为 1011，进位 C 为 1，溢出位 OF 为 1，则两个有符号数的和的真值是（ ）。

A. −5　　B. −3　　C. −11　　D. 无法确定

23. 考虑以下 C 语言代码：

```
unsigned short usi = 65535;
short si = usi;
```

执行上述程序段后，si 的值是（ ）。【全国联考 2019 年】

A. −1　　B. −32767　　C. −32768　　D. −65535

● 综合应用题

1. 假定在一个 8 位字长的计算机中运行如下 C 程序段：

【全国联考 2011 年】

```
unsigned int x = 134;
unsigned int y = 246;
int m=x;
int n=y;
unsigned int z1 = x−y;
unsigned int z2 = x+y;
int k1 = m−n;
int k2 = m+n;
```

若编译器编译时将 8 个 8 位寄存器 R1~R8 分别分配给变量 x、y、m、n、z1、z2、k1 和 k2。请回答下列问题（提示：带符号整数用补码表示）。

（1）执行上述程序段后，寄存器 R1、R5 和 R6 的内容分别是什么（用十六进制表示）？

（2）执行上述程序段后，变量 *m* 和 *k*1 的值分别是多少（用十进制表示）？

（3）上述程序段涉及带符号整数加 / 减、无符号整数加 / 减运算，这四种运算能否利用同一个加法器辅助电路实现？简述理由。

（4）计算机内部如何判断带符号整数加 / 减运算的结果是否发生溢出？上述程序段中，哪些带符号整数运算语句的执行结果会发生溢出？

2. 某个 32 位的补码 FF FF E4 10H 对应的真值是多少？用补码表示该真值至少需要多少位？

3. 假定 $X_{补}$=0110 1010，$Y_{补}$=0111 0110，当运算器进行 $X_{补}-Y_{补}$时，得到的结果是什么？OF 位的值是多少？CF 位的值是多少？

2.3.4 答案精解

● 单项选择题

1.【答案】C

【精解】考点为补码。

y 是正数，真值为 65。*x* 是负数，为 32 位，由于高 16 位全为 1，真值与 16 位补码 FFDFH 的真值相等。由于高 8 位全为 1，16 位补码 FFDFH 的真值与 8 位补码 DFH 的真值相等。8 位补码 DFH 的真值为 –33。排除 A 与 D。*x–y* 的实际值为 –98，化为 8 位补码为 9EH，扩展为 32 位，应该是 FFFF FF9EH。所以答案为 C。

2.【答案】B

【精解】考点为逻辑移位、算术移位。

逻辑右移是所有位右移，最左位补 0，最右位舍弃。1101 1000 逻辑右移后为 0110 1100。

这里没有明确指出数据编码是原码还是补码，考生可以理解为补码。算术右移是保持最高位不变。1101 1000 逻辑右移后为 1110 1100。所以答案为 B。

3.【答案】D

【精解】考点为补码的存储、有符号数、无符号数基本知识。

这里没有指出 short 的位数。由于 si=–32767，可以认为是 16 位，原因在于 16 位补码表示的真值包含 –32767。16 位补码表示的真值范围为 –32768~+32767。–32768 的 16 位补码表示为 1000 0000 0000 0000，因此，–32767 的 16 位补码表示为 1000 0000 0000 0001。现在 usi 的二进制形式也是 1000 0000 0000 0001（8001H），但它是无符号数，则真值为 $8 \times 16^3+1=32769$。所以答案为 D。

4.【答案】B

【精解】考点为补码的基本知识。

负数的补码的最高位应该为 1。8 位最大的负数的补码形式为 1111 1111（代表 –1），8 位最小的负数的补码形式为 1000 0000（代表 –128）。可以看出，当负数用补码表示时，后 7 位的编码越大，真值越大；后 7 位的编码越小，真值越小。因此，本题中后 7 位的编码应该最小，为 000 0011。这时的补码为 1000 0011，真值为 –125。所以答案为 B。

5.【答案】C

【精解】考点为补码的溢出。

x+y 的实际值为 78。*–x+y* 的实际值为 –128。*x–y* 的实际值为 128。不在 8 位补码表示范围，会溢出。*–x–y* 的实际值为 –78。

所以答案为 C。

6.【答案】A

【精解】考点为补码的基本知识。

可以直接算出 *x* 与 *y* 的真值。*x* 的真值为 –12，*y* 的真值为 –80。*z* 的真值应该为 –64，编码为 1100 0000。所以答案为 A。

也可以利用算术左移与右移的知识，但二进制计算容易出错，不如直接算出真值。

7.【答案】B

【精解】考点为补码的符号扩充。

65535 用 16 位表示为 1111 1111 1111 1111。则 65530 用 16 位表示，应该为 1111 1111 1111 1010。x 的存储情况为：1111 1111 1111 1010。y 为无符号数，占用 32 位，第 16 位与 x 相同，高 16 位为 0。存储为 0000 0000 0000 0000 1111 1111 1111 1010。

所以答案为 B。

8.【答案】D

【精解】考点为补码的基本知识。

现代计算机存储数据用补码。

x 值为 127，化为 2 位十六进制数，为 7FH。

y 值为 −9，化为 2 位十六进制数，为 F7H。可以排除 A、B。

z 值为 118，化为 2 位十六进制数，为 76H。z 占用 4 个字节，需要把 76H 扩展为 4 字节。最高位是符号位，为 0。排除 C。所以答案为 D。

本题出题者的目的似乎要考查补码、补码的符号扩展。题目没有给出 $z=x+y$ 的执行过程。由于 x、y 的值不变，可以算出它们的存储形式，这样排除 A 与 B。计算出 z 的真值，用 4 字节补码表示。这样，得出答案为 D。

9.【答案】B

【精解】考点为补码的溢出知识。

本题不是考查补码乘法的知识，而是考查补码溢出的知识。

求出 4 个整数的真值，分别为：−2、−14、−112、−8。

r1 × r2 的真值应该为 28。

r2 × r3 的真值应该为 1568。

r1 × r4 的真值应该为 16。

r2 × r4 的真值应该为 112。

除了 1568，其余的真值可以在 8 位寄存器中存放。得出答案为 B。

10.【答案】A

【精解】考点为补码的逻辑移位操作。

89H 的二进制序列是 1000 1001，补码进行逻辑左移，所有位向左移动。逻辑左移 1 位，得到 0001 0010。所以答案为 A。

11.【答案】B

【精解】考点为补码的逻辑移位操作。

89H 的二进制序列是 1000 1001，补码进行逻辑右移，所有位向右移动。逻辑右移 1 位，得到 0100 0100。所以答案为 B。

12.【答案】A

【精解】考点为补码的算术移位操作。

89H 的二进制序列是 1000 1001，补码进行算术左移，所有位向左移动。算术左移 1 位，得到 0001 0010。所以答案为 A。

13.【答案】B

【精解】考点为补码的算术移位操作。

89H 的二进制序列是 1000 1001，补码进行算术右移，最高位不变，所有位向右移动。算术右移 1 位，得到 1100 0100。所以答案为 B。

14.【答案】C

【精解】考点为补码的加法运算操作。

做法 1 是：两个数是补码形式，直接按位相加。得到 C 为 0，OF 就是次高位向最高位进位（这里为 1）与 C（这里是 0）异或的值，得到 1。所以答案为 C。

做法 2 是：把两个补码化为十六进制数，得到 5FH、77H。相加得到 D6H。C 为 0，D6H 对应的真值为负数，而两个加数为正数，说明溢出，即 OF 应该为 1。所以答案为 C。

15.【答案】B

【精解】考点为补码的符号扩展操作。

扩展补码数时，原符号位不变，在原补码前面添加符号位。94H 的符号位是 1，所以添加 1，得到 FF94H。所以答案为 B。

16.【答案】A

【精解】考点为无符号数的符号扩展操作。

无符号数在扩展时，在原数前面添加若干个 0，得到 0094H。所以答案为 A。

17.【答案】D

【精解】考点为补码的符号扩展操作。

扩展补码数时，原符号位不变，在原补码前面添加符号位。9094H 的符号位是 1，所以添加 1，得到 FFFF9094H。所以答案为 D。

18.【答案】A

【精解】考点为逻辑移位。

对无符号数进行逻辑左移 *n* 位，相当于乘以 2^n。所以答案为 A。

19.【答案】A

【精解】考点为补码的概念。

$(-X)_{补}+X_{补}=2^n$，两者所有位互为取反，加 1。所以答案为 A。

20.【答案】A

【精解】考点为加法器的运算。

加法器在运算时，把数据看作无符号数，进行加法。现在已知数据就是无符号数，则真实结果的最高位在进位 CF，也就是和为 10111，即 23。所以答案为 A。

21.【答案】B

【精解】考点为补码加法运算。

加法器在运算时，把数据看作无符号数，进行加法。现在已知真实数据就是有符号数，则需要检查 OF。OF 为 0，说明加法器的结果是真值的和的补码。现在和的补码为 1011，真值为 –5。所以答案为 B。

22.【答案】D

【精解】考点为补码加法运算。

加法器在运算时，把数据看作无符号数，进行加法。现在已知真实数据就是有符号数，则需要检查 OF。OF 为 1，说明溢出。不能使用结果。所以答案为 D。

23.【答案】A

【精解】考点为数的补码。

usi 的存储形式是 16 个 1，第二条指令是 si 的存储也是 16 个 1，因为是补码，且 si 是有符号数。所以，si 的值是 –1。所有位均为 1 的补码，其真值为 –1。所以答案为 A。

● 综合应用题

1.【答案精解】

本题考查补码、数的转换。

（1）R1 存放 x 的值 134，用十六进制表示就是 86H。

R5 存放 $z1$ 的值，$z1=x-y$。CPU 进行减法时，转换为加法运算。$z1$ 为无符号数，$x-y=x+$（$256-y$）$=134+$（$256-246$）$=144$，用十六进制表示就是 90H。

R6 存放 $z2$ 的值，$z2=x+y=134+246=380$，保存 8 位，就是 $380-256=124$，用十六进制表示就是 7CH。

（2）变量 m 的存储与 x 的存储相同，但 m 是有符号数，x 是无符号数，所以 m 的值为 $-$（$256-134$）$=-122$。

变量 $k1=m-n=-122+10=-112$。

（3）可以。加减电路的核心是加法器。加法器在运算时不涉及符号位。

（4）有两种判断溢出方法。第一种是利用次高位向最高位的进位值与进位 C 做异或运算，结果就是溢出标志。第二种是参与运算的数据采用双符号位，运算后结果的两个符号异或运算，结果为溢出值。语句 int k2=m+n; 会导致溢出。

2.【答案精解】

该补码的二进制序列为 1111 1111 1111 1111 1110 0100…，前 19 位均为 1，则该补码前 18 个 1 去掉，得到一个 14 位补码 10 0100…。这个 14 位补码的真值与 32 位补码的真值相等。由于这个 14 位补码的最高位是 1，则说明该真值是负数，真值的数值部分是：2^{14}–2410H=16384–9232=7152。所以，32 位补码的真值是 –7152。

原 32 位补码的前 19 位均为 1，说明真值补码的符号位是 1，后面 13（32–19）位是数值部分，所以用补码表示该真值，补码至少需要 14 位。

3.【答案精解】

运算器运算的过程是：把 $Y_补$ 的所有位取反后，再加上 1，再与 $X_补$ 相加。

$X_补-Y_补$ =0110 1010+1000 1001+1=1111 0100。

加法器产生的进位值是 0，由于进行的是补码减法运算，需要把进位值取反后，再存储到 CF，因此 CF 的值是 1。

加法器在运算时，次高位向最高位的进位值是 0，最高位产生的进位值是 0，0 与 0 异或的结果是 0。则 OF 就是 0。OF 为 0，说明运算的结果等于 $X-Y$ 的补码。补码 1111 0100 对应的真值是 −12，即 $X-Y$ 的值是 −12。

另外的解题方法是：把补码转换为真值，再进行计算。X 为 6AH，即 +106。Y 为 76H，即 +118。$X-Y$=106−118=−12。减法过程需要借位，所以 CF 为 1。−12 可以用 8 位补码来表示，或者说 8 位补码的真值范围包括 −12，也就是不会溢出，所以 OF 为 0。

2.4 浮点数的表示和运算

2.4.1 浮点数的表示

十进制实数除了正数，还有带小数点的数，如：12.3，1072.53565，0.00433600，89659086468。一种方便表示实数的方法是采用科学计数法。在规范的科学计数法中，尾数的小数点前只有 1 位非 0 数字。例如，1.23×10^3、-2.34×10^3、-8.156×10^{-5} 是规范的科学计数法；而 12.3×10^2、-0.234×10^4、-81.56×10^{-6} 不是规范的科学计数法。

对于 -2.34×10^3 的表示，−2.34 叫作尾数，有的资料则称其为有效数，认为尾数指小数点后面的数。（上标的）3 叫作阶码（或指数），10 叫作底数。可以看出尾数的符号就是整个数的符号，指数的正负决定数值是靠近 0 还是远离 0。

简单来说，在计算机术语中，浮点数就是带有小数点的数。二进制的浮点数也可以采用科学计数法表示。

要存储一个二进制浮点数，例如 $+1.1001\times2^{+4}$，就要存储指数、尾数、尾数的符号。在存储单元长度固定的情况下，需要合理分配各自占用的位数。

（1）IEEE 754 标准

1985 年，IEEE（国际电工与电子工程师协会）发布关于浮点数的标准，这就是 IEEE 754 标准。它规定怎么表示单精度浮点数、双精度浮点数，怎么实现浮点数的四则运算。

浮点数的表示格式如图 2.12 所示。

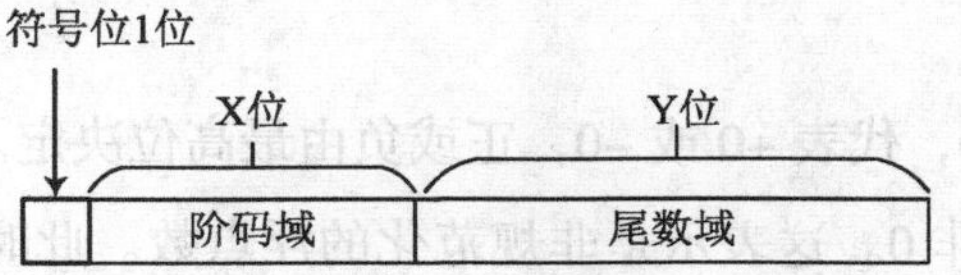

图 2.12 IEEE 754 浮点数通用格式

最高位是数的符号位，也就是尾数的符号。用 1 代表负号，0 代表正号。

阶码域是经过编码的阶码。编码不采用补码，因为采用补码不容易比较两个阶码的大小；而是采用移码，也就是把阶码的原值加上一个无符号的偏移量而形成一个无符号数。这个偏移量与阶码域的位数 X 有关。偏移量为 $2^{(X-1)}-1$。

例如，假定阶码域为 8 位，则阶码域的范围是 0~255，但是 0 与 255 用来表示特殊的意义，1~254 用来表示一个规范化的浮点数。阶码域为 8 位，那么对阶码进行编码采用的偏移量为 127。

尾数域的值不同，那么尾数域就代表不同的含义。为方便描述，下面假定阶码域是 8 位。IEEE 754 定义的格式有下面几种情况：

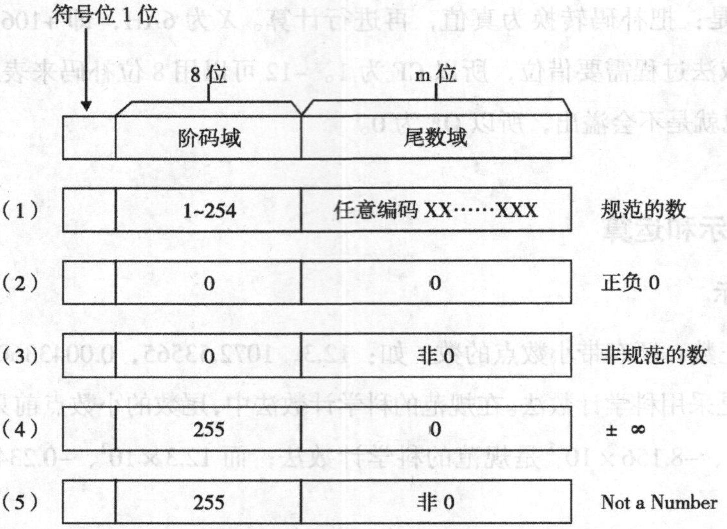

① 只要阶码域的范围处于 1~254，则尾数域可以为任意值。这也表明整个编码代表一个规范化的浮点数。

规范化的浮点数就是用科学计数法表示 1 个二进制浮点数时，尾数部分中小数点前面只有 1 位，并且该位必定是 1。

例如，$+1.0101\times2^{1001}$、$+1.110101\times2^{-101}$ 就是规范的浮点数，$+0.0101\times2^{11}$、$+10.0101\times2^{11}$、0.001001×2^{11} 就不是规范的浮点数。

当一个浮点数是一个规范的浮点数时，存储该浮点数时，只存储尾数的小数点后的值，小数点前面的那个 1 不用存储。

例如，对于规范的浮点数 $+1.0101\times2^{1001}$，尾数是 1.0101，存储时只存储小数点后的 0101。也就是在尾数域从左到右是 0101，后面的位用 0 补充。

例如，存储的浮点数的尾数域是 0110，则真正的尾数是 1.0110。存储的阶码域是 200，则真正的阶码（或指数）是 200−127=73。

② 阶码域为 0，尾数域为 0，代表 +0 或 −0，正或负由最高位决定。

③ 阶码域为 0，尾数域为非 0。这表示是非规范化的浮点数。此时，真正的指数是 −126，浮点数的尾数就是存储的尾数域的部分，小数点前面不再有 1。

例如，阶码域是 0，尾数域是 11010…0，则该浮点数值就是 0.1101×2^{-126}。

例如，阶码域是 0，尾数域是 10000…0，则该浮点数值就是 0.1×2^{-126}。

④ 阶码域为 255，尾数域为 0，代表 +∞（正无穷大）或 -∞（负无穷大），正或负由最高位决定。

⑤ 阶码域为 255，尾数域为非 0，代表该存储形式不是 1 个数。

具体来说，IEEE 754 定义有单精度浮点数与双精度浮点数。

（2）单精度浮点数

单精度浮点数有 31 位，格式如图 2.13 所示。

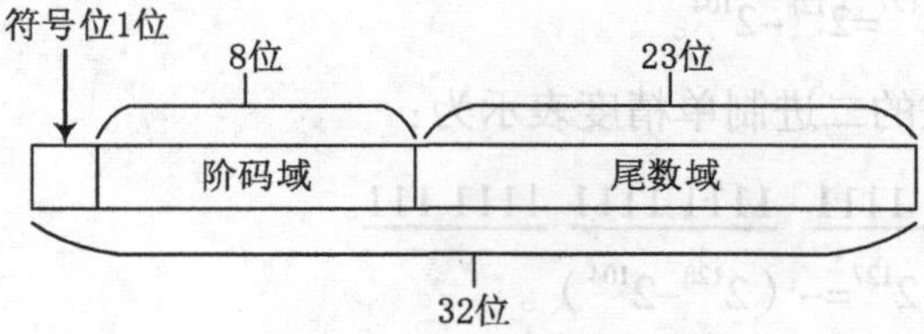

图 2.13 IEEE 754 单精度浮点数格式

阶码域采用的偏移值是 127。可以得到如下结论：

① 阶码域的范围处于 1~254，则尾数域可以为任意值。这说明这是一个规范化的浮点数的表示。尾数域部分就是这个浮点数的尾数的小数点后面的部分，尾数的小数点前面是 1。

规范化浮点数的真实阶码应该是（阶码域 -127），范围是 -126~+127。

例如，某单精度浮点数的阶码域是 130，尾数域是 011001…0，则该浮点数的真正阶码是 130-127=3，真正的尾数是 1.011001。

例如，某单精度浮点数的阶码域是 1，尾数域是 001…0，则该浮点数的真正阶码是 1-127=-126，真正的尾数是 1.001，该浮点数数值是 1.001×2^{-126}。

② 阶码域为 0，尾数域为 0，代表 +0 或 -0，正或负由最高位决定。

+0 表示为：0 后接 31 个 0。-0 表示为：1 后接 31 个 0。

③ 当阶码域为 0 且尾数域非 0，说明该编码是一个非规范化的浮点数。该浮点数的阶码均为 -126，该浮点数的真正尾数就是 0. 尾数域，也就是说小数点前面是 0，而不是 1。

例如，阶码域是 0，尾数域是 11010…0，则该浮点数值就是 0.1101×2^{-126}。

例如，阶码域是 0，尾数域是 110000…0，则该浮点数值就是 0.11×2^{-126}。

可以推导出，最小的正的非规范化浮点数的单精度表示是：

0 0000 0000 0000 0000 0000 0000 0000 001。

它的值是 $2^{-23}\times2^{-126}=2^{-149}$。

最大的负的非规范化浮点数的单精度表示是：

1 0000 0000 0000 0000 0000 0000 0000 001。

它的值是 $-(2^{-23}\times2^{-126})=-2^{-149}$。

④ 阶码域为 255，尾数域为 0，代表 +∞（正无穷大）或 -∞（负无穷大），正或负由最高位决定。

+∞表示为：0 1111 1111 23 个 0。

$+\infty$表示为：1 <u>1111 1111</u> <u>23 个 0</u>。

⑤ 规范化浮点数的最小阶码是 –126。因此，最小的正的规范化浮点数是：1×2^{-126}，单精度格式表示为：

<u>0</u> <u>0000 0001</u> <u>0000 0000 0000 0000 0000 000</u>。

最大的负的规范化浮点数是：-1×2^{-126}，单精度格式表示为：

<u>1</u> <u>0000 0001</u> <u>0000 0000 0000 0000 0000 000</u>。

⑥ 规范化浮点数的最大阶码是 +127。因此，最大的正的规范化浮点数的二进制单精度表示为：

<u>0</u> <u>1111 1110（254）</u> <u>1111 1111</u> <u>1111 1111</u> <u>1111 111</u>。

它的值为：$(2-2^{-23})\times2^{127}=2^{128}-2^{104}$。

最小的负的规范化浮点数的二进制单精度表示为：

<u>1</u> <u>1111 1110（254）</u> <u>1111 1111</u> <u>1111 1111</u> <u>1111 111</u>。

它的值为：$-(2-2^{-23})\times2^{127}=-(2^{128}-2^{104})$。

【例题】将 –118.625 用 IEEE 754 单精度格式表示。

【解答】（a）由于是负数，符号位应该是 1。

（b）118.625 用二进制表示是 1110110.101。把小数点左移，直到小数点左边只有 1 个 1：$1110110.101=1.110110101\times2^{6}$，这就是规范的表示方式。尾数是 1.110110101，存储时，只存储小数点右边的位，存储顺序是按位从左到右，后面的位用 0 填充，总共 23 位，就是：1101 1010 1000 0000 0000 000。

（c）阶码是 6，因此阶码域应该为 6+127=133，8 位二进制编码是 1000 0101。

因此，浮点数表示是：1 1000 0101 1101 1010 1000 0000 0000 000。

（提示：因为二进制的位数较多，为了方便书写、识别，这里书写时添加有空格。）

（3）双精度浮点数

双精度浮点数有 64 位，格式如图 2.14 所示。

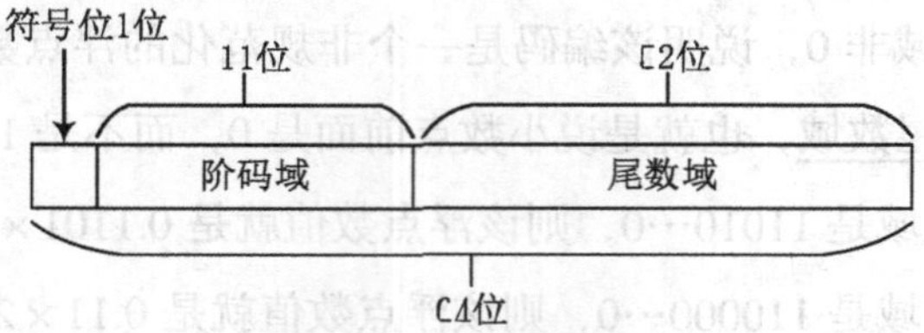

图 2.14 IEEE 754 双精度浮点数格式

由于阶码域占用 11 位，因此，阶码域采用的偏移值是 1023。可以得到如下结论：

① 阶码域的范围为 1~2046，则尾数域可以为任意值。这种格式表明这是一个规范化的浮点数的表示。尾数域部分就是这个浮点数的尾数的小数点后面的部分，该浮点数真正的尾数是 <u>1. 尾数域</u>。该浮点数的真实的阶码应该是（阶码域 –1023），真实阶码的范围是 –1022~+1023。

② 阶码域为 0，尾数域为 0，代表 +0 或 –0，正或负由最高位决定。

+0 表示为：0 后面跟着 63 个 0。

–0 表示为：1 后面跟着 63 个 0。

③ 当阶码域为 0 且尾数域非 0，说明该编码是一个非规范化的浮点数。该浮点数的阶码均为 −1022，该浮点数的真正尾数就是 0. 尾数域，也就是说小数点前面是 0，而不是 1。

例如，阶码域是 0，尾数域是 1101…0，则该浮点数值就是 0.1101×2^{-1022}。

例如，阶码域是 0，尾数域是 110000…0，则该浮点数值就是 0.11×2^{-1022}。

可以推导出，最小的正的非规范化浮点数的双精度表示是：

0 00~0（11 位） 0~001（52 位）。

它的值是：$2^{-52} \times 2^{-1022}=2^{-1074}$。

最大的负的非规范化浮点数的双精度表示是：

1 00~0（11 位） 0~001（52 位）。

它的值是：$-(2^{-52} \times 2^{-1022})=-2^{-1074}$。

（4）阶码域为 2047，尾数域为 0，代表 +∞（正无穷大）或 −∞（负无穷大），正或负由最高位决定。

+∞表示为：0 1~1（11 位） 52 个 0。

−∞表示为：1 1~1（11 位） 52 个 0。

（5）规范化浮点数的最小阶码是 −1022。因此，最小的正的规范化浮点数是：1×2^{-1022}，它的双精度表示为：

0 000 0000 0001 52 个 0。

最大的负的规范化浮点数是：-1×2^{-1022}，它的双精度表示为：

1 000 0000 0001 52 个 0。

2.4.2 浮点数的加 / 减运算

下面是计算机浮点数的加 / 减运算的主要步骤，不再讨论可能产生的溢出及其他的问题。主要的步骤有：

① 检查是否有操作数是 0，只要有 1 个操作数为 0，则可以马上得到加减的结果。

② 检查两个操作数的阶码是否相等。如果不相等，进行阶码对齐操作。将阶码小的数转换为阶码大的数。

③ 把两个尾数进行加法或减法运算，并确定结果的符号。

④ 检查结果是否是规范的浮点数，如果不是规范的浮点数数，则进行规范化处理，把结果转换为规范化的浮点数。

提示：实际在进行加法或减法运算前，两个数的有效数分别送入运算器的两个寄存器内，这两个寄存器的位数多于尾数的位数，多于的位数用 0 填充。这样做的目的是提高运算的精确度。

【例题】假定有一个 12 位的浮点数表示法。它的形式与 IEEE 754 定义的单精度格式类似。其最高位是 1 个符号位，后面是 5 位阶码域，这样阶码域的偏移量是 15（2^4-1），最后 6 位是尾数域。用该方法表示的该浮点数 A=0 10100 011001，B=0 10001 100101。写出计算机执行浮点数加法的过程。

【解答】$A=+1.011001 \times 2^5$，$B=+1.100101 \times 2^2$。

① 由于 A 的阶码较大，需要调整 B 的阶码。把 B 的尾数向右移动 3 位，B 的尾数变为 0.001100101。

两个数的阶码都是5。

② 由于阶码是5，偏移量是15，5+15=20，因此设置结果的阶码域为10100。

③ 两个数都是正数，执行A、B的尾数的加法运算，得到尾数的和是1.100101101，并设置结果的符号位为正。

$$\begin{array}{r} 1.011001000 \\ +\quad 0.001100101 \\ \hline 1.100101101 \end{array}$$

④ 结果1.100101101恰好是规范化的数，不需要进行规范化处理。但是由于只需要保存小数点后面6位，因此需要进行舍入处理。结果1.100101101的最后3位为101（值为5），超过3位表示的值（8）的一半，所以需要进行“入”操作，也就是：1.100101的最低位加上1，得到1.100110。

结果的浮点表示为：0 10100 100110。

说明：

① 因为在尾数加法后，结果的小数点前正好有1个1，说明是规范化的数。如果加法结果不是规范化的数，则需要进行规范化处理。

例如，假定尾数加法结果是0.0101 1101 1，小数点前面没有1，说明这不是规范化的数，需要对它进行规范化处理。小数点保持不动，把尾数结果向左移动2位，变为1.0111 011，同时把阶码减去2。

例如，假定加法结果是10.0101 1101 1，小数点前面有2位，说明不是规范化的数，需要进行规范化处理。把该值向右移动1位，变为1.00101 1101 1，同时阶码加上1。

② 在进行阶码对齐操作时，需要把尾数进行左移或者右移，需要保留完整的尾数，这样在进行尾数的加减运算时，可以提高结果的精确度。得到运算结果后，再把多余的尾数位数去掉。处理尾数多余的位，有以下原则：

第一，直接去掉多余的位：

例如，运算结果是1.1011010，现在只需要保留小数点后面4位，则直接去掉后面的010，得到1.1011。

第二，冯·诺依曼舍入：

如果保留位后面全为0，则直接去掉。如果多余位不全为0，则去掉多余位，同时把保留位中最低位设为1。

例如，运算结果是1.1011010，现在只需要保留小数点后面4位。多余位是010，则处理的结果是1.1011。

例如，运算结果是1.1010010，现在只需要保留小数点后面4位。多余位是010，则处理的结果是1.1011。

第三，IEEE 754默认原则：

（a）如果多余位的值超过多余位能表示的最大值的一半，也就是多余位形如1X…1…XX（以1开始，后面不全为0），则把保留的最低位加1，去掉多余位。

换个描述就是：假定多余位（m位）的值超过2^m值的一半，则需要进行“入”操作，给保留的最低位加1。

例如，结果为1.11011001，保留小数点后面4位，需要去掉的位是1001，它的值为9，4位二进制数可以表示 16 个不同的数，9 超过 8（16 的 1/2），需要进行“入”操作。把 1.1101 加上 1，得到 1.1110。

（b）如果多余位的值不到多余位能表示的最大值的一半，也就是多余位形如 0X…XX（以 0 开始），则直接去掉多余位。

换个描述就是：假定多余位（m 位）的值不到 2^m 值的一半，则需要进行舍弃操作，直接去掉多余位。

例如，结果为 1.11010111，保留小数点后面 4 位。需要去掉的为是 0111，它的值为 7，4 位二进制数可以表示 16 个不同的数，7 小于 8（16 的 1/2），需要舍弃。最后得到的结果为 1.1101。

（c）如果多余位的值恰好为多余位能表示的最大值的一半，也就是多余位形如 10…00（以 1 开始，后面均为 0），则这时的处理原则是：需要保证保留的最低位为偶数（也就是 0）。也就是说，如果保留的最低位为 0，则直接去掉多余位，保留位不变。如果保留的最低位为 1，则把保留的最低位加上 1，直接去掉多余位。

例如，运算结果为 1.11011000，多余位 1000 的值是 8，正好是 16 的一半。则把 1000 直接去掉。同时，由于小数点后为 1101，值为 13，不是偶数，则需要进行加 1，变为 14，则结果为 1.1110。

运算结果为 1.10101000，多余位 1000 的值是 8，正好是 16 的一半。则把 1000 直接去掉。同时，由于小数点后为 1010，值为 10，是偶数，则让 1010 保持不变。则结果为 1.1010。

2.4.3 真题与习题精编

● 单项选择题

1. float 型数据常用 IEEE 754 单精度浮点格式表示。假设两个 float 型变量 x 和 y 分别存放在 32 位寄存器 f1 和 f2 中，若（f1）=CC90 0000H，（f2）=B0C0 0000H，则 x 和 y 之间的关系为（ ）。

【全国联考 2014 年】

A. $x < y$ 且符号相同　　B. $x < y$ 且符号不同

C. $x > y$ 且符号相同　　D. $x > y$ 且符号不同

2. 某数采用 IEEE 754 单精度浮点数格式表示为 C640 0000H，则该数的值是（ ）。

【全国联考 2013 年】

A. -1.5×2^{13}　　B. -1.5×2^{12}　　C. -0.5×2^{13}　　D. -0.5×2^{12}

3. float 类型（即 IEEE 754 单精度浮点数格式）能表示的最大正整数是（ ）。【全国联考 2012 年】

A. $2^{126}-2^{103}$　　B. $2^{127}-2^{104}$　　C. $2^{127}-2^{103}$　　D. $2^{128}-2^{104}$

4. 浮点数加、减运算过程一般包括对阶、尾数运算、规格化、舍入和判溢出等步骤。设浮点数的阶码和尾数均采用补码表示，且位数分别为 5 位和 7 位（均含 2 位符号位）。若有两个数 $X=2^7 \times 29/32$，$Y=2^5 \times 5/8$，则用浮点加法计算 $X+Y$ 的最终结果是（ ）。【全国联考 2009 年】

A. 00111 1100010　　B. 00111 0100010　　C. 01000 0010001　　D. 发生溢出

5. 在按字节编址，采用小端方式的 32 位计算机中，按边界对齐方式为以下 C 语言结构型变量 a 分配存储空间。

```
struct record{
short x1;
int x2;
} a;
```

若 a 的首地址为 2020 FE00H，a 的成员变量 $x2$ 的机器数为 1234 0000H，则其中 34H 所在存储单元的地址是（ ）。【全国联考 2020 年】

A. 2020 FE03H　　B. 2020 FE04H

C. 2020 FE05H　　D. 2020 FE06H

6. 已知带符号整数用补码表示，float 型数据用 IEEE 754 标准表示。假定变量 x 的类型只可能是 int 或 float，当 x 的机器数为 C800 0000H 时，x 的值可能是（ ）。【全国联考 2020 年】

A. $-7\times2^{\wedge}27$　　B. $-2^{\wedge}16$

C. $2^{\wedge}17$　　D. $25\times2^{\wedge}27$

● 综合应用题

1. $f(n)==1+2+4+\cdots+2n=2^{(n+1)}-1=111\cdots1$（共 n+1 位个 1），计算 $f(n)$ 的 C 语言函 $f1$ 如下：

```
int f1 ( unsigned n)
{ int sum = 1, power = 1;
for (unsigned i = 0; i <= n -1; i ++)
{ power * = 2;
sum += power;
}
return sum;
}
```

将 $f1$ 中 int 都改为 float，可得到计算 $f(n)$ 的另一个函数 $f2$。假设 unsigned 与 int 型数据都占 32 位，float 采用 IEEE 754 单精度。

回答下列问题：【全国联考 2017 年】

（1）当 n=0 时，$f1$ 会出现死循环，为什么？若将 $f1$ 中变量 i 和 n 都定义为 int 型，则 $f1$ 是否会出现死循环，为什么？

（2）$f1(23)$ 和 $f2(23)$ 的返回值是否相等？机器数各是多少？（用十六进制表示）

（3）$f1(24)$ 和 $f2(24)$ 的返回值分别是 33554431 和 33554432.0，为什么不相等？

（4）$f(31)=2^{32}-1$，而 $f1(31)$ 的返回值却是 −1，为什么？若使 $f1(n)$ 的返回值与 $f(n)$ 相等，则最大的 n 是多少？

（5）$f2(127)$ 的机器数为 7F800000H，对应的值是什么？若使 $f2(n)$ 的结果不溢出，则最大的 n 是多少？若使 $f2(n)$ 的结果精确（无舍入），则最大的 n 是多少？

2. 某浮点数的 IEEE 754 单精度表示如下，计算该浮点数的值。

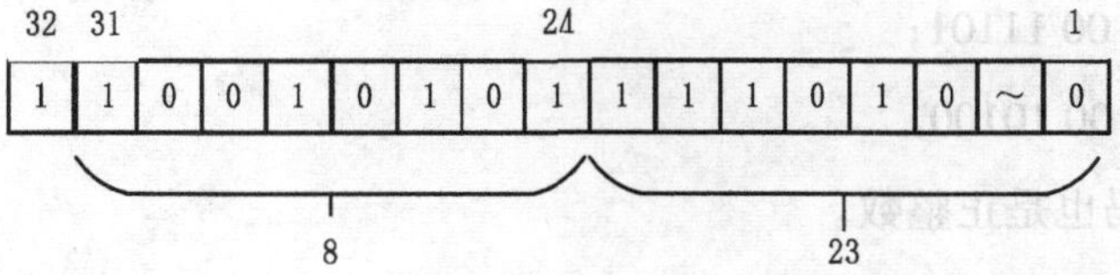

2.4.4 答案精解

● 单项选择题

1.【答案】A

【精解】考点为 IEEE 754 单精度格式。

这两个数的后面 16 位均为 0，暂且不管。前 16 位分别为：

f1:　1　<u>1001 1001</u>　001 0000 与

f2:　1　<u>0110 0001</u>　100 0000。

最高位为符号位，所以都为负数。

后面的 8 位为阶码位，采用移码表示，等于真实价码加上 127。1001 1001 大于 0110 0001，也就是 x 的绝对值的价码最大，因为 x 与 y 是负数，所以 y 最大。所以答案为 A。

2.【答案】A

【精解】考点为 IEEE 754 单精度格式。

化为 32 位二进制数为：1<u>100 0110 0</u>100 0000 0000 0000 0000 0000。最高位为 1，代表负号。

后面 8 位为阶码位，1000 1100 的值为 140，140−127=13，为真正阶码。后面 23 位代表小数点后面的值，为 0.1，加上隐含小数点前面的 1，真实的尾数为 1.1，就是十进制的 1.5。所以真实值为 -1.5×2^{13}，所以答案为 A。

3.【答案】D

【精解】考点为 IEEE 754 单精度格式。

一个规范化的浮点数的阶码域的范围处于 1~254，则尾数域可以为任意值。

IEEE 754 单精度浮点数格式能表示的最大正整数的编码的各个部分应该为：

0（1 个符号位）、254（8 位）、全为 1（23 位）。

真实阶码为 254−127=127。

该值为 $1.1111\cdots11\times2^{127}=(2-0.0000\cdots1)\times2^{127}=2^{128}-2^{(127-23)}$。

所以答案为 D。

4.【答案】D

【精解】考点为浮点数加法运算。

29/32 化为二进制的方法：把 29 用二进制表示是 11101，这是个整数，可以认为小数点在最右边。现在除以 32，就是小数点位置不动，把 11101 向右移动 5 位，则结果就是 0.11101。同理，得到 5/8 的表示为：0.101。题目要求阶码和尾数均采用补码表示，且位数分别为 5 位和 7 位（均含 2 位符号位）。则，两个数表示形式为：

X：阶码 00 111　尾数 00 11101；

Y：阶码 00 101　尾数 00 10100。

两个数都是正数，阶码也是正整数。

（1）对阶：我们很容易看出 X 的阶码大于 Y 的阶码，需要把 Y 的阶码变成和 X 阶码一样大。需要把 Y 的尾数变小，也就是 Y 的阶码增加 2，Y 的尾数向右移动 2 位。（这里涉及补码的右移，为方便理解，本书在讲解补码时，使用整数来讲解。这里的尾数是纯小数，用补码表示。可以理解为在右移过程，也保持符号位不变。这里两个尾数都是正数，也使问题简化一点。）对阶后，Y 表示为：阶码 00 111　尾数 00 00101。

（2）尾数相加。由于都是正数，简单一点。

00 11101+00 00101=01 00010，高 2 位是符号位，现在和的高 2 位不相等，则说明这两个补码相加，结果发生溢出。

这里，出题人的目的是想考查浮点数的表示、补码的溢出、浮点数的加法过程。

可以看出，浮点数表示中使用补码，这很麻烦。IEEE 754 定义的浮点数的表示中没有使用补码，也是为了使问题简化。答案为 D。

5.【答案】D

【精解】考点为小端存储。

根据按边界对齐和小端方式的定义，给出变量 a 的存放方式如下：

x1(LSB)	x2(MSB)	null	null
00H	00H	34H	12H

首地址为 2020 FE00H，按字节编址，则 34H 所在单元地址为 2020 FE00H+6=2020 FE06H。

6.【答案】A

【精解】考点为浮点数运算。

解答：展开 1100 1000 0000 0000 0000 0000 0000 0000H，将其转换为对应的 float 或 int。如果是 float，尾数是隐藏了的最高位 1，数符为 1 表示负数，阶码 10010000=2^7+2^4=128+16，减去偏置值 127 后等于 17，为 –2^17；如果是 int，带符号补码，为负数，数值部分取反加 1，011 1000 0000 0000 0000 0000 0000 0000H，算出值为 –7 × 2^27。

● 综合应用题

1.【答案精解】

（1）由于 i 和 n 是 unsigned 型，故"i<=n–1"是无符号数比较，n=0 时，n–1 的机器数为全 1，值是 232–1，为 unsigned 型可表示的最大数，条件"i<=n–1"永真，因此出现死循环。若 i 和 n 改为 int 类型，则不会出现死循环。因为"i<=n–1"是带符号整数比较，n=0 时，n–1 的值是 –1，当 i=0 时条件"i<=n–1"不成立，此时退出 for 循环。

（2）f1(23) 与 f2(23) 的返回值相等。f(23)=223+1–1=224–1，它的二进制形式是 24 个 1。int 占 32 位，没有溢出。float 有 1 个符号位，8 个指数位，23 个底数位，23 个底数位可以表示 24 位的底数。所以两者返回值相等。

f1(23) 的机器数是 00FF FFFFH。

$f2(23)$ 的机器数是 4B7F FFFFH。

显而易见，前者是 24 个 1，即 0000 0000 1111 1111 1111 1111 1111 $1111_{(2)}$，后者符号位是 0，指数位为 23+127(10)=1001 $0110_{(2)}$，底数位是 111 1111 1111 1111 1111 $1111_{(2)}$。

（3）当 n=24 时，$f(24)$=1 1111 1111 1111 1111 1111 1111 B，而 float 型数只有 24 位有效位，舍入后数值增大，所以 $f2(24)$ 比 $f1(24)$ 大 1。

（4）显然 $f(31)$ 已超出了 int 型数据的表示范围，用 $f1(31)$ 实现时得到的机器数为 32 个 1，作为 int 型数解释时其值为 −1，即 $f1(31)$ 的返回值为 −1。因为 int 型最大可表示数是 0 后面加 31 个 1，故使 $f1(n)$ 的返回值与 $f(n)$ 相等的最大 n 值是 30。

（5）IEEE 754 标准用"阶码全 1、尾数全 0"表示无穷大。$f2$ 返回值为 float 型，机器数 7F80 0000H 对应的值是 +∞。当 n=126 时，$f(126)$=2127−1=1.1…1×2126，对应阶码为 127+126=253，尾数部分舍入后阶码加 1，最终阶码为 254，是 IEEE 754 单精度格式表示的最大阶码。故使 $f2$ 结果不溢出的最大 n 值为 126。当 n=23 时，$f(23)$ 为 24 位 1，float 型数有 24 位有效位，所以无须舍入，结果精确。故使 $f2$ 获得精确结果的最大 n 值为 23。

2.【答案精解】

最高位为 1，则该值为负值。后面 8 位为 10010101（无符号值 149），说明是规范的数，且真正的阶码是 149−127=22。后面的 23 位是小数点后面的值，存储时省略了小数点前的 1，这样实际的尾数是：1.11101。该浮点数值是：-1.11101×2^{22}。

2.5 算术逻辑单元 ALU

2.5.1 串行加法器和并行加法器

先看十进制数的加法运算方法。比如，234+465，对应的个位、十位、百位分别相加。个位 4 与 5 相加，会产生结果的个位与 1 个（个位）进位，这个进位参与到十位 3 与 6 的加法中。十位、百位的运算按照类似的方法。为把个位的加法与十位、百位统一起来，可以认为进行个位加法时，也有 1 个进位要参与进来，默认该进位值是 0。二进制数的加法运算与十进制的加法类似。多位加法器的基础是单个位的加法器。

（1）全加器

设 X_i、Y_i 分别是两个二进制数 X、Y 的对应的位，C_i 是 X_i、Y_i 的右边相邻位进行加法运算产生的进位，S_i 是 X_i、Y_i、C_i 相加产生的和，C_{i+1} 是 X_i、Y_i、C_i 相加产生的进位。S_i、C_i 与 X_i、Y_i、C_{i+1} 真值情况如表 2.6 所列。

表 2.6　S_i、C_i 与 X_i、Y_i、C_{i+1} 真值表

X_i	Y_i	C_i	S_i	C_{i+1}
0	0	0	0	0
0	0	1	1	0
0	1	0	1	0
0	1	1	0	1
1	0	0	1	0
1	0	1	0	1
1	1	0	0	1
1	1	1	1	1

根据真值表，得到：

$$S_i=\overline{X_i}\,\overline{Y_i}\,C_i+\overline{X_i}\,Y_i\,\overline{C_i}+X_i\,\overline{Y_i}\,\overline{C_i}+X_i\,Y_i\,C_i=X_i\oplus Y_i\oplus C_i;$$

$$C_{i+1}=\overline{X_i}\,Y_i\,C_i+X_i\,\overline{Y_i}\,C_i+X_i\,Y_i\,\overline{C_i}+X_i\,Y_i\,C_i=X_i\,Y_i+X_i\,C_i+Y_i\,C_i。$$

S_i是3个变量的异或的结果。C_{i+1}是3个变量中任意2个变量进行逻辑与运算后，再进行逻辑或的结果。实现2个二进制位与1个进位进行加法运算，生成1位的和与1个新的进位的电路，被称为全加器（Full Adder）。为方便表示，可以用图2.15表示。

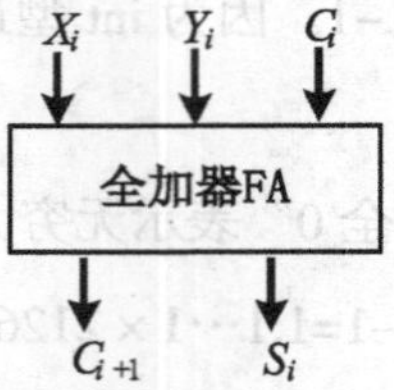

图2.15 全加器符号

（2）串行加法器

n位二进制位的加法运算电路就是把n个全加器首尾连接起来，这样的加法器被称为进位行波加法器。因为当前位加法运算产生进位后送到下一位参与运算，新的进位传送到相邻的高位，像水波一样从低位向高位传送。4位进位行波加法器电路如图2.16所示。最低位的进位为0。C_4就是最终的进位。该加法器又叫作串行加法器。

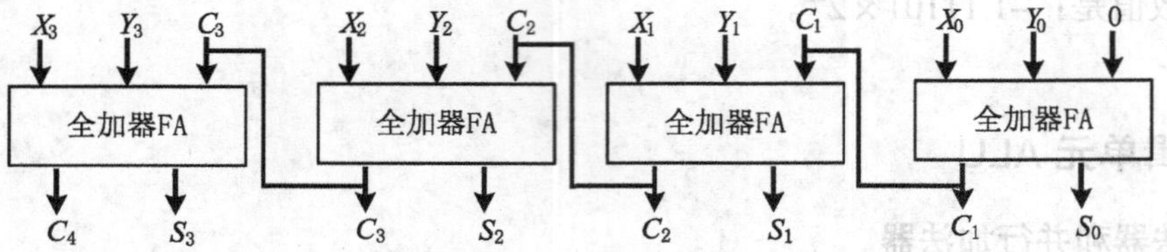

图2.16 4位串行加法器

类似地，可以得到8位加法器、16位加法器、32位加法器。

（3）加法与减法电路

使用加法器运算的位都是数值位，没有符号位。计算机使用补码的其中一个主要原因是补码加法时，能够把符号位当作数值位参与加法运算。计算机使用补码的另外一个主要原因是补码减法可以通过加法来实现，这样不用设计减法电路。此外，补码加减会涉及溢出问题。计算机中进行加法、减法的部件的电路如图2.17所示。

数据X、Y采用补码表示。当进行加法时，控制线为0，则$Y_补$的每一位与0进行异或运算，仍是$Y_补$。$X_补$与$Y_补$、最低位进位为0，输入加法器。加法器输出端得到$X_补$与$Y_补$的和。

当进行减法时，控制线为1，则$Y_补$的每一位与1进行异或运算，异或后得到每一位的反。$X_补$、$Y_补$的反，最低位进位为1，输入加法器。加法器输出端得到$X_补$与$Y_补$的差。注意：图2.17中，在进行减法时，输出的C_n是加法时产生的C_n的非。

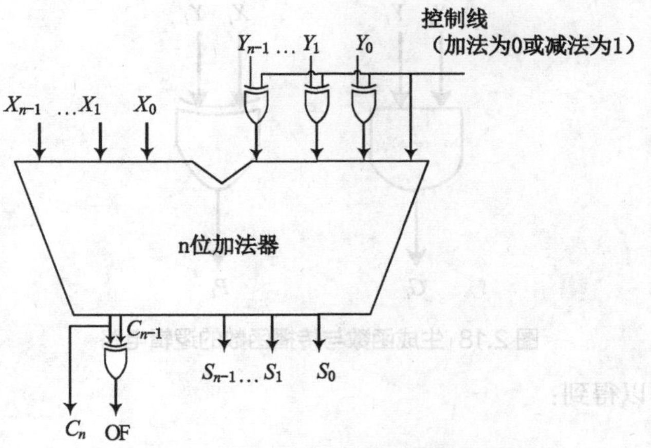

图 2.17 加法、减法的部件的电路

最高进位 C_n 与次高位向最高位进位 C_{n-1} 进行异或的结果就是溢出标志 OF（Overflow）。当 OF 为 1，则说明溢出。

提示：很多学生对进位或溢出会感到困惑。其实很简单。

如果进行加法的数据是无符号数，则要注意是否进位。无论是否产生进位，运算结果都正确。如果产生进位，则需要保存进位的值，在后续计算或显示时，不要忘记进位。

如果进行加法的数据是有符号数，则要注意是否产生溢出。如果产生溢出，即 OF=1，表示加法器的输出不能作为正确的结果来使用。溢出时，其中的一种解决方法是：假定当前有符号数的补码为 n 位，则改为用 $n+1$ 位表示。

（4）提前进位加法器

串行法器的缺点是速度慢，高位在进行加法时，需要等待低位产生的进位。从加法器输入端加上数值后，要经过若干门电路延迟才能得到输出。从加法器输入端加上数据 X、Y，需要 $2n$ 个门电路延迟后得到 C_n，需要（$2n-1$）个门电路延迟后得到 S_n，n 为输入端数据的位数，或者加法器的位数。

对于使用进位行波加法器构成的加法、减法的部件，从输入端加上数据 X、Y，Y 需要经过 1 个异或门电路，因此，需要 $2n$ 个门电路延迟后得到 S_n，需要（$2n+1$）个门电路延迟后得到 C_n，需要 2（$n+1$）个门电路延迟后得到溢出位 OF。

为加快加法进行，采用提前进位加法。提前进位加法的原理就是希望快速得到进位，不用等待低位产生的进位。根据前面得到的 C_{i+1} 的逻辑表达式，可以看到：

$$
\begin{aligned}
C_{i+1} &= \overline{X}_i Y_i C_i + X_i \overline{Y}_i C_i + X_i Y_i \overline{C}_i + X_i Y_i C_i \\
&= X_i Y_i + \overline{X}_i Y_i C_i + X_i \overline{Y}_i C_i \\
&= X_i Y_i + (\overline{X}_i Y_i + X_i \overline{Y}_i)\ C_i \\
&= X_i Y_i + (X_i \oplus Y_i)\ C_i
\end{aligned}
$$

令 $G_i=X_iY_i$，$P_i=X_i\oplus Y_i$。一般，把 $G_i=X_iY_i$ 称为生成函数（generate），把 $P_i=X_i\oplus Y_i$ 称为传播函数（propogate），则 $C_{i+1}=G_i+P_iC_i$。它表达了当前产生进位的条件。生成函数与传播函数的逻辑电路图如图 2.18 所示。

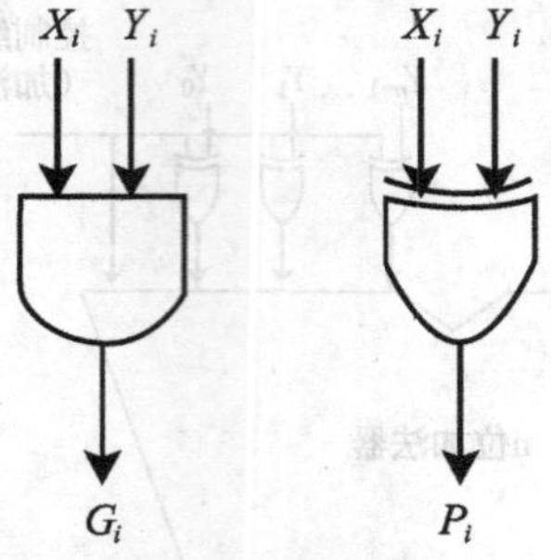

图 2.18 生成函数与传播函数的逻辑电路

把 $C_{i+1}=G_i+P_iC_i$ 展开可以得到：

$C_1=G_0+P_0C_0$

$C_2=G_1+P_1C_1=G_1+P_1(G_0+P_0C_0)=G_1+P_1G_0+P_1P_0C_0$

$C_3=G_2+P_2C_2=G_2+P_2(G_1+P_1G_0+P_1P_0C_0)$

$=G_2+P_2G_1+P_2P_1G_0+P_2P_1P_0C_0$

$C_4=G_3+P_3C_3=G_3+P_3(G_2+P_2G_1+P_2P_1G_0+P_2P_1P_0C_0)$
$=G_2+P_3G_2+P_3P_2G_1+P_3P_2P_1G_0+P_3P_2P_1P_0C_0$

$C_5=G_4+P_4C_4=G_4+P_4(G_2+P_3G_2+P_3P_2G_1+P_3P_2P_1G_0+P_3P_2P_1P_0C_0)$
$=G_4+P_4G_2+P_4P_3G_2+P_4P_3P_2G_1+P_4P_3P_2P_1G_0+P_4P_3P_2P_1P_0C_0$

其他可以类推。每个进位生成由多个 P、G 值以及 C_0 的值决定，不由其他进位决定。

$S_i=P_i\oplus C_i$，⊕代表逻辑异或运算，C_i 为相邻低位加法的进位。这种电路构成的加法器被称为提前进位加法器。

可以看出，当 X、Y、C_0 被加到加法器输入端，经过 1 个门电路延迟，不同的 G_i、P_i 将同时产生。再经过 1 个与门、1 个或门的延迟，同时得到不同的 C_i。

由于 $S_i=X_i\oplus Y_i\oplus C_i$，因此，再经过 1 个异或门得到 S_i。

也就是说，经过 3 个门电路延迟得到不同的 C_i，经过 4 个门电路延迟得到不同的 S_i，延迟时间与加法的位数无关。而前面介绍的进位行波加法器经过的门延迟与位数有关。提前进位加法器的速度远远快于进位行波加法器。

当位数变大，提前进位加法器的逻辑电路中连线增多。通常提前进位加法器设计为 4 位。需要 8 位加法器时，把两个 4 位提前进位加法器首尾连接，构成 8 位加法器，既加快运算速度，又简化设计。需要 16 位加法器时，把 4 个 4 位提前进位加法器首尾连接如图 2.19 所示。

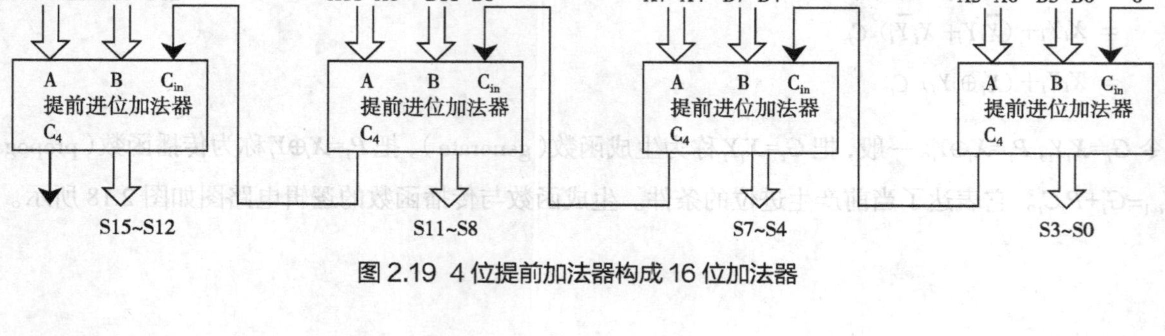

图 2.19 4 位提前加法器构成 16 位加法器

2.5.2 算术逻辑单元 ALU 的功能和结构

算术逻辑单元 ALU 能够完成算术运算与逻辑运算。74181 是一个 4 位的 ALU 芯片，内部可以进行（串行）行波加法，也可以进行提前进位加法。

当用 74181 构成串行加法器时，只需要把低位的 74181 的输出端 $C_{(n+4)}$ 与相邻高位 74181 的输入端 C_n 连接起来即可。如图 2.20 所示。

图 2.20 74181 构成串行加法器

当用74181构成提前进位（并行）加法器时，需要使用芯片74F182的帮助。74F182是提前进位生成电路。3 个 74181 与 1 个 74F182 连接，形成 12 位的提前进位加法电路的连接图如图 2.21 所示。

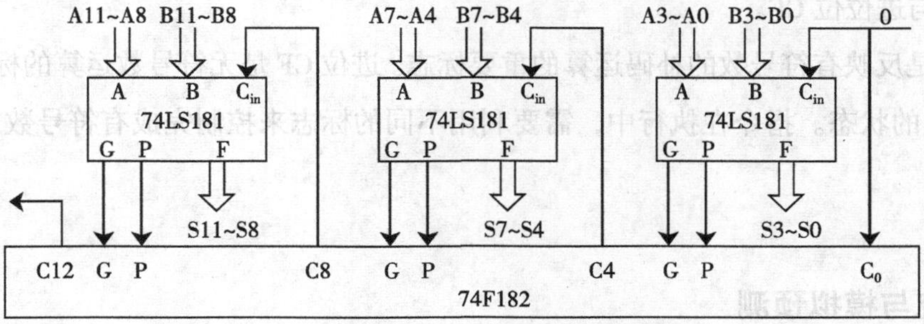

图 2.21 74181 与 74182 构成加法电路

2.5.3 真题与习题精编

● 单项选择题

1. 串行加法器的缺点是（ ）。

A. 电路复杂　B. 速度慢，进位延迟

C. 采用门电路实现　D. 采用时序电路实现

2. 行波加法器的优点是（ ）。

A. 电路复杂　B. 速度快，进位生成快

C. 采用门电路实现　D. 采用时序电路实现

2.5.4 答案精解

● 单项选择题

1.【答案】B

【精解】考点为串行加法器。

串行加法器运算时，高位的加法需要等待低位产生进位，产生延时，速度慢。所以答案为 B。

2.【答案】B

【精解】考点为并行加法器。

并行加法器运算时，高位的加法不需要等待低位产生进位，运算速度快。所以答案为 B。

2.6 重难点答疑

1. 补码减法运算。

【答疑】很多资料很少讲述补码的减法，最多讲述使用加法来实现减法，减法的借位具体怎样设置没有讲述。所以考试时也多以加法为例子，但是在考查指令运行时，有时候会考查到这点。可以从通常数学运算的角度理解，在求进位或借位时，把运算的数据转化为真值，按照人们的加法或减法运算，可以得到进位或者借位。还有一个角度是：减法运算后 CF 代表减法的借位，这时 CF 的值是将加法器产生的进位值进行非运算后的值。

2. 关于 IEEE 754 单精度表示的各种数的范围。

【答疑】考试需要考生熟练掌握 IEEE 754 单精度格式，掌握各字段的含义与编码，具体各种数据范围在该节都有详细描述。

3. 溢出位 OF 与进位位 CF。

【答疑】溢出是反映有符号数的补码运算的重要标志。进位 CF 是无符号数运算的标志。OF 是溢出位，代表有符号数加减的状态。指令在执行中，需要利用不同的标志来控制完成有符号数或是无符号数的运算的完成。

2.7 命题研究与模拟预测

2.7.1 命题研究

本章是本课程的基础与重点，涉及的知识点很多。

首先，考生应该熟练掌握十进制、二进制、十六进制的转换。这三者的转换是计算机的基础知识。

补码知识是本章的重点。补码是现代计算机中有符号数的表示形式。历年的全国统考中，补码的表示，补码的加减运算、乘法运算出现多次。补码的移位也出现过，补码加减运算后溢出进位 OF、进位 CF 的设置也在全国统考中出现过。

海明码知识在全国统考中出现过。CRC 校验在计算机网络的课程中也会讲到，在全国统考中没有出现过。奇偶校验是简单的校验方法，会结合串行传输知识进行考查，曾经在全国统考中出现过。

定点数的乘法、除法的算法是固定的算法，全国统考中没有考过，但从 C 语言程序的角度曾经考查过。考生可以从 C 语言的角度解题。

浮点数的概念、浮点数的表示、浮点数的范围在历年全国统考中多次出现，多以单项选择题为主，偶尔出现在综合题中。浮点数的加减运算在全国统考中出现过。这部分知识相对独立，难度中等，也需要考生熟练掌握。

串行加法器与并行加法器在全国统考中没有出现过，74181 的应用是固定的知识，但涉及电路，对很多考生来说有难度，所以在全国统考中没有出现过。但需要学生掌握串行加法器的组成、并行加法器的组成，以及这两种加法器的特点。

总之，本章是出题的重点。涉及的知识点多，题型会结合 C 语言程序来考查，难度中等。需要考生熟练掌握。

2.7.2 模拟预测

● 单项选择题

1. 假定 8 位补码 $X_{补}$=0110 0010，$Y_{补}$=0111 1000，使用 8 位加法器进行 $X_{补}+Y_{补}$的运算，则加法器的结果是（ ）。

A. 1101 1010，可以作为（$X+Y$）的补码

B. 1101 1010，不可以作为（$X+Y$）的补码

C. 1101 1101，可以作为（$X+Y$）的补码

D. 1101 1101，不可以作为（$X+Y$）的补码

2. 假定 8 位补码 $X_{补}$=0111 0010，$Y_{补}$=1111 1000，使用 8 位加法器进行 $X_{补}-Y_{补}$的运算，则加法器的结果是（ ）。

A. 0111 1010，可以作为（$X-Y$）的补码

B. 0111 1010，不可以作为（$X-Y$）的补码

C. 0111 1011，可以作为（$X-Y$）的补码

D. 0111 1011，不可以作为（$X-Y$）的补码

3. 采用海明码来校验 10 位信息，需要的海明校验码的位数是（ ）。

A. 3　　B. 4　　C. 5　　D. 6

4. 采用 IEEE 754 单精度表示的规范化最小的正数是（ ）。

A. 1×2^{-126}　　B. 1×2^{-149}　　C. 1×2^{-127}　　D. 1×2^{-148}

5. 某浮点数的尾数是 1.110110，现在需要只保留小数点后面 4 位。采用 IEEE 754 默认的取舍方法进行处理后的尾数是（ ）。

A. 1.1101　　B. 1.1110　　C. 1.1100　　D. 1.1111

6. 假定两个 8 位寄存器 R1、R2 分别存储 1110 0010、0111 1000。执行代码：

```
SUB R1, R2; R1-R2->R1
JC choice1
MOV  R1, 9
JMP  final
choice: MOV  R1, 8
```

后，R1 的值是（ ）。

A. 8　　B. 9　　C. 不能确定　　D. 或者 8 或者 9

● 综合题

1. 某计算机采用类似 IEEE 754 单精度的格式表示浮点数。符号位占用 1 位，0 代表正数，1 代表负数。指数域占用 8 位。尾数域占用 6 位。A=100.5，B=−60.25，计算 $A+B$。

2. 按照 IEEE 754 的舍入原则，计算下列尾数，只保留小数点后 6 位的结果。

1.001011 011、1.000101 1100、1.110100 100。

3. 已知 $X_补$=1100 0100，求（$-X$）$_补$。

2.7.3 答案精解

● 单项选择题

1.【答案】B

【精解】考点为补码加法。

两个补码进行加法运算，需要检查 OF 的值。有两个方法可以确定 OF 的值。这里采用双符号法。

00110 0010+00111 1000=01101 1010。结果的两个符号不相等，则 OF 为 1。说明结果 1101 1010，不能作为和的补码。所以答案为 B。

2.【答案】A

【精解】考点为补码减法。

两个补码进行减法运算，需要检查 OF 的值。有两个方法可以确定 OF 的值。这里采用双符号法。

$Y_补$=1111 1000，则（$-Y$）$_补$=0000 0111+1。

00111 0010+00000 0111+1=00111 1010。结果的两个符号相等，则 OF 为 0。说明结果 0111 1010，可以作为差的补码。所以答案为 A。

3.【答案】B

【精解】考点为海明码。

设校验位为 n 位，则总位数为（10+n）。n 位校验码有 2^n 种编码，除去代表“没有错误”这种编码，还有（2^n−1）种编码用于指出出错位的位置。因此，

（2^n−1）≥（10+n），

即 2^n ≥（11+n）。

所以，n 至少为 4。所以答案为 B。

4.【答案】A

【精解】考点为 IEEE 754 浮点数表示。

IEEE 754 单精度表示的规范化的最小阶码是 1，则真正的指数是 1−127=−126。最小的尾数值是 1，则规范化的最小正数是 1×2^{-126}。所以答案为 A。

5.【答案】B

【精解】考点为 IEEE 754 浮点数取舍规则。

尾数是 1.110110，需要去掉的是 10，10 的值是 2，是 2 位编码最大值 4 的一半，按照 IEEE 754 默认的取舍规则，这时需要保证保留的尾数是偶数。现在尾数是 1.1101，则需要加上 1，得到尾数 1.1110。所以答案为 B。

6.【答案】B

【精解】考点为补码减法及指令。

第一条指令为减法运算，1110 0010+1000 0111+1=1 0110 1010，即加法器产生的进位是 1。由于本运算是减法运算，并且在减法运算时 CF 的值是加法器产生的进位值的非。也就是这里运算后 CF 的值是 0。

执行 JC　choice1 时，条件不满足，执行 MOV　R1, 9。R1 的值为 9。所以答案为 B。

注意：这里不知道寄存器的值代表无符号数还是有符号数，所以只能根据运算器运算后的标志位来判断。

● 综合题

1.【答案精解】

计算过程，为提高精度，尾数小数点后的尾数可以多于 6 位。

A=110 0100.1=1.1001 001 × 2^6

B=−11 1100.01=−1.11100 01 × 2^5

（1）把 B 进行对阶处理。阶码增加 1，变为 6。尾数向右移动 1 位，变为 −0.11110001。

（2）两个尾数进行相减。

1.1001 001−0.1111 0001=0.1010 0001

（3）0.1010 0001 不是规格化的数，需要进行规格化处理。0.1010 0001 向左移动 1 位，得到 1.0100 0010。阶码减 1，变为 5。

（4）由于小数点后只保留 6 位，1.0100 0010 的最低 2 位是 10，10 的值是 2，正好是 4 的一半，而 1.0100 00 的最低位是 0，为偶数，则把 10 直接去掉，最终保留结果是 1.0100 00。在尾数域只存储 0100 00。

运算结果为 1.0100 00 × 2^5，就是 40.0。

提示：从数学角度计算，A−B=100.5−60.25=40.25，而计算机的运算结果是 40.0。可见，计算机进行浮点数运算的结果会出现与真实值的误差，这是正常的。

2.【答案精解】

IEEE 754 的舍入原则：舍去的位的值不到位的最大值的一半，则舍去；超过一半则加上 1；等于一半则使最低保留位为偶数。

1.001011 011，需要去掉 3 位，3 位的最大值为 8（2^3），011 为 3，小于 4，则舍去，得到 1.001011。

1.000101 1100，需要去掉 4 位，4 位的最大值为 16（2^4），1100 大于 8，则把 1.000101 的最低位加上 1，得到 1.000110。

1.110100 100，需要去掉 3 位，3 位的最大值为 8（2^3），100 等于 4，由于 1.110100 的最低位为偶数，则 100 去掉，得到 1.110100。

3.【答案精解】

由于这两个补码是 8 位，所以，$X_{补}$+（$-X$）$_{补}$=2^8，也就是 $X_{补}$与（$-X$）$_{补}$的关系是：两者互为对应位取反后加 1。

（$-X$）$_{补}$=0011 1011+1=0011 1100

提示：另外的解题方法是把补码化为真值，再求解。

$X_{补}$的符号位是 1，代表负数，1100 0100 对应的无符号数是 196，所以 $X_{补}$的真值是 196−256=−60。$-X$ 就是 +60，对应的补码就是 0011 1100。

第3章

存储器层次结构

▲ ▲ ▲

第 3 章 存储器层次结构

3.1 考点解读

本章是关于主存的知识。本章的基本概念多，很多知识点需要考生记忆、理解、运用，难度算中等及稍微偏上，是经常大分值出题的章节。

本章考点如图 3.1 示。本章最近 10 年联考考点题型分值统计如表 3.1 所列。

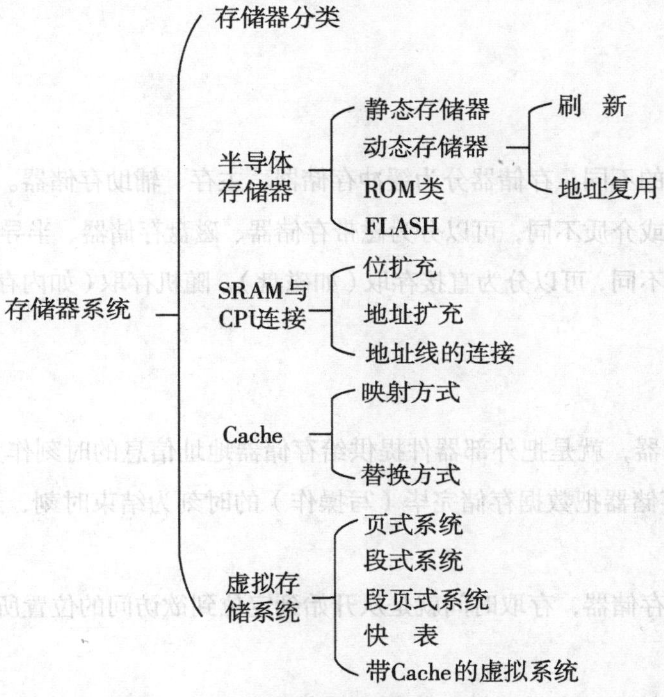

图 3.1 本章考点导图

表 3.1 本章最近 10 年联考考点题型分值统计

年份（年）	题型（题）		分值（分）			联考考点
	单项选择题	综合应用题	单项选择题	综合应用题	合计	
2011	2	1	4	12	16	存储容量计算、ROM 与 RAM 特点、带 Cache 的虚拟存储计算
2012	2	1	4	4	8	存储器分类与特点、Cache 映射、带 Cache 的虚拟存储计算
2013	1	1	2	2	4	页表映射、Cache 映射

表 3.1（续）

年份（年）	题型（题）		分值（分）			联考考点
	单项选择题	综合应用题	单项选择题	综合应用题	合计	
2014	1	1	2	9	11	存储芯片管脚作用、页式系统
2015	4	0	8	0	8	Cache 数据结构、Cache 写、DRAM 刷新、交叉编址
2016	2	1	4	14	18	芯片数量计算、Cache 命中率计算、页式虚拟存储系统计算
2017	2	0	4	0	4	交叉编址、局部性原理
2018	2	1	4	15	19	DRAM 刷新、存储器存放形式、页式虚拟系统计算
2019	1	1	2	7	9	缺页、Cache
2020	1	1	2	10	12	虚拟存储器、Cache 机制

3.2 存储器的分类

3.2.1 存储器分类

按照在计算机中作用的不同，存储器分为缓冲存储器、主存、辅助存储器。

按照存储信息的材料或介质不同，可以分为磁带存储器、磁盘存储器、半导体存储器、光盘存储器。

按照存取信息的方式不同，可以分为直接存取（如磁盘）、随机存取（如内存）、顺序存取（如磁带）。

3.2.2 基本术语

（1）存取时间

对于随机访问的存储器，就是把外部器件提供给存储器地址信息的时刻作为开始时刻，到存储器发送出数据（读操作）或存储器把数据存储完毕（写操作）的时刻为结束时刻，这之间的时间段就是存取时间。

对于不是随机存取的存储器，存取时间就是从开始到定位到欲访问的位置所花费的时间。

（2）存储器周期

用于描述随机存取存储器。存储器周期指外部器件提供给存储器地址到下一次外界可以给存储器提供地址的间隔。

（3）传输速率

传输速率指数据输入或从存储器输出的速率。

3.2.3 真题与习题精编

● 单项选择题

下列各类存储器中，不采用随机存取方式的是（ ）。 【全国联考 2011 年】

A. EPROM B. CDROM C. DRAM D. SRAM

3.2.4 答案精解

● 单项选择题

【答案】B

【精解】考点为考查随机存取的含义、各类存储器的特点。所以答案是 B。

3.3 存储器的层次化结构

3.3.1 现代计算机的存储结构

计算机存储器的层次结构是指存储器由 Cache、主存、辅助存储器构成。

Cache 被称为缓冲存储器或高速缓存。它的特点是：存储单元数量少，价格相对昂贵，读写速度快。主存的特点是：存储单元数量多，价格不太昂贵，速度稍微慢一些。Cache 与主存由半导体存储器组成。

辅助存储器主要指硬盘与磁带。它的特点是：存储容量巨大，价格便宜，速度慢，一般采用磁性原理存储信息。

计算机采用不同层次的存储器的目的是：让整个存储系统的读写速度接近最快的存储器，而让整个存储系统的经济成本、容量和最便宜的存储器的经济成本、容量接近。

计算机的存储系统层次如图 3.2 所示。

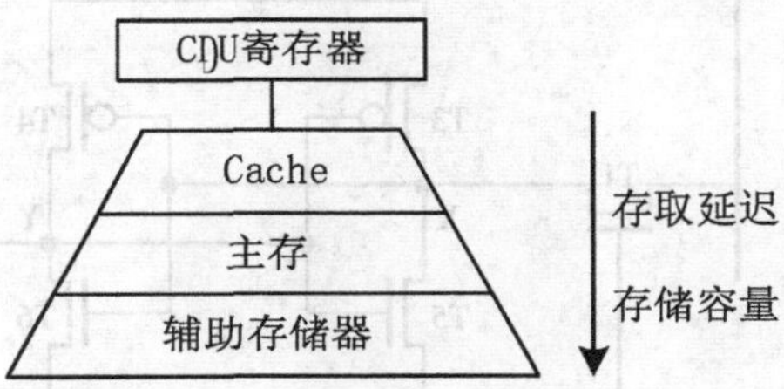

图 3.2 存储系统层次

3.3.2 真题与习题精编

● 综合计算题

一个存储系统具有 4 级层次结构，各层的特性如下：

层次号	类型	存取时间	命中率
1	Cache	100ns	0.8
2	主存	1μs	0.85
3	磁盘	1ms	0.92
4	磁带	50ms	1.0

计算存储系统的平均存取时间。

3.3.3 答案精解

● 综合计算题

1.【答案精解】

从低层次开始计算。

访问磁盘的平均存取时间：1ms × 0.92+0.08 ×（50ms+1ms）=5ms；

访问主存的平均存取时间：1 μs × 0.85+（5ms+1μs）× 0.15=1μs+0.75ms；

存储系统的平均存取时间：100ns × 0.8+（1μs+0.75ms+100ns）× 0.2=150300ns。

说明：这里假设的操作是：当数据不在较高层次设备时，需要让数据从较低层次设备读入较高层次设备后，再次从较高层次获取数据。有些资料中在计算类似题目时会有差异，需要注意一下。

3.4 半导体内部存储器

我们把经常接触的、由 CPU 直接访问的半导体存储器称为主存或内存。主存由 RAM 与 ROM 组成。

RAM（Random Access Memory）被称为随机存取存储器。可以向 RAM 写入数据，也可以从 RAM 读出数据。RAM 的一个明显的特点是：它是易失性存储器。就是说它在存储数据时，需要有持续的电源。如果在工作过程中失去电源，则存储的信息就会丢失。因此，RAM 用于存储临时信息。一般来说，RAM 有两种：SRAM、DRAM。

3.4.1 静态存储器 SRAM（Static RAM）

一个用于存储 1 个位的静态存储器的电路如图 3.3 所示。

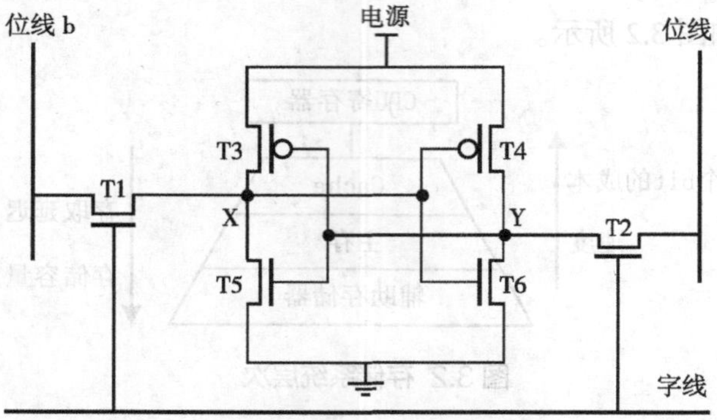

图 3.3 SRAM 结构

它由 6 个晶体管 T1~T6 组成。T3 与 T5 构成 1 个非门电路，T4 与 T6 构成 1 个非门电路。X、Y 的电压代表 2 个非关系的位。2 个非门的输出反馈到对方的输入，使 X、Y 很快保持各自的稳定的电压。X 与 Y 分别处于高与低的电压，代表 1 与 0。

例如，假定 X 点电压为高，则 T4 断开，T6 导通，Y 点电压为低电压。Y 点电压为低，则 T3 导通，T5 断开，使 X 点电压为高。

如果 X 点电压为低，则 T4 导通，T6 断开，Y 点电压为高电压。Y 点电压为高，则又使 T5 导通，T3 断开，使 X 点电压为低。

T1 用于连接或断开 X 点与位线 b。T2 用于连接或断开 Y 点与位线 b#。位线 b 与位线 b# 处于非的关系。T1 与 T2 均受到字线的控制。当字线为高电平，则 T1 与 T2 分别导通；当字线为低高电平，则 T1 与 T2 分别断开。

读操作时，字线为高电平（外界控制的结果），T1 与 T2 均导通。X 点与位线 b 连接，Y 点与位线 b# 连接。如果 X 是 1，则 Y 是 0；如果 X 是 0，则 Y 是 1。位线的另一端连接控制电路，存储器控制电路检测位线的电压，从而得到该位为 1 还是为 0。

写操作时，字线为高电平（外界控制的结果），T1 与 T2 均导通。X 点与位线 b 连接，Y 点与位线 $b^{\#}$ 连接。存储器控制电路把相应的电压加到位线 b，与该电压状态相反的电压加到位线 $b^{\#}$，强迫 X 与 Y 保持对应的状态。当字线无效时，该位的状态一直保持。

当电源中断时，该位的当前状态就消失。当电源恢复后，该位处于 0 或 1 的状态，与原来的状态可能不一致。所以 SARM 被称为易失性存储器。

SRAM 存储 1 个位，需要 6 个晶体管，因此 SRAM 存储器的集成度低，但读写的速度快，所以价格贵。因为价格贵，SRAM 经常用作 Cache。

3.4.2 动态存储器 DRAM（Dynamic RAM）

（1）DRAM 单元与原理

一个用于存储 1 个位的动态存储器的电路如图 3.4 所示。

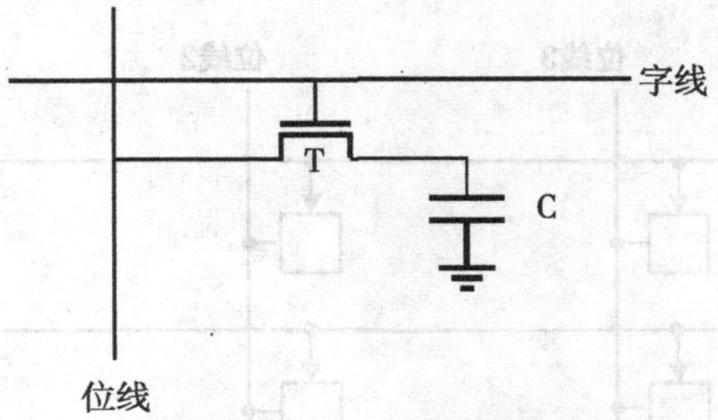

图 3.4 DRAM 结构

当电容 C 上有电荷时则代表 1，当电容 C 上无电荷时则代表 0。电容 C 会逐渐泄露电荷，导致存储的信息丢失。所以该存储器被称为动态存储器。一般来说，信息在电容上存储的时间为几十毫秒。为使信息一直存储在电容 C 上，需要每隔一定时间把电容 C 上的电荷恢复到满值，这种操作叫作存储器的刷新。实现刷新的电路叫作刷新电路。刷新电路定期刷新，这样电容上的数据不会丢失。

晶体管 T 用于将电容 C 与外界连通或断开。当外界对该存储位进行读或写时，需要使字线有效（图中表示为高电平），这样晶体管 T 导通，就把电容 C 与位线连接起来。

对存储器进行写入数据操作，需要把数据位施加到位线上（高电平表示为 1，低电平表示为 0），然后使字线有效（晶体管 T 导通），就导致电容 C 充电或放电，最后与位线的电平一致，也就是把数据写入了。

对存储器进行读出操作，需要使字线有效，则晶体管 T 导通，将位线与电容 C 连接。此时，位线的另一端连接一个传感放大电路。传感放大电路检测位线的电压，如位线的电压高于某个值，则认为是 1，并把位线的电压提高到更高的值，使电容充电。如位线的电压低于某个值，则认为是 0，并把位线的电压降低到更低的值，使电容放电。实际上，传感放大电路的工作原理比较复杂，这里不再详细描述，上面只是做了简化的描述。结论：对 DRAM 进行 1 次读操作，实际需要几个步骤，最后的步骤是把信息重新写入电容，也就是对电容刷新 1 次。

动态存储器的特点：单个位的构成简单，集成度高，容量大，但需要刷新电路，读写速度比静态存储器慢，价格低廉。特别是价格低廉，使动态存储器成为计算机中使用最多的存储器。

（2）刷新电路

一个 DRAM 位与检测放大电路的连接如图 3.5 所示。

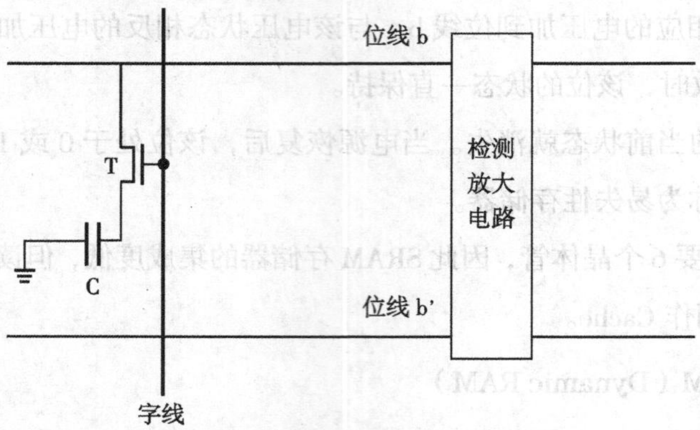

图 3.5 DRAM 位与检测放大电路连接

一个由 4 个字线，3 个位线构成的 DRAM 存储体如图 3.6 所示。

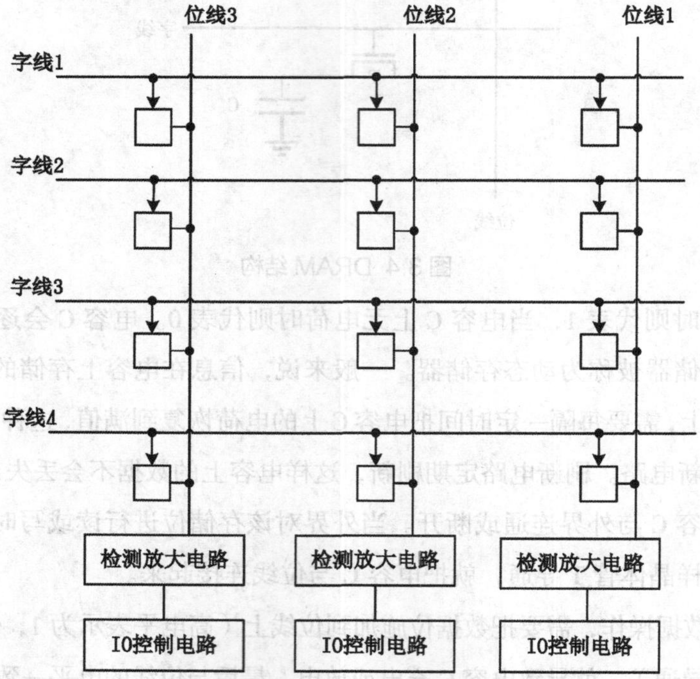

图 3.6 3 行 4 列存储体的结构

图中方块代表 1 个存储位。DRAM 的存储位是按照行列的形式排列的。每个位线上连接 4 个存储位，4 个存储位不能同时与该列的检测放大电路连接，每次只能有 1 个存储位与该列检测放大电路连接，由字线进行选择。要求字线每次只能有 1 个有效。例如，当字线 3 有效，则该行的 3 个存储位与各自列的检测放大电路连接。检测放大电路连接的功能是对存储位进行读、写、刷新。

可以理解为：每列有 1 个检测放大电路。每行有 1 个行线。每列可以有若干个位。

为了便于描述 DRAM 的结构，我们用 1 个 DRAM 作为例子。

例如，现在有 1 个 DRAM，称为 M0。里面的存储位有 4096 行，每行有 8192 个。则可以认为存储器内部有 4096 个字线，有 8192 个检测放大电路。在对 DRAM 进行读操作的描述中，有结论是：只要使某行的字线有效，则该行的每个存储位与各自列的检测放大电路连接，导致该存储器位被刷新 1 次。因此，存储器的刷新是按行进行的。所以，对 M0 的刷新需要进行 4096 次，每次有 8192 个位被同时刷新。

该 DRAM 存储器的内部结构如图 3.7 所示。

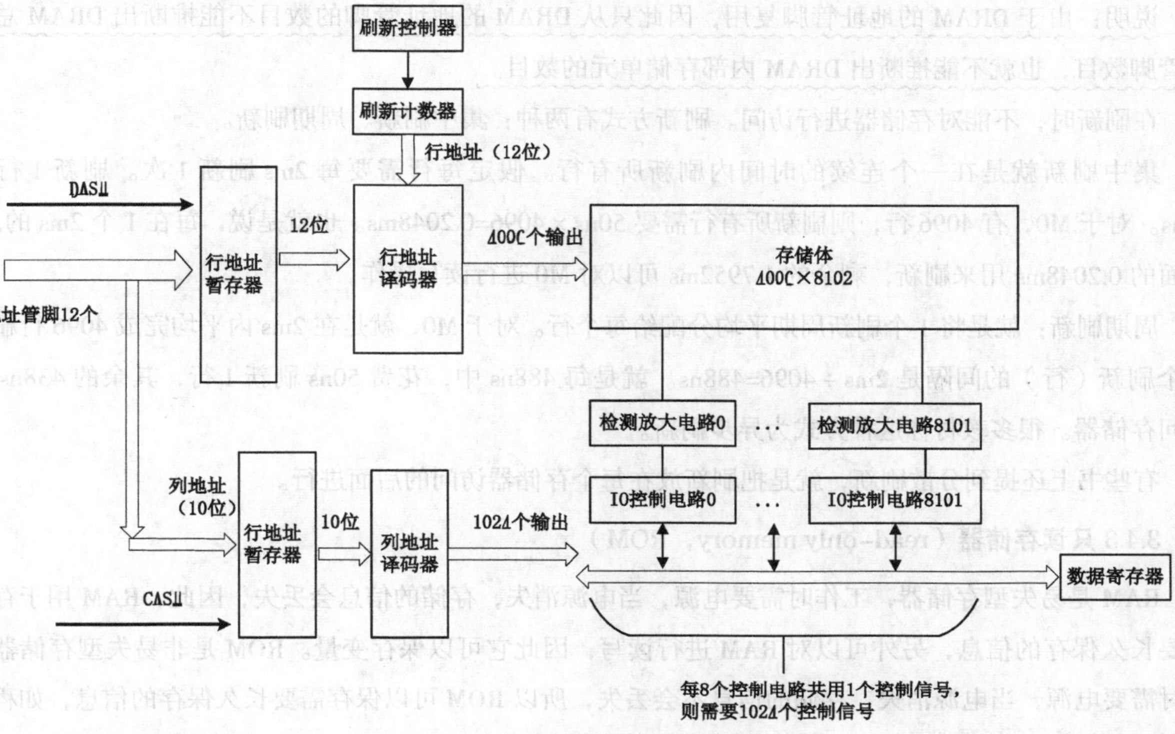

图 3.7 DRAM 存储器结构

对于 M0，当某个行线有效时，该行的 8192 个位与各自列的检测放大电路连接。检测放大电路与 IO 控制电路连接。IO 控制电路控制存储位与外界连接。一般，每次存储器对外传输数据的位数有限，这里假定是 8 位。那么现在某个位线有效，需要控制从这行的 8192 个位中选取 8 个位。把每 8 个 IO 控制电路的控制端连接一起，用 1 个控制信号进行控制，则需要 1024（8192 ÷ 8=1024）个不同的信号。这通过 1 个译码器来实现，该译码器被称为列地址译码器。列地址译码器的输入被称为列地址。用于区分 8192 行的信号由行地址译码器完成，行地址译码器的输入被称为行地址。

这里行地址有 12 个，列地址有 10 个，需要的对外地址的管脚理论上应该是 22 个，数目较多。为减少 DRAM 的对外地址管脚，DRAM 的地址管脚一般采用地址复用。就是外界先用地址管脚传输 12 位行地址，这时使 RAS# 信号有效，把行地址锁存到行地址暂存器中，并传送至行地址译码器，导致某个行线有效，使该行的 8192 个位被读取并刷新。

外界再用地址管脚传输 10 位列地址，这时使 CAS# 信号有效，把列地址锁存到列地址暂存器中，并传送至列地址译码器，导致某个输出有效，使 8192 列中的某 8 列的控制电路有效。

当对存储器进行读操作时，则控制电路把该 8 个存储位的输出信息送至数据寄存器，从而完成读操作。如果是对存储器进行写操作，则控制电路把数据寄存器的各个位送至 8 个存储位，从而完成写操作。

RAS#（row address strobe，行地址有效信号）与 CAS#（column address strobe，行地址有效信号）是低

电平有效，这里 # 代表低电平有效。

从图 3.7 可以看出，存储器内部有 1 个刷新控制电路，它控制刷新计数器，刷新计数器是 12 位的计数器，它存放需要刷新的行号，因此是 12 位。它的值可以送至行地址译码器，这样可以进行 1 次行刷新。

说明：由于 DRAM 的地址管脚复用，因此只从 DRAM 的地址管脚的数目不能推断出 DRAM 总的地址管脚数目，也就不能推断出 DRAM 内部存储单元的数目。

在刷新时，不能对存储器进行访问。刷新方式有两种：集中刷新、周期刷新。

集中刷新就是在一个连续的时间内刷新所有行。假定每行需要每 2ms 刷新 1 次。刷新 1 行需要 50ns。对于 M0，有 4096 行，则刷新所有行需要 50ns × 4096=0.2048ms。也就是说，每在 1 个 2ms 的周期，前面的 0.2048ms 用来刷新，剩余的 1.7952ms 可以对 M0 进行读写操作。

周期刷新：就是将 1 个刷新周期平均分配给每个行。对于 M0，就是在 2ms 内平均完成 4096 行刷新，每个刷新（行）的间隔是 2ms ÷ 4096=488ns。就是每 488ns 中，花费 50ns 刷新 1 行，其余的 438ns 可以访问存储器。很多教材称这种方式为异步刷新。

有些书上还提到分散刷新，就是把刷新放在每个存储器访问的后面进行。

3.4.3 只读存储器（read-only memory，ROM）

RAM 是易失型存储器，工作时需要电源，当电源消失，存储的信息会丢失，因此，RAM 用于存储不需要长久保存的信息，另外可以对 RAM 进行读写，因此它可以保存变量。ROM 是非易失型存储器，工作时需要电源，当电源消失，存储的信息不会丢失，所以 ROM 可以保存需要长久保存的信息，如程序代码。另外，早期的 ROM 只能写入信息 1 次，以后的操作就是读操作，也就是不能再向 ROM 内写入信息，这样它只能保存固定的信息，如常量。现在的 ROM 也可以被多次写入信息，但写入的速度比 RAM 的写入要慢。那么，ROM 与 RAM 的区别就在于是否是易失型的了。

ROM 有几种：

① 常规 ROM：在制造存储器时就把信息写入里面，不能再改写。

② 一次可编程 ROM（programmable ROM，PROM）：编程就是用特殊设备把信息写入 ROM。在编程前，PROM 的内容全为 0，编程时，把特定位变为 1。位变为 1 后，不能再改写为 0，所以只有 1 次编程机会。

③ 可擦除可编程 ROM（erasable and programmable ROM，EPROM）：可以写入信息，当需要改写信息时，需要擦除原来的信息。擦除需要使用紫外线光的照射，因此该类芯片上面有个透明的窗口。向里面写入信息，需要一个特定的电压。EPROM 的擦除需要紫外线，时间也会长，擦除的是所有单元。EPROM 可以使用于电子设备的研发阶段，方便进行修改。

④ 电擦除可编程 ROM（electrically erasable and programmable ROM，EEPROM）： EEPROM 是字节编址，擦除或存取以字节为单位。EEPROM 在擦除时不需要从电路板上取下，这样就方便很多。擦除与写入需要高一点（与工作电压相比）的电压，有些芯片需要外界来提供，有些（串行）内部有升压电路。它的缺点是：写入次数有限，频繁地改写会破坏其内部结构。因此，它适合存储配置数据或固定的程序。现代 EEPROM 的改写次数可达 100 万次。

3.4.4 Flash 存储器（闪存）

Flash 存储器的速度比 EEPROM 要慢，但集成度高，比 EEPROM 便宜。Flash 存储器的存储单元被分为若干块。读写数据以块为单位。即使修改 1 个字节也需要改写该字节所在的块。Flash 存储器不适合字节为单位的读写。Flash 存储器适合存储多媒体数据。

3.4.5 真题与习题精编

● 单项选择题

1. 某计算机存储器按字节编址，主存地址空间大小为 64MB，现用 4MB × 8 位的 RAM 芯片组成 32MB 的主存储器，则存储器地址寄存器 MAR 的位数至少是（ ）。【全国联考 2011 年】

A. 22 位　　B. 23 位　　C. 25 位　　D. 26 位

2. 下列关于闪存（Flash Memory）的叙述中，错误的是（ ）。【全国联考 2012 年】

A. 信息可读可写，并且读、写速度一样快

B. 存储元由 MOS 管组成，是一种半导体存储器

C. 掉电后信息不丢失，是一种非易失性存储器

D. 采用随机访问方式，可替代计算机外部存储器

3. 下列存储器中，在工作期间需要周期性刷新的是（ ）。【全国联考 2015 年】

A. SRAM　　B. SDRAM　　C. ROM　　D. FLASH

4. 假定 DRAM 芯片中存储阵列的行数为 r，列数为 c，对于一个 2K × 1 位的 DRAM 芯片，为保证地址引脚最少，并尽量减少刷新开销，则 r、c 的取值分别是（ ）。【全国联考 2018 年】

A. 2048、1　　B. 64、32　　C. 32、64　　D. 1、2048

5. 下列有关 RAM 和 ROM 的叙述中，正确的是（ ）。【全国联考 2010 年】

Ⅰ. RAM 是易失性存储器，ROM 是非易失性存储器

Ⅱ. RAM 和 ROM 都采用随机存取方式进行信息访问

Ⅲ. RAM 和 ROM 都可用作 Cache

Ⅳ. RAM 和 ROM 都需要进行刷新

A. 仅Ⅰ和Ⅱ　　B. 仅Ⅱ和Ⅲ

C. 仅Ⅰ、Ⅱ和Ⅳ　　D. 仅Ⅱ、Ⅲ和Ⅳ

3.4.6 答案精解

● 单项选择题

1.【答案】D

【精解】考点为存储器容量与地址的关系。

一般来说，CPU 内部存在 1 个寄存器，存放发出的存储单元的地址，该寄存器被称为 MAR。

有些资料把存储器内部用于接收地址信号的寄存器也叫作存储器地址寄存器 MAR。题目应当准确指出属于哪种情况。

主存地址空间大小为 64MB，这也是 CPU 的最大存储器空间，由 CPU 内部的 MAR 的位数决定，CPU 的 MAR 应该是 26 位，因为 2^{26}=64M。

对于每个芯片，内部的 MAR 应该是 22 位，因为 2^{22}=4M。

给出的标准答案是 D。

2.【答案】A

【精解】考点为 FLASH 存储器的特点。

本题考查基本知识，可以采用排除法。所以答案是 A。

3.【答案】B

【精解】考点为刷新。

本题考查刷新的知识。属于基础知识。

如果不明白 SDRAM，可以采用排除法。

SDRAM 是 Synchronous DRAM，也叫作同步 DRAM，SDRAM 使用 1 个同步时钟。

所以答案是 B。

4.【答案】C

【精解】考点为 DRAM 的内部组织、刷新知识。

行地址位数与列地址位数之和应该等于 11（因为 $\log_2 2K=11$）。

A 选项选用 2048 行 1 列，（不考虑减少刷新开销）则，行地址需要 11 位，列地址需要 0 位。对外地址线需要 11 根。

D 选项选用 1 行 2048 列，（不考虑减少刷新开销）则，行地址需要 0 位，列地址需要 11 位。对外地址线需要 11 根。

B 选项选用 64 行 32 列，（不考虑减少刷新开销）则，行地址需要 6 位，列地址需要 5 位。对外地址线需要 6 根。

C 选项选用 32 行 64 列，（不考虑减少刷新开销）则，行地址需要 5 位，列地址需要 6 位。对外地址线需要 6 根。

题目要求地址引脚最少，并尽量减少刷新开销，则排除选项 A、D。由于刷新时，只要提供行地址信号（用于选中某行）与行地址有效信号（即保证 RAS# 有效），则对应的行的各个位就连接到对应的检测放大电路。与检测放大电路连接（导通），导致对应位得到刷新（具体刷新的过程与原理，很多教材都忽略不讲，这里也不讲述。结合前面 DRAM 的讲述，把结论记住即可）。也就是 DRAM 的刷新是以行为单位进行的，1 行的位同时得到刷新。B 选项有 64 行，需要刷新 64 行。C 选项有 32 行，需要刷新 32 行。刷新 32 行花费的时间少。所以答案是 C。

5.【答案】A

【精解】考点为存储器分类、RAM 的特点、ROM 的特点。

I 的叙述正确。II 的叙述正确。III 的叙述错误，ROM 不能用作 Cache。IV 的叙述错误，ROM 不需要进行刷新。所以答案是 A。

3.5 主存储器与 CPU 的连接

由于 DRAM 的特殊性——地址复用、需要刷新，因此，其与 CPU 连接电路很复杂。为简化描述，这里主要介绍 SRAM 与 CPU 的连接。

另外现在很多与 CPU 连接的存储器采用按照字节编址的方式，为灵活访问存储器，存储地址采用交叉分配，使考生不容易理解，所以后面的例子多假定为 8 位 CPU。

假定需要给 8 位 CPU 连接 1K 个单元的 SARM，也就是存储容量为 1K × 8。一般存储器的容量表示为：单元数目多少 × 每个单元的位数。

在介绍存储器与 CPU 连接前，我们先介绍两种由多个存储器芯片扩充存储容量的方法：存储器的位扩充、存储器的（地址）字扩充。

（1）位扩充

假定手头只有若干 1K × 4 的 SRAM 芯片。首先需要使用 2 片该芯片，把这 2 片芯片连接为类似 1 片 1K × 8 的芯片。可以看出，连接后存储单元数量不变，每个单元包含的位由 4 个变为 8 个，这种连接叫作存储器的位扩充。

该 1K × 4 的 SRAM 芯片的管脚原理图如图 3.8 所示。

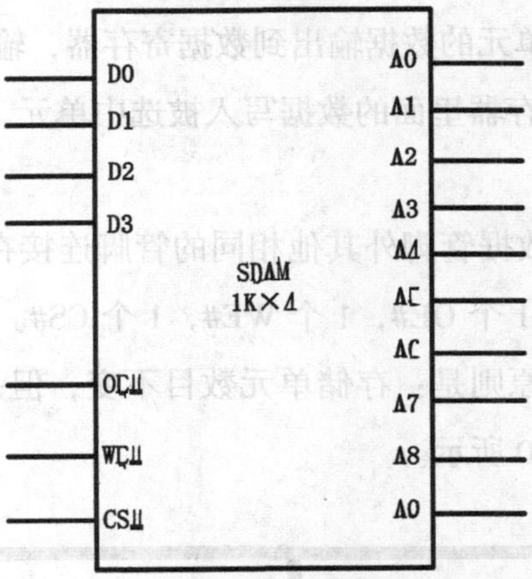

图 3.8 SRAM 芯片的管脚

主要管脚有：4 个数据管脚 D0~D3，10 个地址管脚 A0~A9。

OE#（output enable）是输出控制脚，该脚为低，表示要求存储器输出数据。

WE#（write enable）是写入控制脚，该脚为低，表示要求向存储器写入数据。

CS#（chip seleceted）是片选信号，只有该信号有效（一般是低电平），才能对存储器进行输入或输出操作。CS# 在存储器内部的控制如何实现，考生可以不需要搞清楚，但必须记得：外界对存储器进行读或写时，必须使片选信号 CS# 有效。当 CS# 无效时，不能对存储器进行读或写，但存储器的信息不受影响。

该 1K × 4 的 SRAM 芯片的内部原理如图 3.9 所示。

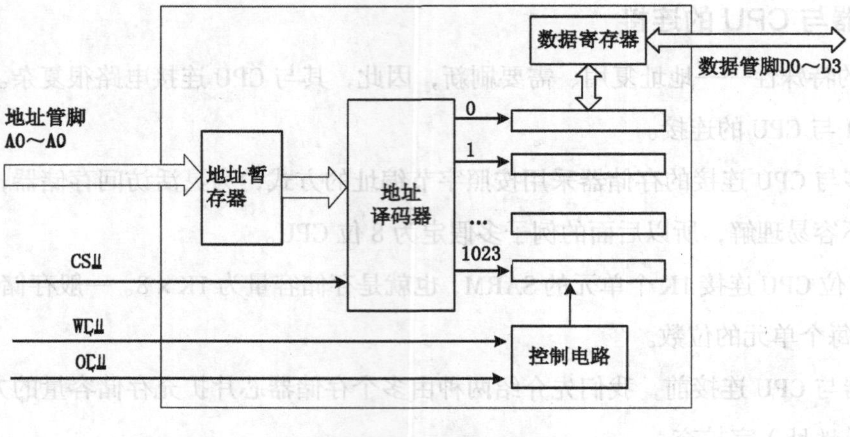

图 3.9 SRAM 的内部结构

当对存储器某个单元进行操作时，规定的顺序是：

① 向地址管脚加载地址信号。

② 使 CS# 有效，CS# 有效导致地址译码器正常工作，根据地址信号开始选中某个存储单元。如果是向存储器写入数据的操作，这时把数据加载在数据管脚，使数据进入数据寄存器。

③ WE# 或 OE# 有效时，这 2 个不能同时有效。

当 OE# 有效时，则控制被选中单元的数据输出到数据寄存器，输出到数据管脚。

当 OW# 有效时，则控制数据寄存器里面的数据写入被选中单元。

④ 使 CS#、WE# 或 OE# 无效。

位扩充的方法很简单：把除了数据管脚外其他相同的管脚连接在一起，得到 8 个数据管脚，编号使用 D0~D7，10 个地址管脚 A0~A9，1 个 OE#，1 个 WE#，1 个 CS#。扩充后可以看作 1 片芯片。按照类似的做法，可以进行其他位扩充。原则是：存储单元数目不变，但是每个单元的位数增加。2 片 1K×4 芯片位扩充成 1K×8 的连接如图 3.10 所示。

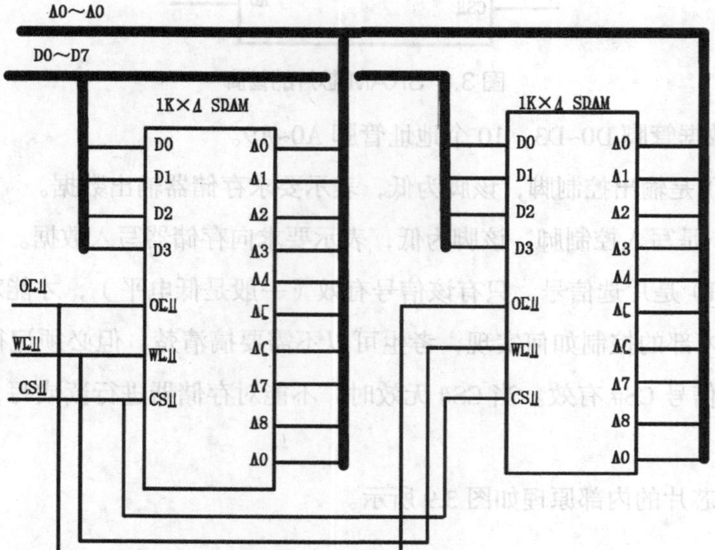

图 3.10 2 片 1K×4 芯片位扩充成 1K×8 的存储器

位扩充需要的芯片数目等于总容量除以单片容量。

位扩充后的芯片怎么与 CPU 连接，将在后面描述。

（2）地址（字）扩充

假定手头只有若干 512×8 的 SRAM 芯片。首先需要使用 2 片该芯片，把这 2 片芯片连接为类似 1 片 1K×8 的芯片。可以看出，连接后存储单元包含的位数不变，存储单元的数目增多。这种连接叫作地址（字）扩充。

地址（字）扩充的方法是：把除了地址管脚与 CS# 外其他相同的管脚连接在一起，得到 8 个数据管脚，编号使用 D0~D7，9 个地址管脚 A0~A8，1 个 OE#，1 个 WE#，2 个 CS#。现在的关键是：在电路中，采用某种设计，使这 2 个 CS#（这里指低电平）不能同时有效。2 片 512×8 的芯片字扩充为 1K×8 存储器的连接如图 3.11 所示。

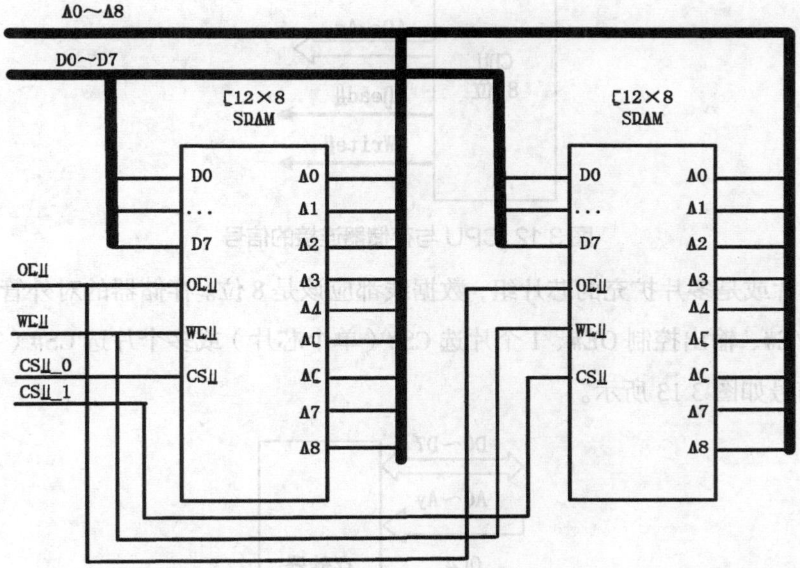

图 3.11 2 片 512×8 的芯片字扩充为 1K×8 存储器

假如 2 个 CS# 同时有效，则 CPU 发来的地址信号被 2 片芯片接收，2 片各自的内部译码器选中各自的某个单元，由于 2 片芯片的 OE#（或 WE#）连接在一起，假定 CPU 是读操作，则 2 片芯片的 OE# 都有效，则 2 片芯片均开始发出（选中单元的）数据，则会出现严重错误。

在涉及地址扩充时，会出现多个 CS# 信号。怎么设计电路，来保证每次只有 1 个 CS# 信号有效是个有挑战性的问题。

每个 CS# 信号的连接也决定了该存储器芯片在 CPU 的地址。

（3）位扩充与字扩充

上面介绍了位扩充与字扩充，有时候需要同时进行这两种扩充。

例如，现在需要 2K×8 的存储器空间，只有 1K×4 的 SRAM 芯片。

首先，计算需要的 1K×4 的 SRAM 芯片的数量：

（2K×8）÷（1K×4）=4 片。

然后，每 2 片进行位扩充。总共得到 2 片类似 1K×8 的芯片。

再把 2 片类似 1K×8 的芯片进行地址扩充，得到的地址线有 10 根，2 个 CS# 信号，8 个数据线，1 个 OE#，1 个 WE#。

可以把位扩充或子扩充的多片存储器芯片连接叫作存储器组。

（4）存储器与 CPU 的连接

下面介绍存储器与 CPU 的连接。如前所述，这里的存储器采用 SRAM 或 ROM 为例子，不采用 DRAM。假定 CPU 为 8 位，则 CPU 对外数据线为 8 根。

CPU 用于与存储器连接的信号主要有：地址线、数据线 D0~D7、读存储器控制线 Read#、写存储器控制线 Write#。CPU 与存储器连接的信号（管脚）如图 3.12 所示。

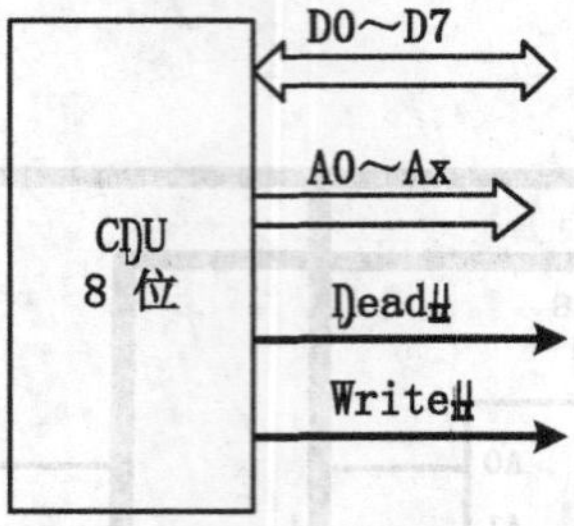

图 3.12 CPU 与存储器连接的信号

存储器无论是单片或是多片扩充的芯片组，数据线都应该是 8 位。存储器的对外管脚有：数据线 8 位、地址线、写入控制 WE#、输出控制 OE#、1 个片选 CS#（单个芯片）或多个片选 CS#（字扩充的芯片组）。存储器的对外管脚信号如图 3.13 所示。

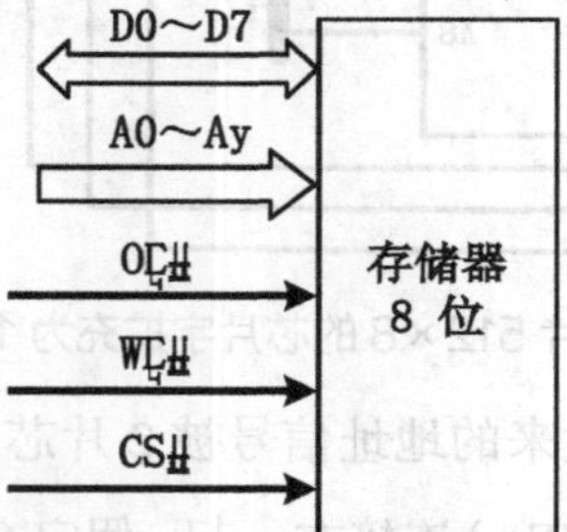

图 3.13 存储器的对外管脚信号

CPU 与存储器连接原则是：

①两个部分的对应的数据线连接在一起。

② Read# 连接 OE#；Write# 连接 WE#。

③把存储器的地址线（y+1 根）与 CPU 地址线的低位（y+1 根）分别连接；把 CPU 的高位地址线直接连接存储器的片选信号 CS#，或者把 CPU 的高位地址线通过电路（门电路组合、译码电路）变换后与存储器的片选信号 CS# 连接。CPU 与存储器连接后，存储器的单元占用或被分配的地址就确定了。CPU 与存储器的连接如图 3.14 所示。

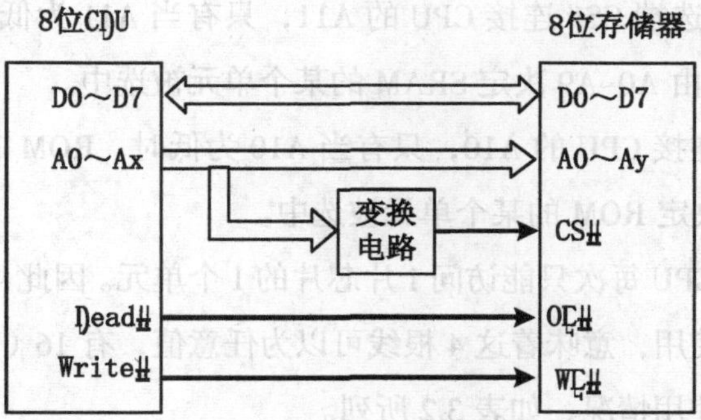

图 3.14 CPU 与存储器连接

可以看出：两者连接的关键是变换电路的设计。

这部分可以从两个角度考查。

第一种角度较为简单，就是：已知 CPU 与存储器的连接图，计算一下存储器占用或分配的地址。也就是根据现有的连接线路，求出地址。地址是固定的。这种考查相对简单，考生主要根据片选信号 CS，计算出地址。

第二种角度与第一种相反，就是题目给出存储器分配的地址，要求考生画出连接图，主要是存储器的 CS# 信号的生成。但是由于 CS# 的生成有很多种不同的电路，每个人的设计电路不一样，答案会有多种，评价时不好把握。

下面通过几个例子来帮助考生掌握 CPU 与存储器的连接。

【例 1】8 位 CPU 的地址线为 16 根。其与 1 片 RAM 芯片、1 片 ROM 芯片的连接如图 3.15 所示。计算 ROM 占用的地址、RAM 占用的地址。

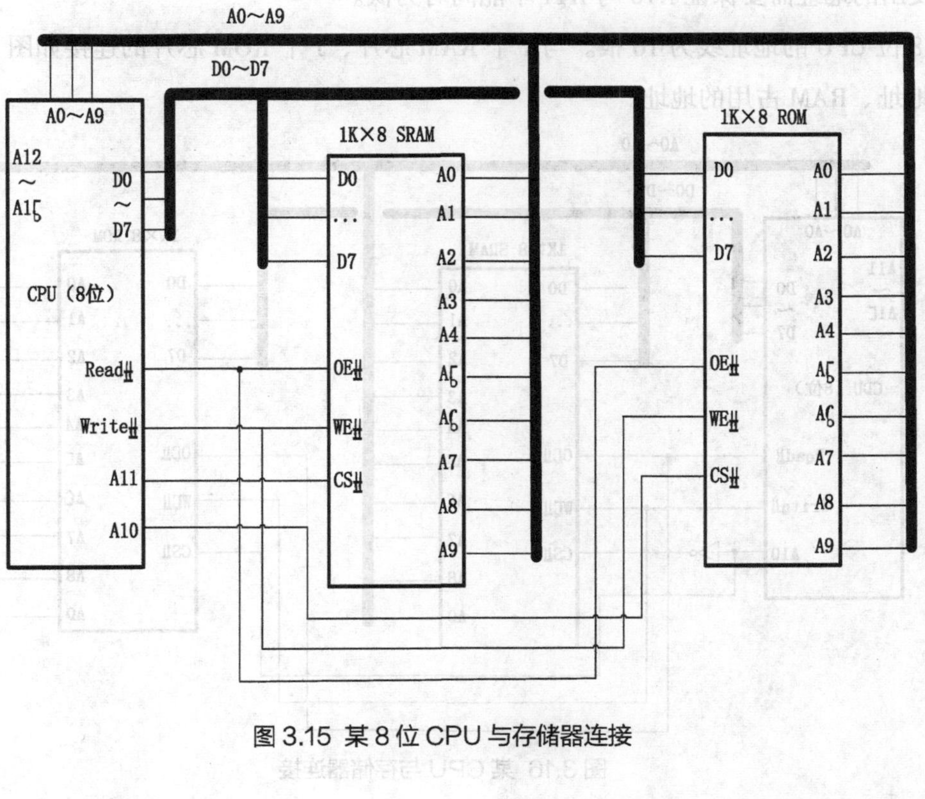

图 3.15 某 8 位 CPU 与存储器连接

【解答】SRAM 芯片的片选端 CS# 连接 CPU 的 A11，只有当 A11 为低时，SRAM 芯片的片选端 CS# 才有效，该芯片才正常工作，由 A0~A9 决定 SRAM 的某个单元被选中。

ROM 芯片的片选端 CS# 连接 CPU 的 A10，只有当 A10 为低时，ROM 芯片的片选端 CS# 才有效，该芯片才正常工作，由 A0~A9 决定 ROM 的某个单元被选中。

需要严格遵循的原则是：CPU 每次只能访问 1 片芯片的 1 个单元。因此，A11 与 A10 不能同时为低（有效）。CPU 的 A12~A15 没有使用，意味着这 4 根线可以为任意值，有 16（2^4）种不同取值。

CPU 发出的 16 位地址的使用情况，如表 3.2 所列。

表 3.2 某 CPU 发出的 16 位地址的使用情况

A15~A12	A11 A10	A9~A0	
XXXX	01	00 … 0	选中 SRAM 第 1 个单元
XXXX	01	……	……
XXXX	01	11 … 1	选中 SRAM 最后的单元
XXXX	10	00 … 0	选中 ROM 第 1 个单元
XXXX	10	……	……
XXXX	10	11 … 1	选中 ROM 最后的单元

表中 X 代表任意值，为 0 或 1。为简化计算，X 可以取 0。

因此，SRAM 占用的地址是：0400H~07FFH；ROM 占用的地址是：0800H~0BFFH。

说明：① CPU 的 A12~A15 没有使用，与存储器芯片使用无关，意味着这 4 根线可以为任意值，有 16 种不同取值，对存储器芯片没有影响。也意味着芯片的每个单元的可以有 16 个不同的地址。当 CPU 的地址线没有全部使用时，会使存储器的每个单元有多个不同的地址。

② CPU 发出的地址需要保证 A10 与 A11 不能同时为低。

【例 2】8 位 CPU 的地址线为 16 根。与 1 个 RAM 芯片、1 个 ROM 芯片的连接如图 3.16 所示。计算 ROM 占用的地址、RAM 占用的地址。

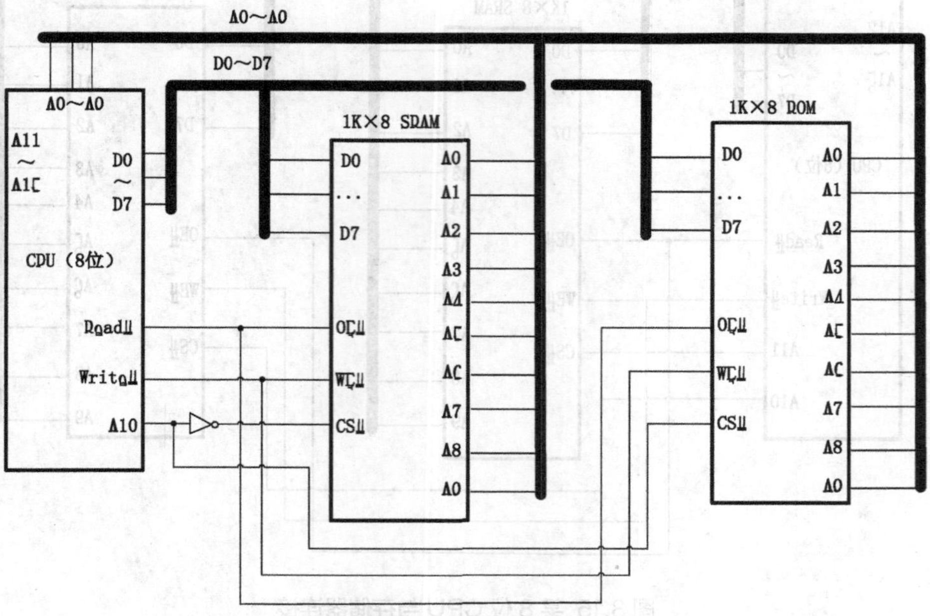

图 3.16 某 CPU 与存储器连接

【解答】当 CPU 发出地址位的 A10 为 0 时，ROM 的片选 CS# 为 0，RAM 的片选 CS# 为 1。当 CPU 发出地址位的 A10 为 1 时，ROM 的片选 CS# 为 1，RAM 的的片选 CS# 为 0。

CPU 的 A11~A15 没有使用，与存储器芯片使用无关，意味着这 5 根线可以为任意值，有 32（2^5）种不同取值。为简化计算，无关的地址线可以取 0。

CPU 发出的 16 位地址的使用情况，如表 3.3 所列。

表 3.3　某 CPU 发出的 16 位地址的使用情况

A15~A11	A10	A9~A0	
XXXXX	0	00 … 0	选中 ROM 第 1 个单元
XXXXX	0	……	……
XXXXX	0	11 … 1	选中 ROM 最后的单元
XXXXX	1	00 … 0	选中 SRAM 第 1 个单元
XXXXX	1	……	……
XXXXX	1	11 … 1	选中 SRAM 最后的单元

表中 X 代表任意值，为 0 或 1。为简化计算，X 可以取 0。

因此，ROM 占用的地址是：0000H~03FFH；SRAM 占用的地址是：0400H~07FFH。

说明：这里使用 A10 来区分 2 片芯片的 CS#，从 A10 分出 2 个信号：A10 与 A10 的非。它实际上是一个 1 位译码器，输入 1 位，有两个不同的输出。

上面两个例子中，CPU 的几根高位地址线没有参与存储器的连接，导致每个存储单元的地址有多个。在实际应用中，经常使用的一个器件是译码器，最常用的译码器是 138 译码器。它的主要信号如图 3.17 所示。

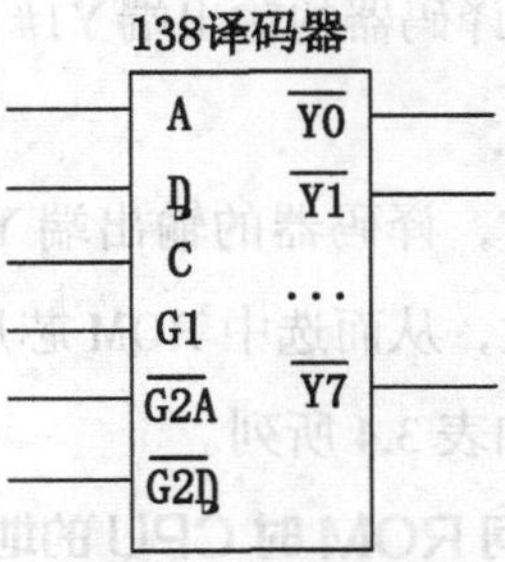

图 3.17　138 译码器信号

它有 3 个输入端 A、B、C，8 个输出端 Y0#~Y7#（# 是代表有效电平是低电平），有 3 个控制端 G1、G2A#、G2B#。当对 138 译码器的控制端 G1 施加高电平，对 G2A# 与 G2B# 施加低电平时，则 138 译码器可以正常工作，在输入端 A、B、C 施加不同电平，某个输出 Yi# 将输出低电平，其余 7 个输出均为高电平。当对 3 个控制端 G1、G2A#、G2B# 施加的电平不是有效电平（高电平、低电平、低电平）时，8 个输出端全部输出高电平。

138 译码器可以正常工作时，对输入端 A、B、C 施加不同电平，某个输出 Yi# 将输出低电平，其余 7 个输出均为高电平。i 是 C、B、A 组成的二进制序列的值。例如，输入端 C 为 0（低电平）、B 为 1（高电平）、A 为 1（高电平），CBA 组成的序列为 011，值为 3，则输出端 Y3# 输出低电平，其余 7 个端输出为高电平。

【例 3】8 位 CPU 的地址线为 16 根。与 1 片 RAM 芯片、1 片 ROM 芯片的连接如图 3.18 所示，图中 ROM 的 CS# 连接到 1 个或门的输出。计算 ROM 占用的地址、RAM 占用的地址。

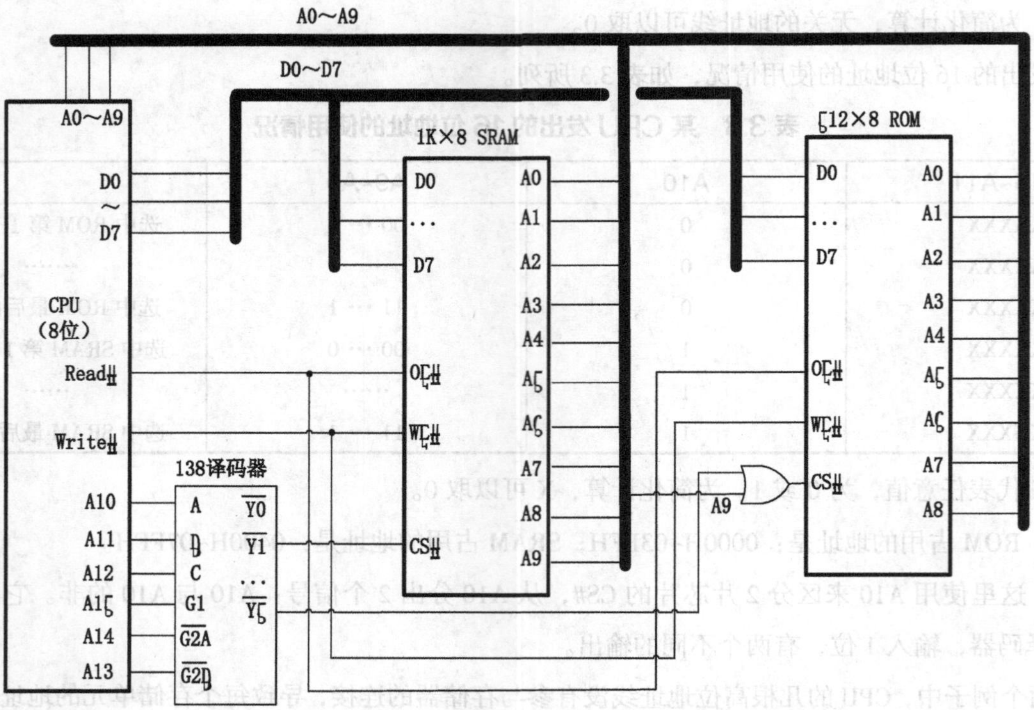

图 3.18 16 位 CPU 与存储器连接

【解答】当 CPU 发出地址位的 A15、A14、A13 分别为 1、0、0 时，138 译码器才能正常工作。

当 A12、A11、A10 分别为 0、0、1 时，译码器的输出端 Y1# 输出低电平，使 SRAM 的片选端 CS# 有效，从而选中 SRAM 芯片。

当 A12、A11、A10 分别为 1、0、1 时，译码器的输出端 Y5# 输出低电平，并且同时 A9 为 0，门电路的输出为 0，使 ROM 的片选端 CS# 有效，从而选中 ROM 芯片。

访问 ROM 时，CPU 的地址位的状态如表 3.4 所列。

表 3.4 访问 ROM 时 CPU 的地址位的状态

A15~A13	A12 A11 A10A9	A8~A0	
100	1010	0 ···· 0	选中 ROM 第 1 个单元
100	1010	......	......
100	1010	1 ···· 1	选中 ROM 最后的单元

因此，ROM 占用的地址是：9400H~95FFH。

访问 SRAM 时，CPU 的地址位的状态如表 3.5 所列。

表 3.5　访问 SRAM 时 CPU 的地址位的状态

A15~A13	A12 A11 A10	A9~A0	
100	001	00 … 0	选中 SRAM 第 1 个单元
100	001	……	……
100	001	11 … 1	选中 SRAM 最后的单元

SRAM 占用的地址是：8400H~87FFH。

说明：这个电路中 ROM 的单元数是 512 个，是 SRAM 单元数的一半。

从上面 3 个例子，我们可以看到：一般，在多片存储器芯片与 CPU 连接的情况（指地址扩充）中，CPU 的低位地址与存储器芯片的地址脚连接，用于寻址存储器芯片的某个单元。CPU 的高位地址用于控制不同存储器芯片的片选脚 CS#，每次只能使 1 个 CS# 有效，选中 1 片存储器芯片。这种情况下，每片存储器芯片占用连续的地址空间。上面的例子我们采用的 CPU 都是 8 位，这是最简单的情况，主要是为了方便叙述 CPU 与存储器的连接。

现代的 CPU 为灵活访问存储单元，要求存储单元以字节编址，CPU 超过 8 位（为 16 位或 32 位），数据线为 16 根或 32 根。这时，情况会有一些变化。比如 intel 8086 CPU 的数据位为 16 位，地址线为 20 根，则可以访问的存储单元是 2^{20} 个，即 1M。这时是按照字节编址。每个单元为 1 个字节，而不是 1 个字（这里是 16 位，2 个字节）。这时与 8086 CPU 连接存储器的需要至少 2 部分（2 片），并且是同样大小。8086 CPU 有额外的信号来支持与存储器的连接。8086 CPU 与 2 片 SRAM 的连接如图 3.19 所示。

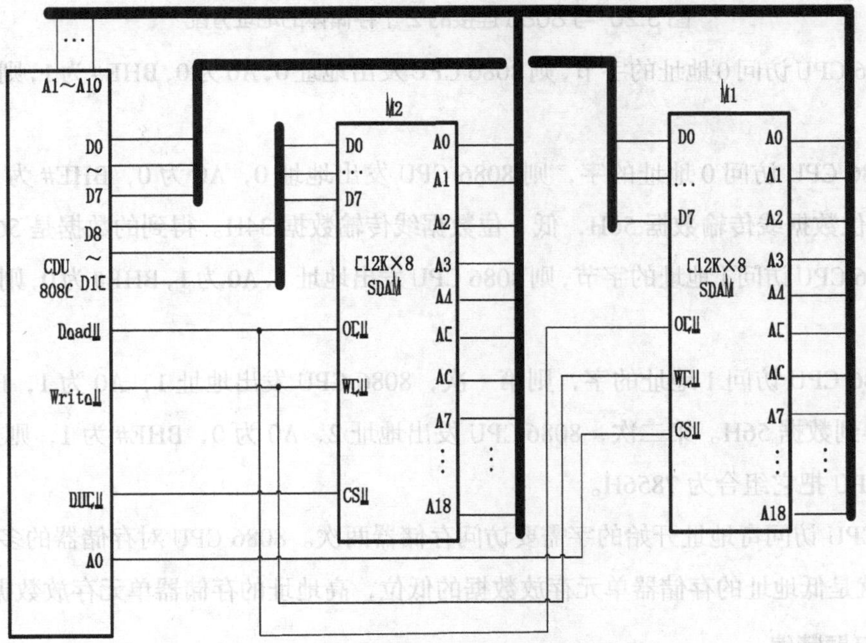

图 3.19 8086 CPU 与 2 片 SRAM 的连接

2 片芯片 M1、M2 大小相等，每片芯片需要 19 根地址线连接 CPU 的高 19 位地址，8086 CPU 的 A0 控制 M1 的 CS#，8086 CPU 专设了信号 BHE#（Bus high enable）。8086 在每次数据传输时，可以与存储器传输 16 位数据，也可以只传输 8 位。

当与存储器传输 16 位数据时，需要使用全部的 16 根数据线。当与存储器传输 8 位数据时，可以使用低 8 位数据线（D0~D7），也可以使用高 8 位数据线（D8~D15），具体使用低 8 位还是高 8 位与该单元的地址有关。当使用高 8 位数据线（D8~D15）时，8086 CPU 使信号 BHE# 有效。

需要注意的是：M1 的片选 CS# 与 8086 CPU 的 A0 连接，则 M1 的数据管脚需要连接 8086 CPU 的低 8 位数据线。M2 的片选 CS# 与 8086 CPU 的 BHE# 连接，则 M2 的数据管脚需要连接 8086 CPU 的高 8 位数据线。

只要 8086 CPU 发出偶地址，它的 A0 脚即为 0，则使 M1 的 CS# 有效，选中 M1，由 8086 CPU 发出的地址的高 19 位决定 M1 的某个单元。因此，M1 占用的地址是 CPU 地址空间的所有偶地址；M2 占用的地址是 CPU 地址空间的所有奇地址。也就是 M1、M2 占用的地址是交叉分配的，占用地址如图 3.20 所示。

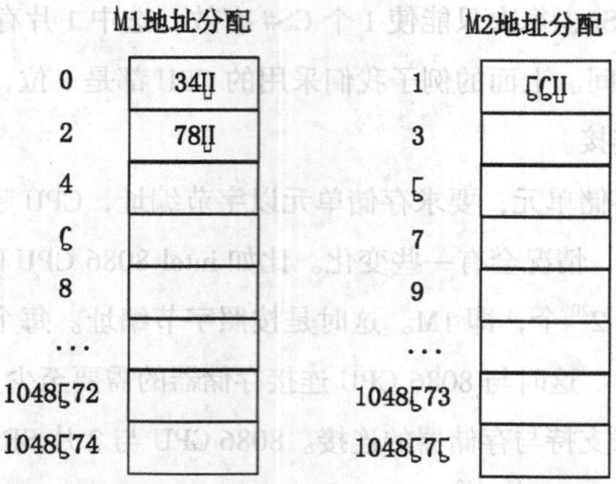

图 3.20 与 8086 连接的 2 个存储体的地址分配

指令要求 8086 CPU 访问 0 地址的字节，则 8086 CPU 发出地址 0，A0 为 0，BHE# 为 1，则选中 M1 的单元，得到数据 34H。

指令要求 8086 CPU 访问 0 地址的字，则 8086 CPU 发出地址 0，A0 为 0，BHE# 为 0，则选中 M1、M2 的单元，高 8 位数据线传输数据 56H，低 8 位数据线传输数据 34H。得到的数据是 5634H。

指令要求 8086 CPU 访问 1 地址的字节，则 8086 CPU 发出地址 1，A0 为 1，BHE# 为 0，则选中 M2 的单元，得到数据 56H。

指令要求 8086 CPU 访问 1 地址的字，则第一次，8086 CPU 发出地址 1，A0 为 1，BHE# 为 0，则选中 M2 的单元，得到数据 56H。第二次，8086 CPU 发出地址 2，A0 为 0，BHE# 为 1，则选中 M1 的单元，得到数据 78H。CPU 把它组合为 7856H。

结论：8086 CPU 访问奇地址开始的字需要访问存储器两次。8086 CPU 对存储器的多字节数据按照小端方式解释，也就是低地址的存储器单元存放数据的低位，高地址的存储器单元存放数据的高位。

3.5.1 真题与习题精编

● 单项选择题

1. 某计算机主存容量为 64KB，其中 ROM 区为 4KB，其余为 RAM 区，按字节编址。现要用 2K × 8 位的 ROM 芯片和 4K × 4 位的 RAM 芯片来设计该存储器，则需要上述规格的 ROM 芯片数和 RAM 芯片数

分别是（ ）。【全国联考 2009 年】

A. 1、15　B. 2、15　C. 1、30　D. 2、30

2. 假定用若干个 2K×4 位的芯片组成一个 8K×8 位的存储器，则地址 0B1FH 所在芯片的最小地址是（ ）。【全国联考 2010 年】

A. 0000H　B. 0600H　C. 0700H　D. 0800H

3. 某容量为 256MB 的存储器由若干 4M×8 位的 DRAM 芯片构成，该 DRAM 芯片的地址引脚和数据引脚总数是（ ）。【全国联考 2014 年】

A. 19　B. 22　C. 30　D. 36

4. 某存储器容量为 64KB，按字节编址，地址 4000H~5FFFH 为 ROM 区，其余为 RAM 区。若采用 8K×4 位的 SRAM 芯片进行设计，则需要该芯片的数量是（ ）。【全国联考 2016 年】

A. 7　B. 8　C. 14　D. 16

3.5.2 答案精解

● 单项选择题

1.【答案】D

【精解】考点为存储器芯片组成大容量存储器的方法。

ROM 的容量是 4K×8。需要 ROM 芯片数量是：

（4K×8）/（2K×8）=2 片。

RAM 的容量是 60K×8。需要 RAM 芯片数量是：

（60K×8）/（4K×4）=30 片。

所以答案是 D。

2.【答案】D

【精解】考点为考查存储器芯片的地址扩充，主要是在理解地址扩充的基础进行数学计算。

可以采用十进制进行计算，但把十六进制数转换为十进制数，计算量较大，所以采用二进制计算。

过程如下：首先，2K×4 位的芯片要进行位扩充为 2K×8 位的芯片组。组成一个 8K×8 位的存储器，需要 4 片 2K×8 位的芯片组。

把地址 0B1FH 化为二进制序列：0000 1011 0001 1111。每片芯片的地址有 2K 个，需要 11 位地址位。把二进制序列分为低 11 位与其他高位：（00001）（011 0001 1111）。高位的值就代表该地址所在的芯片的序号（序号从 0 开始）。现在高位的值为 1，代表地址 0B1FH 所在芯片为第 2 个 2K×8 的芯片组。题目就是关于第 2 个 2K×8 芯片组的第 1 个单元的地址。第 1 个 2K×8 的芯片组占用的地址是 0~（2K-1），那么第 2 个 2K×8 芯片组的第 1 个单元的地址是 2K。把值 2K 用十六进制表示，常规的做法是把 2K 化为二进制序列 1000 0000 0000（1K 是 2 的 10 次方，2K 就是 2 的 11 次方，就是 1 后面有 11 个 0）。再化为十六进制数，得到 800H。

所以答案是 D。

3.【答案】A

【精解】考点为存储芯片基本概念。

数据引脚有 8 个，存储单元是 4M，应该有 22 个地址位。一般 DRAM 为减少地址引脚会采用地址引脚复用，也就是把地址位分为行地址与列地址，分两次传输。这样地址线只要 11 根就可以了。总的线数就是 8+11=19。所以答案是 A。

4.【答案】C

【精解】考点为存储器容量的知识，属于简单的知识。

ROM 区大小为 2000H，即 8K。则 RAM 区大小为 56K。字节编址就是数据宽度为 8 位。

芯片的数量 =（56K×8）÷（8K×4）=14。

所以答案是 C。

3.6 双口 RAM 和多模块存储器

（1）双口 RAM

双口 RAM 是指一个特殊类型的 SRAM，它有两套完全独立的数据线、地址线和读 / 写控制线。只要不同时访问同一个单元，两个独立的 CPU 可以同时对双口 RAM 进行随机访问。如果同时访问双口 RAM 的同一个单元，由内部的控制电路决定哪个端口可以访问该单元。

（2）存储地址交叉分配

在前面对 CPU 与多片存储器芯片连接的讲述中，可以看到存储器由多片芯片（模块、存储体）构成。每片芯片占用地址的方式有两种：

第一种是每片芯片占用连续的地址。比如有 4 片芯片 A、B、C、D，大小为 1K，则 4 片芯片的地址分配是：

A（0~（1K−1））；

B（1K~（2K−1））；

C（2K~（3K−1））；

D（3K~（4K−1））。

CPU 发出 12 位地址，高 2 位用于区分 4 片芯片（芯片间译码），低 10 位用于区分芯片内部的单元（芯片内译码）。这种地址使用方式，导致每片芯片占用连续的地址。

第二种是每片芯片交叉占用地址。比如有 4 片芯片 A、B、C、D，大小为 1K，则 4 片芯片的地址分配是：

A（0、4、8、12、… 4092）；

B（1、5、9、13、… 4093）；

C（2、6、10、14 … 4094）；

D（3、7、11、15、…、4095）。

CPU 发出 12 位地址，低 2 位用于区分 4 片芯片（芯片间译码），高 10 位用于芯片内部的单元（芯片内译码）。这种地址使用方式，导致每片芯片占用不连续的地址。连续的地址依次分配给不同的芯片，这种叫作低位地址交叉分配。

低位地址交叉分配使 CPU 的访问更加灵活，也是要求字节编址的 CPU 连接存储器的方式。

32 位 CPU 80386 采用低位地址交叉分配，需要 4 个相同的存储芯片（假定称为 A、B、C、D）。

例如，80386 可以访问：

地址 0 的字节型数据（A 芯片的 0 地址单元）；

地址 0 的 16 位数据（A 芯片的 0 地址单元、B 芯片的 1 地址单元共同构成）；

地址 0 的字数据（A 芯片的 0 地址单元、B 芯片的 1 地址单元、C 芯片的 2 地址单元、D 芯片的 3 地址单元共同构成）。

存储器地址采用低位地址交叉分配的缺点是：只要 1 片芯片有故障，对整个存储器的访问就失效。

3.6.1 真题与习题精编

● 单项选择题

1. 某计算机使用 4 体交叉编址存储器，假定在存储器总线上出现的主存地址（十进制）序列为 8005, 8006,8007,8008,8001,8002,8003,8004,8000，则可能发生访问冲突的地址对是（ ）。

【全国联考 2015 年】

A. 8004 和 8008　　B. 8002 和 8007

C. 8001 和 8008　　D. 8000 和 8004

2. 某计算机主存按字节编制，由 4 个 64M × 8 位的 DRAM 芯片采用交叉编址方式构成，并与宽度为 32 位的存储器总线相连，主存每次最多读写 32 位数据。若 double 型变量 x 的主存地址为 804001AH，则读取 x 需要的存储器周期是（ ）。

【全国联考 2017 年】

A. 1　　B. 2　　C. 3　　D. 4

3.6.2 答案精解

● 单项选择题

1.【答案】D

【精解】考点为存储器交叉编址的特性。

存储器 4 体交叉编址，就是 4 个存储体分别占用 4 个连续的地址，每个存储体的地址间隔为 4。理论上可以访问随机存储器任意单元。

假设 4 个存储体为 A、B、C、D。占用地址情况如下。

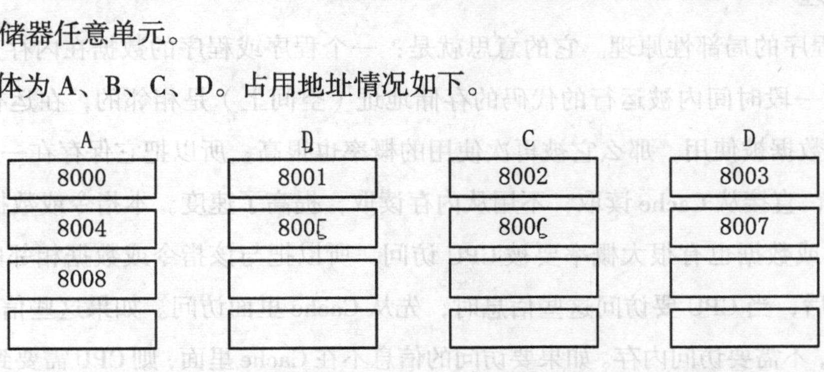

标准答案认为，应该依次访问每个存储体，8004 与 8000 在同 1 个存储体，会产生冲突。答案是 D。

2.【答案】C

【精解】考点为存储器交叉编址的特性。

假定 4 个 DRAM 芯片名字为 A、B、C、D。A 占用地址的低 2 位为 00，B 占用地址的低 2 位为 01，C 占用地址的低 2 位为 10，D 占用地址的低 2 位为 11。

x 是 double，占用 64 位，为 8 字节。x 的主存地址为 804001AH。只需要把低 8 位（1AH）化为二进制序列，得到：0001 1010。所以地址所在芯片的序列为占用 C（804001AH）、D（804001BH）、A（804001CH）、B（804001DH）、C（804001EH）、D（804001FH）、A（8040020H）、B（8040021H）。占用地址情况如下。

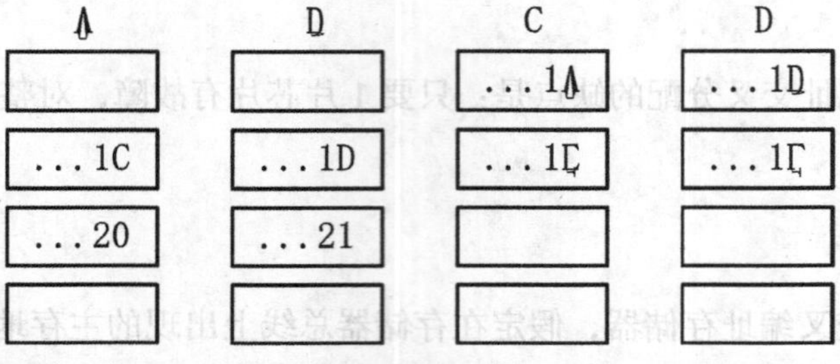

交叉编址时，使用 CPU 发出的地址信号的高位来寻址存储芯片内部的某个单元，使用 CPU 发出的地址信号的低位来决定某个存储器芯片的片选 CS 有效。每次，CPU 最多可以读取 4 个连续的单元。因此，访问 x：

CPU 第一次读取 C（804001AH）、D（804001BH）。

CPU 第二次读取 A（804001CH）、B（804001DH）、C（804001EH）、D（804001FH）。

CPU 第三次读取 A（8040020H）、B（8040021H）。

所以答案是 C。

3.7 高速缓冲存储器（Cache）

内存由 DRAM 构成，DRAM 的速度比 CPU 慢。为解决这个问题，在 CPU 与内存之间增加了半导体存储器 Cache，也就是缓冲存储器，简称（高速）缓存。缓存的速度快，但价格高，所以容量不会很大。

3.7.1 Cache 的基本工作原理

（1）Cache 原理

Cache 利用了程序的局部性原理。它的意思就是：一个程序或程序的数据在内存是连续存放的。当该程序运行时，在一段时间内被运行的代码的存储地址（空间上）是相邻的，在运行时间上也是临近的。当一个指令或数据被使用，那么它被再次使用的概率也很高，所以把它保存在一个高速的 Cache 里面，当下次使用时，直接从 Cache 读取，不用从内存读取，提高了速度。本指令或数据被 CPU 访问，那么与它相邻的代码或数据也有很大概率要被 CPU 访问。所以把与该指令或数据相邻的信息也事先保存在 Cache 里面，随后，当 CPU 要访问这些信息时，先从 Cache 里面访问。如果这些信息在 Cache 中，则 CPU 可以立即获得，不需要访问内存。如果要访问的信息不在 Cache 里面，则 CPU 需要到内存获取该信息，并把该信息保存到 Cache 里面，以方便下次的使用。

实现 Cache 的工作需要设计有 Cache 控制电路。CPU 访问信息（指令、数据）需要发出地址，Cache

控制电路根据该地址做计算，判断需要的信息是否在 Cache。如果需要的信息在 Cache 中，叫作 1 次命中（“hit”）。

当 1 次命中发生，如果 CPU 是读信息的操作，Cache 控制电路控制从 Cache 读取信息，送到 CPU，不用访问内存。

当 1 次命中发生，如果 CPU 是写信息（主要指数据）的操作，Cache 控制电路有两种方式可选。

第一种方式叫作“写入（write through）”，就是把数据既写入 Cache，也写入内存。

第二种方式叫作“写回（write back）”，就是只把数据写入 Cache，并给该数据所在的 Cache 块所分配的 1 个标记位（叫作“脏”或“已修改”位）置 1。当该块信息需要移出 Cache（以便把该 Cache 块空间让给一个新的内存块使用）时，才把该块信息重新写入到内存。

当 CPU 读信息（指令或数据）时，如果需要的信息不在 Cache 中，叫作 1 次读未中（“miss”）。这时有两种处理方式可选。

第一种方式是：Cache 控制电路就把包括该信息所在的 1 个内存块读入 Cache，然后再把需要的信息传送给 CPU。也就是 Cache 控制电路的工作有两步，需要花费两个步骤的时间。

第二种方式是：Cache 控制电路就把包括该信息所在的 1 个内存块读入 Cache。当然 Cache 控制电路把该内存块传送到 Cache，应该是通过若干次循环读写才完成。在循环操作过程中，一旦读取到需要的数据，就把该数据送到 Cache 块中的同时，也把它送给 CPU，供 CPU 使用。这种方式可以认为是一个步骤，花费一个步骤的时间，比第一种方式少花费时间，但实现的电路复杂。

（2）Cache 和内存之间的映射方式

内存与 Cache 之间信息的交换是以块为单位的。块就是内存或 Cache 中一片连续的单元。块包含的单元的数目就是块的大小。内存的块的大小与 Cache 块的大小相等，两个块的单元的位数也相等。由于内存容量远远大于 Cache 的容量，因此内存块的数目远远多于 Cache 块的数目。当 1 个内存块需要被放到 Cache 时，Cache 控制电路需要根据某种规则，把它放到某个 Cache 块，采用的规则叫作 Cache 和内存之间的映射方式。

当所有 Cache 块被占用，现在有 1 个新的内存块需要装入 Cache 时，就需要根据某个算法选择某个 Cache 块，把它的信息保存在内存，然后装入新的内存块。此时采用的规则叫作 Cache 的替换算法。

Cache 和内存之间的映射方式有：直接映射、关联映射、组关联映射。

为了更直观，我们通过一个假定的计算机系统来描述。

假定 CPU 的地址线有 14 根，可以访问的存储空间（存储器单元的集合）为 8192（2^{13}）个。每个存储单元的位数为 8 位，也就是正好 1 个字节。

Cache 有 1024 个单元，每个单元也是 8 位。现在采用块的大小是 64 个单元，也就是 64 个字节。

可以算出：内存块有 128 个，编号为 0~127。Cache 块有 16 个，编号为 0~15。

① 直接映射

这是最简单的映射方式。

Cache 块号 =（内存块号）mod（Cache 总块数），mod 就是取余数运算。

对于本例，就是：

Cache 块号 = (内存块号) mod 16。

可以看出：

内存块号 0、16、32、48、64、80、96、112，需要占用 Cache 块 0。

内存块号 1、17、33、49、65、81、97、113，需要占用 Cache 块 1。

内存块号 2、18、34、50、66、82、98、114，需要占用 Cache 块 2。

内存块号 3、19、35、51、67、83、99、115，需要占用 Cache 块 3。

……

内存块号 14、30、46、62、78、94、110、126，需要占用 Cache 块 14。

内存块号 15、31、47、63、79、95、111、127，需要占用 Cache 块 15。

直接映射的缺点是：每个内存块对应固定的 Cache 块，即使 Cache 块没有全被占用，也可能有 2 个内存块对应同一个 Cache 块。当出现这种情况时，用新的内存块替换原有的内存块。

采用直接映射，需要的硬件：16 个 Cache 块、16 个 tag 寄存器（由于每个 Cache 块对应 8 个内存块，每个 Cache 需要 1 个 3 位的标识寄存器 tag 来记录本 Cache 块存放的是 8 个内存块中的哪一个）、16 个数据有效位（每个 Cache 有 1 个 bit，称为有效位或 valid 位，记录该 Cache 块中的信息是来自内存有效信息还是无效的信息）。

直接映射方式的实现原理如图 3.21 所示。

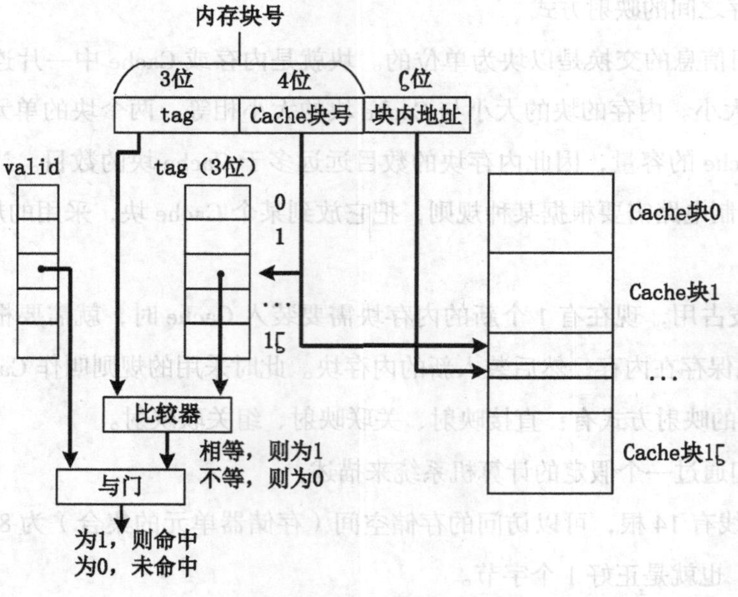

图 3.21 直接映射方式

假定一个程序有 200 字节的代码，每条代码是 1 个字节，也就是该程序有 200 条指令。程序的数据有 50 字节。代码在内存的地址是 0~199。数据在内存的地址是 200~249。16 个 Cache 块初始为 0。16 个 tag 寄存器初始值为 0。16 个 valid 位初始值为 0。

当 CPU 执行读取第 1 条指令时，发出指令的是地址 0。地址 0 的二进制序列为 000 0000 000000。左边 7 位（这里是 7 个 0）代表该地址在内存的块号，中间的 4 位（这里是 4 个 0）代表该内存块对应的 Cache 块，最右边的 6 位（这里是 6 个 0），指出该地址在内存块（或 Cache 块）中的偏移量（偏移地址）。由于内存地址 0 的指令不在 Cache 中，Cache 块 0 对应的数据有效位（valid 位）为 0，也就是当前 Cache 块 0 的数据是无效的数据，这样产生 1 次“未命中”，这时 Cache 控制电路就把 0 单元所在的 0 块（64 个单元）读取到 Cache 块 0 中，然后把 Cache 块 0 对应的 valid 位设置为 1，代表这个 Cache 块的数据是有效的数据。可以看出：设置 valid 位的目的是区分 Cache 块的信息是开机后的初始值还是经过一段时间后从内存拷贝过来的有效信息。最后，Cache 控制电路就把 Cache 块 0 中的 0 地址单元的信息送到 CPU。这样，CPU 就得到了 0 地址单元的信息（这里实际是 1 条指令）。（前面曾经讲过，当有“未命中”时，Cache 控制电路就把包括该信息所在的 1 个整内存块读入 Cache，然后再把需要的信息传送给 CPU。需要注意的是，这个处理过程也可以是：当从内存读取到该信息时，就把它同时送到 Cache 与 CPU。这种设计会增加难度。）

如果假定该程序的 200 条指令都不需要访问内存的数据（相当于这里的 50 字节的数据没有用处），那么，当第 1 条指令执行完毕后，CPU 需要读取第 2 条指令，发出地址 1。Cache 控制电路会发现内存地址 1 所在的块 0 在 Cache 块 0 中，产生 1 次“命中”，Cache 控制电路从 Cache 块 0 中偏移地址为（块内地址）1 的单元读取指令。依此类推，在随后当 CPU 在访问地址为 2~63 的指令时，均会产生“命中”，直接从 Cache 中获取指令。总结后，发现 CPU 在访问前 64 条指令时，有 1 次“未命中”，有 63 次“命中”。

按照同样分析，发现：

当 CPU 访问地址 65~127 时，有 1 次“未命中”，有 63 次“命中”。

当 CPU 访问地址 128~191 时，有 1 次“未命中”，有 63 次“命中”。

当 CPU 访问地址 192~199 时，有 1 次“未命中”，有 7 次“命中”。

也就是当该程序运行时，有 4 次“未命中”，有 196 次“命中”。由于访问 Cache 的速度大于访问内存的速度，所以整体速度提高。

如果程序的指令在执行阶段需要访问内存中的数据，这时也会产生“未命中”或“命中”，这时的定量分析，需要根据具体的指令来。分析方法与上面的一样，我们在这里不再分析这种情况。

② 全关联映射

直接映射的缺点是：每个内存块对应固定的 Cache 块，即使 Cache 块没有全被占用，也可能有 2 个内存块对应同一个 Cache 块。全关联映射就是当 1 个新来的内存块需要放到 Cache 中时，如果 Cache 块没有被全部占用（即未满），则把该内存块放到 1 个未被占用的 Cache 块，并记录下该内存块号。当所有 Cache 块被全部占用（即满）时，就需要从中挑选 1 个 Cache 块，把被挑选的 Cache 块的内容保存到内存中（假如该 Cache 块的信息与原内存块的信息不一致情况下），腾出 1 个块，用于存放这个新来的内存块。当 CPU 发出 1 个内存地址时，Cache 控制电路获得该地址的内存块号（新块号），对记录的所有的 Cache 块对应的内存块号做检索，如果新块号在记录的内存块号中，则产生“命中”；如果新块号不在记录的内存块号中，则产生“未命中”。

为提高检索速度，这里存放内存块号的存储器（或寄存器）是一种可以按照内容检索的存储器，它能同时检索全部存储单元，马上得到检索的结果。

我们仍然使用前面假定的 CPU 来描述。内存块有 128 个，编号为 0~127。Cache 块有 16 个，编号为 0~15。每个块有 64 个单元，每个单元正好是 1 个字节。

全关联映射方式的实现原理如图 3.22 所示。

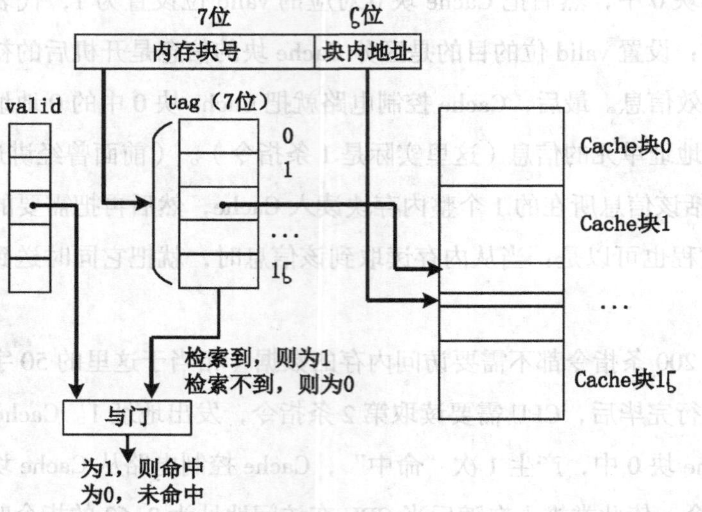

图 3.22 全关联映射

可以看出，每个 Cache 块有 1 个 tag 寄存器（7 位），记录 Cache 块当前的内存块号。所有的 tag 寄存器可以同时检索某个内存块号。valid 位的作用同前面的一样，用于区别 Cache 块的信息是否有效。

为方便理解，仍然采用与直接映射类似的例子进行解释。

假定一个程序有 1050 字节的代码，每条代码是 1 个字节，也就是该程序有 1050 条指令。占用地址 0~1049（为简化，假定程序运行期间不需要访问内存。也就是这里访问存储器只是读取指令）。16 个 Cache 块初始为 0。16 个 tag 寄存器（可以命名为 tag0~tag15）初始值为 0。16 个 valid 位（可以命名为 valid0~valid15）初始值为 0。

当 CPU 执行读取第 1 条指令时，发出指令的地址 0，地址的二进制序列是 0000000 000000。Cache 控制电路把高 7 位（全为 0）送到 16 个 tag 进行同时检索，当然此时 valid 位为 0，必定产生“未命中”。Cache 控制电路就需要把 0 单元所在的 0 块放到 Cache 中，由于现在所有 Cache 块为空，理论上可以把内存块 0 放到任意一个 Cache 块，不过一般应该是从 Cache 块 0 开始做检索，遇到空的 Cache 块，就占用该 Cache 块。这里假定放到 Cache 块 0。Cache 控制电路把内存块 0 拷贝到 Cache 块 0，同时在 tag0 中记录为 0，代表内存块号。同时使 valid0 为 1。访问地址为 0~63 的指令会有 1 次“未命中”，有 63 次“命中”。

同理，访问内存地址 64 时，需要把内存块 1 放到 Cache 中，这时 Cache 块有 15 个空，所以可以把内存块 1 放到任何空的 Cache 块，这里就假定放到 Cache 块 1 中。Cache 控制电路把内存块 1 拷贝到 Cache 块 1 中，同时在 tag1 中记录为 1，代表内存块号。同时使 valid1 为 1。访问地址为 64~127 的指令会有 1 次“未命中”，有 63 次“命中”。

依此类推，当 CPU 访问地址 1024 时，所在内存块 16。这时 Cache 的块全满。各个 tag 的值是：

tag0（0）	tag1（1）	tag2（2）
tag3（3）	tag8（8）	tag13（13）
tag4（4）	tag9（9）	tag14（14）
tag5（5）	tag10（10）	tag15（15）
tag9（6）	tag11（11）	
tag7（7）	tag12（12）	

各个 valid 位均为 1。需要 1 个 Cache 的块腾出位置。决定哪个 Cache 块腾出位置的算法是替换算法。对于全关联映射，需要设计替换算法。替换算法有几种，后面会讲述。这里我们假定把 Cache 块 0 替换出去（占用的时间最久）。在把 Cache 块 0 替换出去时，还要看看该块的信息是否有改动（与原内存块不一致），如果信息有改动，需要用 Cache 块的信息覆盖内存块的信息；如果信息没有改动，不需要用 Cache 块的信息覆盖内存块的信息。当内存块 16 的信息（这里是指令）被拷贝到 Cache 块 0 时，寄存器 tag0 应该修改为 16，也就是对应的内存块号。各个 tag 的值是：

tag0（16）	tag6（6）	tag12（12）
tag1（1）	tag7（7）	tag13（13）
tag2（2）	tag8（8）	tag14（14）
tag3（3）	tag9（9）	tag15（15）
tag4（4）	tag10（10）	
tag5（5）	tag11（11）	

也就是当该程序运行时，有 17 次"未命中"，有 1033 次"命中"。由于访问 Cache 的速度大于访问内存的速度，所以整体速度提高。

总结：全关联映射需要记录使用各个 Cache 块的内存块的块号。当 Cache 块被全部使用，并且有新内存块要使用 Cache 块时，需要把 1 个 Cache 块替换出去，需要有替换电路。另外当被替换的 Cache 块内的信息与原内存块的信息不一致时，需要用 Cache 块的信息更新内存块。可以说实现全关联映射的电路很复杂。

③ 组关联映射

它是把若干个（*N* 个）Cache 块划为 1 个组。1 个内存块按照直接映射的方式，映射到某个固定的 Cache 组，但该内存块可以存放在该 Cache 组的任意一个 Cache 块。当 1 个组只有 1 个 Cache 块时，组相联映射就是直接映射。当 1 个组包含所有 Cache 块时，组相联映射就是全关联映射。所以，组相联映射既有直接映射的特点，也有全关联映射的特点，具有两者的优点。

1 个 Cache 组包含 *N* 个 Cache 块，则称该 Cache 是 N 路组相联。

我们仍然使用前面假定的 CPU 来描述。每个块有 64 个单元，每个单元正好是 1 个字节。内存块有 128 个，编号为 0~127。Cache 块有 16 个，编号为 0~15。4 个 Cache 块为 1 个 Cache 组。共有 4 组。这样，得到：

Cache 组号 =（内存块号）mod（Cache 总组数），mod 就是取余数运算。

对于本例，就是：

Cache 组号 =（内存块号）mod 4。

比如，CPU 要访问内存地址 255。CPU 的 13 根地址线发出 00000 11 111111。由于每块有 64 字节，因此，低 6 位代表地址 255 在块内的偏移地址或块内地址。高 7 位代表地址 255 所在的内存块号是 3，中间的 2 位地址代表内存块 3 对应 Cache 的组 3。CPU 发出的地址的各部分意义如图 3.23 所示。

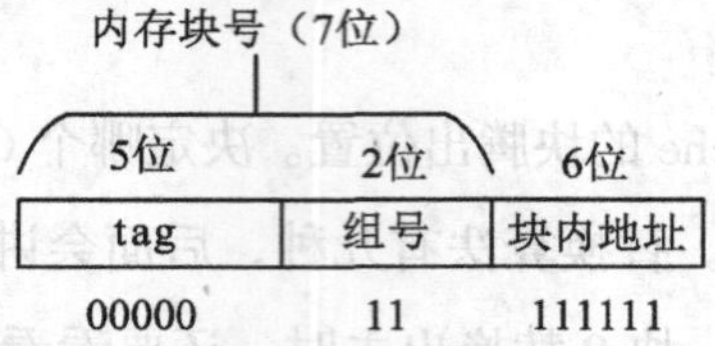

图 3. 23 组关联映射下 CPU 地址的含义

假定 CPU 发出地址 255，经 Cache 控制电路确定在 Cache 的组 3，Cache 控制电路把该地址对应的内存块号 3（高 7 位）与组 3 的 4 个 tag 寄存器同时进行比较，检查块号 3 是否在 4 个 tag 中。这时有两种情况：

第一种是：如果块号 3 不在 4 个 tag 中，说明块 3 不在 Cache 中。这时，Cache 控制电路将会把内存块 3 复制到 Cache 的组 3 中的某一块。由于每组有 4 个块，这时如果有空的块，可以把内存块 3 复制到该块中。如果没有空的块（4 个块已经被占用），则按照替换算法，使某个块被替换，腾出位置，放入内存块 3，并在对应的 tag 寄存器记录该内存块号 3。

第 2 种是：如果块号 3 在其中 1 个 tag 寄存器中，根据 tag 找到对应的 Cache 块，再根据块内地址，找到 255 地址的信息。

可以看出，组关联映射的过程有直接映射的过程，也有全关联映射的过程。具体的原理图不再画出。

3.7.2 Cache 中内存块的替换算法

采用直接映射时，1 个内存块占用的 Cache 块的块号是固定的。当 1 个新内存块需要占用 Cache 块时，则把当前的 Cache 块替换出去。

采用全关联映射时，当所有的 Cache 块被占用，新的内存块需要放进来时，必须把某个 Cache 块替换出去，腾出位置让给新的内存块。采用组关联映射时也有这样的问题。决定哪个 Cache 块被替换的规则就是替换算法。

全关联映射或组关联映射替换算法有：随机替换算法、先进先出算法（first-in-first-out，FIFO）、近期用得最少算法（least recently used，LRU）。

（1）随机替换算法

就是有 1 个随机数生成电路生成 1 个随机数，作为被替换的 Cache 块号。它没有利用 CPU 对程序（或数据）的访问具有局部性的原理。效果不好。

（2）先进先出算法

就是选择在 Cache 中时间最长的块将其替换。这需要记录每个内存块被放到 Cache 中的时间。

（3）近期用得最少算法 LRU

就是选择最近用得最少的 Cache 块被替换。

这 3 个算法中，LRU 算法最有效。为实现 LRU 算法，需要记录每个 Cache 块被访问（命中）的情况。每个 Cache 块被分配给 1 个计数器来记录被访问（命中）的情况。计数器的值从 0 开始，加 1 计数。当某个 Cache 块被“命中”，它对应的计数器（假定命名为 Counter_i）重新被置为 0（假定原来的计数值为 current_value）。凡是当前的计数值小于计数器 Counter_i 的旧计数值 current_value 的计数器，它们的计数值均进行加 1 操作。其他计数器（当然不包括 Counter_i）的计数值保持不变。当 CPU 发出 1 个地址，Cache 控制电路生成 1 个“未命中”时，当前计数值最大的 Cache 块将被替换。当新的内存块占用该 Cache 块后，该计数器被设置为 0，其他的所有计数器加 1。可以看出，实现 LRU 算法的电路有点复杂。

3.7.3 Cache 写策略

（1）写策略

Cache 的写策略有两种情况：命中时的写策略（当被写的地址所在的块在 Cache 中，可能此前曾经执行过读操作）、未命中时的写策略（当被写的地址所在的块不在 Cache 中）。

命中时的写策略有两种：

第一种策略叫作“写入（write through）”策略，就是把数据同时写入 Cache 块与内存中。

第二种策略叫作“写回（write back）”策略。在实现这种策略时，需要给每个 Cache 块分配的 1 个标记位，该标记位被称为“脏”位（dirty bit）或“已修改”位（modified bit），用于记录该 Cache 块的数据是否有改动。“写回（write back）”策略就是当 CPU 需要写数据时，只把数据写入 Cache 块（假定该地址所在的块在 Cache 中），并把该 Cacahe 块对应的“脏位”（或“已修改”位）置 1，并不再把该数据写入内存块。当有 1 个新的内存块需要占用该 Cache 块，该 Cache 块被选中需要移出 Cache，这时，Cache 控制电路检查该 Cache 块的“脏位”（或“已修改”位）是否为 1。如果“已修改”位为 1，则把该 Cache 块写回到内存；如果“已修改”位为 0，则不用写回内存，直接用新的内存块覆盖这个 Cache 块即可。

未命中时的写策略也有两种：

第一种是：把数据（要被改写）所在的内存块复制到 Cache，并修改该 Cache 块的这个数据，不修改在内存的这个数据。这样，对内存中该数据的修改等到该 Cache 块被替换时再进行。

第二种是：直接修改内存中的该数据，并不把该数据所在的内存块复制到 Cache 中。

（2）关于 Cache 性能计算

对于一个有 Cache 的存储系统，平均存取时间是：

$Taverage=h\times C+(1-h)\times M$。

h 是命中 Cache 的概率，$(1-h)$ 就是没有命中 Cache 的概率。

C 是从 Cache 存取信息的时间。

M 是当需要的信息不在 Cache 时，CPU 获取该信息需要的时间。M 与未命中时采用的读/写策略有关，不同的读/写策略花费的时间应该是不同的。

例如，某计算机读取指令，从 Cache 获取指令的概率是 0.9，则需要从内存获取指令的概率是 1−0.9=0.1。从 Cache 获取 1 条指令需要 20ns。当指令不在 Cache 中时，Cache 控制电路需要花费 30 μs 把该内存块放入 Cache 中，再花费 20ns 把指令送给 CPU。那么，CPU 获得 1 条指令的平均时间是：

20ns × 0.9+（30 μs+20ns）× 0.1=20ns+30 μs × 0.1=20ns+3 μs。

例如，某计算机读取指令，从Cache获取指令的概率是0.9，则需要从内存获取指令的概率是1−0.9=0.1。从 Cache 获取 1 条指令需要 20ns。当指令不在 Cache 中时，Cache 控制电路需要花费 30 μs 把该内存块放入 Cache 中，并且在把内存块放入 Cache 的操作过程中，当 Cache 控制电路读取到该指令时，同时把该指令发送给 CPU。那么，CPU 获得 1 条指令的平均时间是：

20ns × 0.9+30 μs × 0.1=18ns+3 μs。

可以看出，当采用的策略不同时，计算 CPU 获取数据的平均时间存在细小的差异。

Cache 的操作（从内存到 Cache 的地址映射、把内存块复制到 Cache 中、把 Cache 块写到内存）由 Cache 控制电路完成。现代的高级 CPU 都配置有 Cache，或把 Cache 的功能集成到 CPU 芯片里面。一个 CPU 也可以不使用 Cache，只是存取信息需要多一点时间。

3.7.4 真题与习题精编

- 单项选择题

1. 某计算机的 Cache 共有 16 块，采用 2 路组关联映射方式（即每组 2 块）。每个主存块大小为 32 字节，按字节编址。主存 129 号单元所在主存块应装入到的 Cache 组号是（ ）。【全国联考 2009 年】

A. 0　B. 1　C. 4　D. 6

2. 假设某计算机的存储系统由 Cache 和主存组成，某程序执行过程中访存 1000 次，其中访问 Cache 缺失（未命中）50 次，则 Cache 的命中率是（ ）。【全国联考 2009 年】

A. 5%　B. 9.5%　C. 50%　D. 95%

3. 假设某计算机按字编址，Cache 有 4 个行，Cache 和主存之间交换的块大小为 1 个字。若 Cache 的内容初始为空，采用 2 路组相联映射方式和 LRU 替换策略。访问的主存地址依次为 0，4，8，2，0，6，8，6，4，8 时，命中 Cache 的次数是（ ）。【全国联考 2012 年】

A. 1　B. 2　C. 3　D. 4

4. 采用指令 Cache 与数据 Cache 分离的主要目的是（ ）。【全国联考 2014 年】

A. 降低 Cache 的缺失损失　B. 提高 Cache 的命中率

C. 降低 CPU 平均访存时间　D. 减少指令流水线资源冲突

5. 假定主存地址为 32 位，按字节编址，主存和 Cache 之间采用直接映射方式，主存块大小为 4 个字，每字 32 位，采用回写（Write Back）方式，则能存放 4K 字数据的 Cache 的总容量的位数至少是（ ）。【全国联考 2015 年】

A. 146K　B. 147K　C. 148K　D. 158K

6. 有如下 C 语言程序段：【全国联考 2016 年】

```
for (k = 0; k < 1000; k++)
a[k] = a[k]+32;
```

若数组 a 及变量 k 均为 int 型，int 型数据占 4B，数据 Cache 采用直接映射方式、数据区大小为 1 KB、块大小为 16B，该程序段执行前 Cache 为空，则该程序段执行过程中访问数组 a 的 Cache 缺失率

约为（ ）

A. 1.25%　B. 2.5%　C. 12.5%　D. 25%

7. 某 C 语言程序段如下：

```
for (i = 0; i<= 9; i++)
{ temp=1;
for (j = 0; j <= i; j++) temp * = a[j];
sum += temp;
}
```

下列关于数组 a 的访问局部性的描述中，正确的是（ ）。【全国联考 2017 年】

A. 时间局部性和空间局部性皆有

B. 无时间局部性，有空间局部性

C. 有时间局部性，无空间局部性

D. 时间局部性和空间局部性皆无

● 综合应用题

1. 某计算机的内存大小为 64KB，采用字节编址，Cache 数据大小为 4KB。每个块大小为 16 字节。在不同映射方式下，计算：

（1）需要的比较器的数量。

（2）tag 字段的大小。

2. 假设对于 44 题中的计算机 M 和程序 P 的机器代码，P："for (int i = 0; i < N; i++) sum += A[i];"。

编号	地址	机器代码	汇编代码	注释
1	08048100H	00022080H	Loop:sll R4,R2,2	(R2)<<2 → R4
2	08048104H	00083020H	Add R4,R4,R3	(R4)+(R3) → R4
3	08048108H	8C850000H	Load R5,0(R4)	((R4)+0) → R5
4	0804810CH	00250820H	Add R1,R1,R5	(R1)+(R5) → R1
5	08048110H	20420001H	Add R2,R2,1	(R2)+1 → R2
6	08048114H	1446FFFAH	Bne R2,R6,loop	If(R2)!=(R6) goto loop

M 采用页式虚拟存储管理；P 开始执行时，(R1)=(R2)=0，(R6)=1000，其机器代码已调入主存但不在 Cache 中；数组 A 未调入主存，且所有数组元素在同一页，并存储在磁盘同一个扇区。请回答下列问题并说明理由。【全国联考 2014 年】

（1）P 执行结束时，R2 的内容是多少？

（2）M 的指令 Cache 和数据 Cache 分离。若指令 Cache 共有 16 行，Cache 和主存交换的块大小为 32 字节，则其数据区的容量是多少？若仅考虑程序段 P 的执行，则指令 Cache 的命中率为多少？

（3）P 在执行过程中，哪条指令的执行可能发生溢出异常？哪条指令的执行可能产生缺页异常？对于数组 A 的访问，需要读磁盘和 TLB 至少各多少次？

3. 对于题 45，若计算机 M 的主存地址为 32 位，采用分页存储管理方式，页大小为 4KB，则第 1 行

push 指令和第 30 行 ret 指令是否在同一页中（说明理由）？若指令 Cache 有 64 行，采用 4 路组相联映射方式，主存块大小为 64B，则 32 位主存地址中，哪几位表示块内地址？哪几位表示 Cache 组号？哪几位表示标记（tag）信息？读取第 16 行 call 指令时，只可能在指令 Cache 的哪一组中命中（说明理由）？

【全国联考 2019 年】

题 45 中，已知 $f(n)=n!=n\times(n-1)\times(n-2)\times\cdots\times 2\times 1$，计算 $f(n)$ 的 C 语言函数 $f1$ 的源程序及其在 32 位计算机 M 上的部分机器级代码如下：

```
int f1 (int n){
1  00401000      55                push ebp
   ……            ……                ……
if (n > 1)
11  00401018     83 7D 08 01       cmp dword ptr[ebp+8], 1
12  0040101C     7E  17            jle f1+35h(00401035)
return n*f1(n−1);
13  0040101E     8B 45 08          mov eax, dword ptr[ebp+8]
14  00401021     83  E8  01        sub eax, 1
15  00401024     50                push eax
16  00401025     E8  D6  FF  FF  FF   call  f1(00401000)
    ……           ……                ……
19  00401030     0F AF C1          imul eax, ecx
20  00401033     EB  05            jmp f1+3Ah(0040103a)
else    return   1;
21  00401035     B8 01 00 00 00    mov eax, 1
}
    ……           ……                ……
26  00401040     3B EC             cmp ebp, esp
    ……           ……                ……
30  0040104A     C3                ret
```

3.7.5 答案精解

● 单项选择题

1.【答案】C

【精解】考点为 Cache 映射方式。

第一种解法是：

由于每个主存块大小为 32 字节，主存 129 号单元所在的块号为：129 ÷ 32=4。Cache 共有 8 组。主存 129 号单元所在主存块应装入的 Cache 组号是：

Cache 组号 = 内存块号 mod （Cache 的组数）=4 mod 8=4。

第二种解法是：

由于块大小是 32 字节，因此，地址的低 5 位代表。Cache 块分为 16 ÷ 2=8 组，需要 3 位。把地址 129 用二进制表示，得到 1000 0001。重新排列为 <u>100（组号）</u> <u>00001（块内地址）</u>。也就是组号是 4。所以答案是 C。

2.【答案】D

【精解】考点为 Cach 命中率计算。

Cache 的命中次数是 1000−50=950 次。

Cache 的命中率 =Cache 的命中次数 ÷ 总访问次数 =950 ÷ 1000=0.95。

所以答案是 D。

3.【答案】A

【精解】考点为 Cache 的映射、替换算法。

计算机按字编址，Cache 和主存之间交换的块大小为 1 个字。说明每 1 个字就是 1 个块。采用 2 路组相联映射方式，就是把 Cache 分为 2 组（路），每块 2 块（行）。

题目中的地址（块号）均为偶数，则它们映射到 Cache 的组 0 中的 2 个块。

0，4 进入 Cache，（0，4）。

8，2 进入 Cache，（8，2）。

0，6 进入 Cache，（0，6）。

8 进入 Cache，（8，6）。

访问 6，则命中 1 次，（8，6）。

访问 4，进入 Cache，（4，6）。

访问 8，进入 Cache，（4，8）。

可见，总共命中 1 次。所以答案是 A。考研的标准答案认为是 C，请考生斟酌研究。

4.【答案】D

【精解】考点为数据 Cache、指令 Cache 的作用。

本题的重点是分离。在流水线的计算机系统中，为减少冲突，数据与指令有各自的 Cache。

所以答案是 D。

5.【答案】C

【精解】考点为考查 Cache 的知识。很多教材只是描述 Cache 块的知识，对每个 Cache 块需要的辅助信息描述不多，会导致计算错误。

每个块是 4 × 4=16 字节。

4K 字的 Cache 有 4K × 4 ÷ 16=1K 个块。

4K 的 Cache 占用的位数是 4K × 32=128K。

直接映射时，每个 Cache 块有个 tag 寄存器，记录每个 Cache 块存储的内存块的块号。

主存地址是 32 位，主存地址分为：

（tag 号，18 位）（块号，10 位）（块内地址，4 位）。

1K 个 tag 号，占用位数是 18×1K=18K。

加上每个 Cache 有 1 个 valid 位，总共有 1K 个 valid 位。

加上每个 Cache 有 1 个 modify 位，总共有 1K 个 modify 位。

这样，总共需要位数是 128K+20K=148K。所以选择答案 C。

6.【答案】C

【精解】考点为 Cache 映射、命中率计算。

每个块相当于 4 个数据。数据的访问是连续的。每个块的情况一样，所以分析第 1 个块的情况就可以。读 a[0] 时，没有命中，把该块放入 Cache，当加法运算得到新的 a[0] 需要写回时，命中。再随后的 3 个数据的 6 次操作（3 次读、3 次写）均命中。所以，未命中概率为：1÷8=0.125。

所以答案是 C。

7.【答案】A

【精解】考点为对于访问数据局部性的理解。

数组 *a* 在内存的单元是连续存放，访问 *a* 的元素从第 1 个元素开始，依次访问若干个，可以理解为具有访问的空间连续性。指令执行完 1 个内循环，再次执行 1 个外循环，又重复对数组的访问，可以理解为具有访问的时间连续性。所以答案是 A。

● 综合应用题

1.【答案精解】

（1）内存块有 4K 个，Cache 块有 256 个。每个块大小为 16 字节。

在直接映射下，CPU 发出的地址可以分为 3 个字段：

（tag 字段，4 位）（Cache 块号字段，8 位）（块内地址字段，4 位）。

在直接映射方式下，需要 1 个比较器（比较电路）。

（2）在全关联映射下，CPU 发出的地址可以分为 3 个字段：

（tag 字段或内存块号字段，12 位）（块内地址字段，4 位）。

需要把 tag 字段与 Cache 的 256 个 tag 同时进行比较。

2.【答案精解】

（1）当 R2 的值与 R6 的值相等时，结束循环。所以，P 执行结束时，R2 的内容是 1000。

（2）M 的指令 Cache 数据区的容量为：32×16=512 字节。

指令起始地址 08048100H 是 32 的倍数，代码大小是 18H 字节，就是 24 字节。说明指令正好在 1 个块中。

当执行到该代码段第 1 条指令时，产生 1 次 Cache 未命中，需要把该程序调入 Cache 块。CPU 后面需要指令，都从 Cache 读取。

CPU 需要读取 6000 条指令，未命中 1 次，命中 5999 次。

所以指令 Cache 的命中率是：5999÷6000=99.9%

（3）指令 4 可能发生溢出异常。因为 R1 记录所有的和，可能超出范围。

指令 3 是访问数组元素，数组元素存放在磁盘上，则可能产生缺页异常。

数组 *A* 有 1000 个元素，数组元素存放在磁盘同一个扇区，当对数组 *A* 进行访问时，需要读磁盘 1 次，放到内存 1 个页内。

访问数组 *A* 的第 1 个元素时，TLB 没有该页表的表目，访问没有命中，则在 TLB 添加该页表的表目。可以认为访问 TLB 的次数是 1000 次。

说明：现有资料很少提及对 TLB 的访问次数的定量计算，有些资料给出的访问 TLB 的答案是其他值，略有差异。考生知道 TLB 的作用就可以了。

3.【答案精解】

指令起始地址是 401000H，页大小为 4KB，则指令正好从 1 页开始。第 1 行 push 指令到第 30 行 ret 指令共 4B（75）字节，在同一页中。

指令 Cache 有 64 行，就是 64 个 Cache 块。采用 4 路组相联映射方式，就是 16 个组。主存块大小为 64B，则 32 位主存地址可以分为：

（tag 信息 22 位）（组号 4 位）（块内地址 6 位）。

第 16 行 call 指令地址是 00401025H，只需要把低 8 位化为二进制序列，得到 0010 0101。重新排列，得到 00 100101。即组号是 0，对应 Cache 的 0 组。

3.8 虚拟存储器

3.8.1 虚拟存储器的基本概念

计算机的内存（或称为主存）的容量是有限的，而计算机的外存（或者称为辅助存储器、辅存）的容量可以看作是无穷大的。虚拟存储器就是把外存与内存结合起来，使计算机拥有无穷大的存储空间。例如，一个计算机的物理内存（就是主存）有限，假定是 2M（2^{20}=1 048 576）。一个程序 A 的代码有 2.1M，程序的代码大于计算机物理内存，也就是计算机物理内存不能把该程序全部装下。那么，如果该计算机没有虚拟存储器的功能，该程序则不能被运行。如果该计算机具有虚拟存储器的功能，负责实现虚拟存储器功能的（操作系统）系统代码假定占用内存 0.8M，剩余内存为 1.2M，供运行用户程序（普通程序）。程序 A 代码最初存储在外存上（例如，磁盘），占用 2.1M。要运行程序 A，系统代码只要把代码 A 的前面部分代码（比如，前 0.7M）读入内存，然后运行 A 的该部分代码，当这部分代码运行完毕，CPU 的控制权又回到系统代码。系统代码再把程序 A 的中间 0.7M 的代码读入内存，然后让这部分代码运行。当程序 A 的中间 0.7M 的代码运行完毕，CPU 的控制权又回到系统代码。系统代码按照类似的过程，运行 A 最后的 0.7M 的代码。这样，程序 A 就得到了运行。

可以看出，虚拟存储器的功能与 Cache 类似。Cache 控制电路负责把需要的内存块调往 Cache，把 Cache 内不再需要的 Cache 块调往内存。虚拟存储器是由系统代码把需要运行的用户程序的部分代码复制到内存，以便该用户程序的部分代码运行。当该用户程序的部分代码运行完毕，系统代码收回存储空间，再把用户程序的另一部分代码复制到内存，以便该用户程序的部分代码运行。虚拟存储器功能使用户程序的运行不受内存空间的限制，给用户程序的运行提供无穷大的存储空间。

虚拟存储器对数据也提供同样的功能。把需要的数据（最初在外存上）的部分（片段）读入内存，供程序使用。当该部分数据不再使用，并且有改动时，则把该部分数据再写回到外存的原位置。

3.8.2 页式虚拟存储器

页式虚拟存储器就是外存（磁盘）与内存的信息（代码或数据）交换以页为单位。页就是若干个固定的连续的内存单元。页的大小就是信息单元的数目，由实现虚拟存储器功能的系统代码决定。对于具有虚拟存储器功能的现代计算机，页的大小范围为 2K~16K 字节。主存空间按照页的大小分为若干个“实页”。外存空间按照页的大小分为若干个“虚页”。当 CPU 要求的信息（代码或数据）所在的页不在内存时，就会导致 1 个“页缺失”（page default）。系统代码负责把该虚页从外存读入内存，占用 1 个实页。系统代码把 1 个页（2K~16K 字节）读入内存需要一段稍微长的时间。

在具有虚拟存储器功能的计算机系统中，CPU 为访问 1 个信息而发出的地址不是内存的某个单元的真实地址（或者称为物理地址），这个地址被称为虚拟地址（或者逻辑地址）。将虚拟地址转换为物理地址的过程由内存管理部件（MMU，Memory Management Unit）完成。内存管理部件是设计好的硬件电路。

将虚拟地址转换为物理地址的方法有 3 种（类似 Cache 中的地址映射）：直接映射、全关联映射、组关联映射。当 1 个外存的页（“虚页”）被调入内存时，该“虚页”对应的“实页”号需要被记录。内存中有多个“实页”。这样需要记录每个“实页”存储的“虚页”号。这些信息被记录在一个表中，该表被称为页表（page table）。页表被存储在内存中。页表在内存的开始地址被存储在一个寄存器中，该寄存器被称为页表基址寄存器。

类似 Cache 的数据结构，页表的每个表目有 3 个域：实页地址域（每个“虚页”对应的“实页”地址）、1 个有效位（valid 位，仅 1 位，用于记录该虚页是否被装入内存中。当计算机加电启动后，页表的所有 valid 位被初始化为 0。当某虚页被装入到内存中时，它对应的表目的 valid 位被设置为 1 个“脏”位（dirty 位，1 位，或者称为信息修改位，用于记录在内存的页的信息是否有改动。当该页的信息有改动时，对应的 dirty 位被设置为 1。当某个内存的页需要让出内存时，系统代码检查该 valid 位，决定是否用该内存页覆盖外存的原页的信息）。

在页表的直接映射方式下，每个“虚页”占用页表的 1 个表目，该表目记录该“虚页”对应的“实页”号。CPU 发出 1 个虚拟地址，该虚拟地址按照功能被分为两部分：虚拟页号（高地址）、页内地址（低地址）。假定虚拟页号占 n 位，则说明：有 2^n 个“虚页”，页表有 2^n 个表目。虚拟页号用于定位（指向）页表的某个表目，当该表目的 valid 位为 1（代表该虚页已经在内存中）时，该表目的实页地址域记录对应的实页地址（虚页在内存的位置）。根据该虚拟页号，定位（指向）页表的某个表目，找到该虚拟页号在内存的位置，结合页内地址，定位到 1 个单元。

页表的直接映射的转换过程如图 3.24 所示。

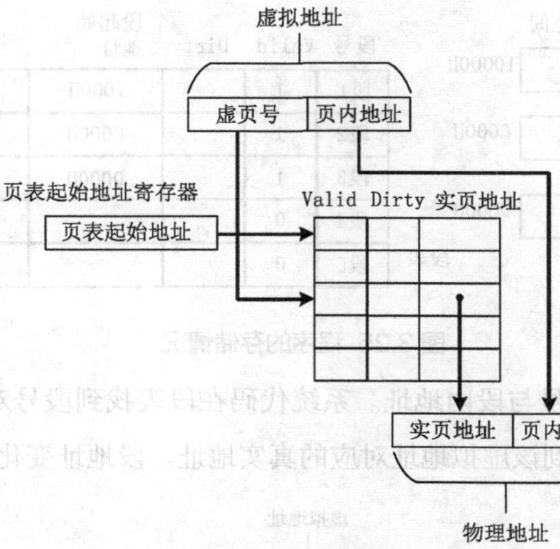

图 3. 24 页表的直接映射

如果表目的 valid 位为 0，表示该虚页还没有在内存中。这时系统代码把该虚页从外存读入内存某个页，修改该表目的主要内容域，修改该表目的有效位（valid 位）为 1。

页表也可以采用与 Cache 用到的类似的全关联映射、组关联映射。这里不再过多讲述。

页面不能太小。因为从外存（磁盘）读取信息，定位信息的位置花费的时间相对长，定位后，传输数据的过程相对较快。如果页面太小，需要频繁访问外存，花费的定位时间多。

3.8.3 段式虚拟存储器

页式虚拟存储器是按照页在内存与外存进行信息交换。段式虚拟存储器是按照“段”在内存与外存进行信息交换。“段”是一个程序的一个逻辑块（部分）。一个程序由若干个不同的“段”构成。各个“段”有自己的大小（长度）。“段”中的某个数据（或指令）的地址可以分为两部分：段地址、段内（偏移）地址（相对于段起始地址的偏移量）。每个“段”在使用时，需要由（操作）系统代码放到内存的一块连续区域。为使用“段”，每个“段”有一个对应的表目，所有的表目组成一个段表。段表存储在内存中。可以使用一个寄存器来存储段表的起始地址。该寄存器被称为段表基址寄存器。

段表的每个表目主要有 5 个域：

① 段起始地址域（每个“段”在内存的起始地址）。

② 段长度域（每个“段”的单元数）。

③ 1 个有效位（valid 位，仅 1 位，用于记录该段是否被装入内存中。当计算机加电启动后，段表的所有 valid 位被初始化为 0。当某段被装入内存中，它对应的表目的 valid 位被设置为 1）。

④ 1 个“脏”位（dirty 位，1 位，或者称为信息修改位，用于记录在内存的该段的信息是否有改动。当该段的信息有改动时，对应的 dirty 位被设置为 1。当某个内存的段需要让出内存时，系统代码检查该 valid 位，决定是否用该内存段覆盖外存的原段的信息）。

⑤ 其他域：例如，可以定义对该段的操作类型。

例如，一个程序由 6 个段构成，其中前 3 个段装入内存。该程序的存储情况如图 3.25 所示。

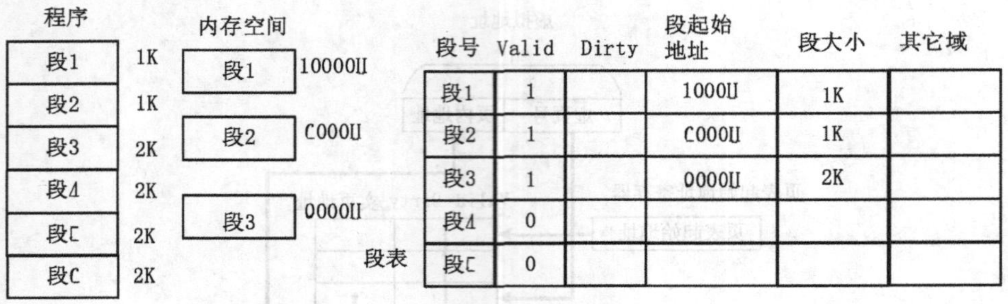

图 3.25 程序的存储情况

CPU 发出的虚拟地址包含段号与段内地址。系统代码在段表找到段号对应的表目，找到该段在内存的起始地址，结合段内地址，得到该虚拟地址对应的真实地址。段地址变化逻辑如图 3.26 所示。

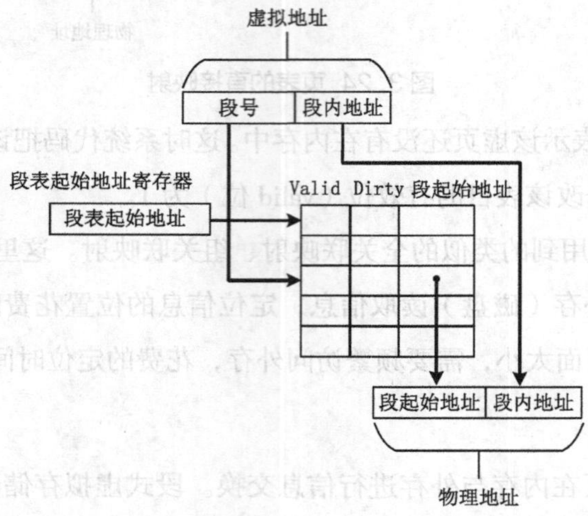

图 3.26 段地址变化逻辑

3.8.4 段页式虚拟存储器

有些计算机系统使用段页式虚拟存储器。每个段被分成若干个页，内存与外存交换信息以页为单位。CPU 发出的虚拟地址分为段号、段内页号和页内地址。系统代码在段表找到段号对应表目，获得该段的页表在内存的起始地址；再根据段内页号，找到该页的表目，获得该页的起始地址；再结合页内地址，获得虚拟地址的物理地址。地址变换过程如图 3.27 所示。

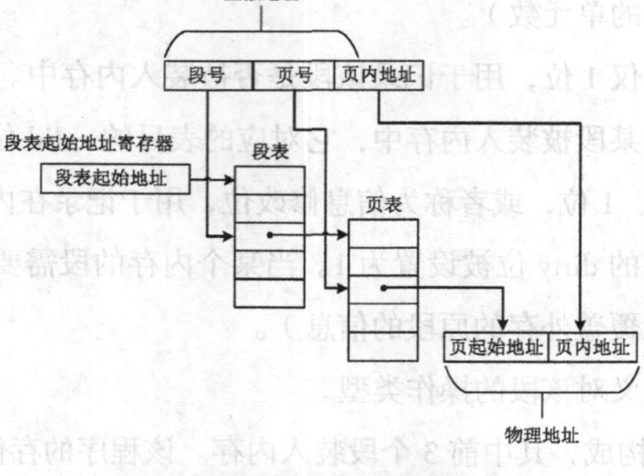

图 3.27 段页式地址变换原理

3.8.5 TLB（快表）

页表通常很大，存放在内存中。为提高地址转换的速度，会把页表中最近被访问最多的一部分表目放在一个高速缓存中。该高速缓存被称为地址变换高速缓存（Translation Look-aside Buffer，TLB），简称为快表。

CPU 发出的 1 个虚拟地址包含页号，存储器管理部件 MMU 首先在 TLB 里面搜索该页号。如果该页号在 TLB 里面（命中情况），就可以立即找到该页号对应的内存地址。这样就不用再访问内存里面的页表，从而可以节约时间，提高了速度。

如果该页号不在 TLB 里面（未命中情况），存储器管理部件 MMU 就从内存的页表里面搜索该页号，并且用该表目更新 TLB。

当操作系统代码更新了内存的页表的表目，也需要更新 TLB 里面对应的表目，保持表目的一致性。

3.8.6 使用 Cache 的虚拟存储系统

现代的计算机系统配置有：Cache、虚拟存储器、TLB。当 CPU 发出一个虚拟地址，存储器管理部件 MMU 处理的流程如图 3.28 所示。

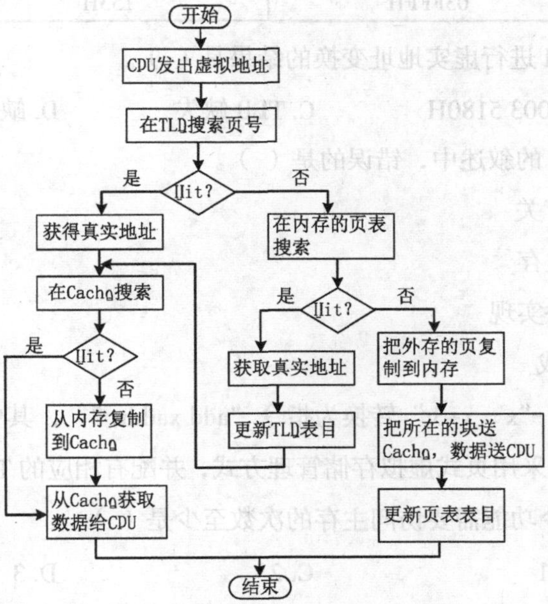

图 3.28 使用 Cache 的虚拟存储系统的地址转换

① 在 TLB 检索虚拟地址的页号，检查该页号是否在 TLB 的表目中。如果命中，就检索到该页号对应的实页号，再结合虚拟地址的页内地址，得到真实的存储地址。继续用真实地址在 Cache 查找信息。如果找到该信息（命中），就送给 CPU。如果没有找到该信息（未命中），就从内存中把该信息所在的块复制到 Cache，并把真实地址对应的值送给 CPU。

② 在TLB中检索虚拟地址的页号，如果没有检索到（未命中），就在内存的页表中检索虚拟地址的页号。如果在页表中检索到虚拟地址的页号的表目，并且虚拟地址所在的页也在内存中，再结合虚拟地址的页内地址，得到真实的存储地址。然后更新 TLB 中的表目（把虚拟地址的页号的表目添加进来）。下一步，（与

第①步骤中一样）继续用该真实地址在 Cache 中查找信息。如果找到该信息（命中），就送给 CPU。如果没有找到该信息（未命中），就从内存中把该信息所在的块复制到 Cache 中，并把真实地址对应的值送给 CPU。

如果在页表中没有检索到虚拟地址的页号的表目，或者虚拟地址所在的页不在内存中，也就是未命中，则把虚拟地址的虚页块从外存复制到内存的页中，把虚拟地址所在的块复制到 Cache 中，把虚拟地址对应的值送给 CPU，更新页表。

3.8.7 真题与习题精编

● 单项选择题

1. 某计算机主存地址空间大小为 256MB，按字节编址。虚拟地址空间大小为 4GB，采用页式存储管理，页面大小为 4KB，TLB（快表）采用全相联映射，有 4 个页表项，内容如下表所示。

有效位	标记	页框号	…
0	FF180H	2H	…
1	3FFF1H	35H	…
0	02FF3H	351H	…
1	03FFFH	153H	…

则对虚拟地址 03FFF180H 进行虚实地址变换的结果是（ ）。【全国联考 2013 年】

A. 015 3180H　　B. 003 5180H　　C. TLB 缺失　　D. 缺页

2. 下列关于 TLB 和 Cache 的叙述中，错误的是（ ）。【全国联考 2020 年】

A. 命中率与程序局部性有关

B. 缺失后都需要去访问主存

C. 缺失处理都可以由硬件实现

D. 都由 DRAM 存储器组成

3. 假定编译器将赋值语句“x = x+3;”转换为指令“add xaddr, 3”，其中，xaddr 是 x 对应的存储单元地址。若执行该指令的计算机采用页式虚拟存储管理方式，并配有相应的 TLB，且 Cache 使用直写（Write Through）方式，则完成该指令功能需要访问主存的次数至少是（ ）。【全国联考 2015 年】

A. 0　　B. 1　　C. 2　　D. 3

4. 下列关于缺页处理的叙述中，错误的是（ ）。【全国联考 2019 年】

A. 缺页是在地址转换时 CPU 检测到的一种异常

B. 缺页处理由操作系统提供的缺页处理程序来完成

C. 缺页处理程序根据页故障地址从外存读入所缺失的页

D. 缺页处理完成后回到发生缺页的指令的下一条指令执行

● 综合应用题

1. 某计算机的主存地址空间大小为 256MB，按字节编址。指令 Cache 和数据 Cache 分离，均有 8 个 Cache 行，每个 Cache 行大小为 64B，数据 Cache 采用直接映射方式。现有两个功能相同的程序 A 和 B，其伪代码如下所示：

程序 A：

```
int a[256][256]
……
int sum_array1()
{
int i, j, sum=0;
for (i=0; i<256; i++)
for (j=0; j<256; j++)
sum += a[i][j];
return sum;
}
```

程序 B：

```
int a[256][256]
……
int sum_array2()
{
int i, j, sum=0;
for (j=0; j<256; j++)
for (i=0; i<256; i++)
sum += a[i][j];
return sum;
}
```

假定 int 类型数据用 32 位补码表示，程序编译时 i，j，sum 均分配在寄存器中，数组 a 按行优先方式存放，其首地址为 320（十进制数）。请回答下列问题，要求说明理由或给出计算过程。

【全国联考 2010 年】

（1）若不考虑用于 Cache 一致性维护和替换算法的控制位，则数据 Cache 的总容量为多少？

（2）数组元素 a[0][31] 和 a[1][1] 各自所在的主存块对应的 Cache 行号分别是多少（Cache 行号从 0 开始）？

（3）程序 A 和 B 的数据访问命中率各是多少？哪个程序的执行时间更短？

2. 某计算机存储器按字节编址，虚拟（逻辑）地址空间大小为 16MB，主存（物理）地址空间大小为 1MB，页面大小为 4KB；Cache 采用直接映射方式，共 8 行；主存与 Cache 之间交换的块大小为 32B。系统运行到某一时刻时，页表的部分内容和 Cache 的部分内容分别如题 44–a 图、题 44–b 图所示，图中页框号及标记字段的内容为十六进制形式。

虚页号	有效位	页框号	…
0	1	06	…
1	1	04	…
2	1	15	…
3	1	02	…
4	0	–	…
5	1	2D	…
6	0	–	…
7	1	32	…

题 44–a 图　页表的部分内容

行号	有效位	标记	…
0	1	020	…
1	0	–	…
2	1	01D	…
3	1	105	…
4	1	064	…
5	1	14D	…
6	0	–	…
7	1	27A	…

题 44–b 图　Cache 的部分内容

请回答下列问题。

【全国联考 2011 年】

（1）虚拟地址共有几位，哪几位表示虚页号？物理地址共有几位，哪几位表示页框号（物理页号）？

（2）使用物理地址访问 Cache 时，物理地址应划分成哪几个字段？要求说明每个字段的位数及在物理地址中的位置。

（3）虚拟地址 001C60H 所在的页面是否在主存中？若在主存中，则该虚拟地址对应的物理地址是什么？访问该地址时是否 Cache 命中？要求说明理由。

（4）假定为该机配置一个 4 路组关联的 TLB 共可存放 8 个页表项，若其当前内容（十六进制）如题 44-c 图所示，则此时虚拟地址 024BACH 所在的页面是否存在主存中？要求说明理由。

有效位	标记	页框号	有效位
0	–	–	0组
1	001	15	
0	–	–	
1	012	1F	
1	013	2D	1组
0	–	–	
1	008	7E	
0	–	–	

题 44-c 图 Cache 的部分内容

3. 某计算机采用页式虚拟存储管理方式，按字节编址，虚拟地址为 32 位，物理地址为 24 位，页大小为 8KB；TLB 采用全相联映射；Cache 数据区大小为 64KB，按 2 路组相联方式组织，主存块大小为 64B。存储访问过程的示意图如下。

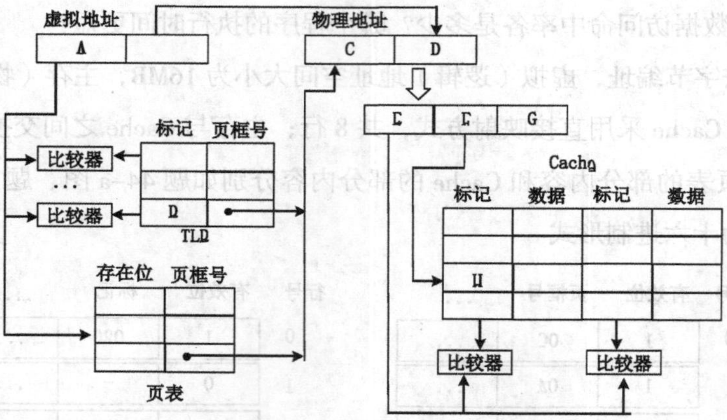

请回答下列问题。【全国联考 2016 年】

（1）图中字段 A~G 的位数各是多少？TLB 标记字段 B 中存放的是什么信息？

（2）将块号为 4099 的主存块装入到 Cache 中时，所映射的 Cache 组号是多少？对应的 H 字段内容是什么？

（3）Cache 缺失处理的时间开销大，还是缺页处理的时间开销大？为什么？

（4）为什么 Cache 可以采用直写（Write Through）策略，而修改页面内容时总是采用回写（Write Back）策略？

4. 某计算机采用页式虚拟存储管理方式，按照字节编址。CPU 进行存储访问的过程如题 44 图所示。

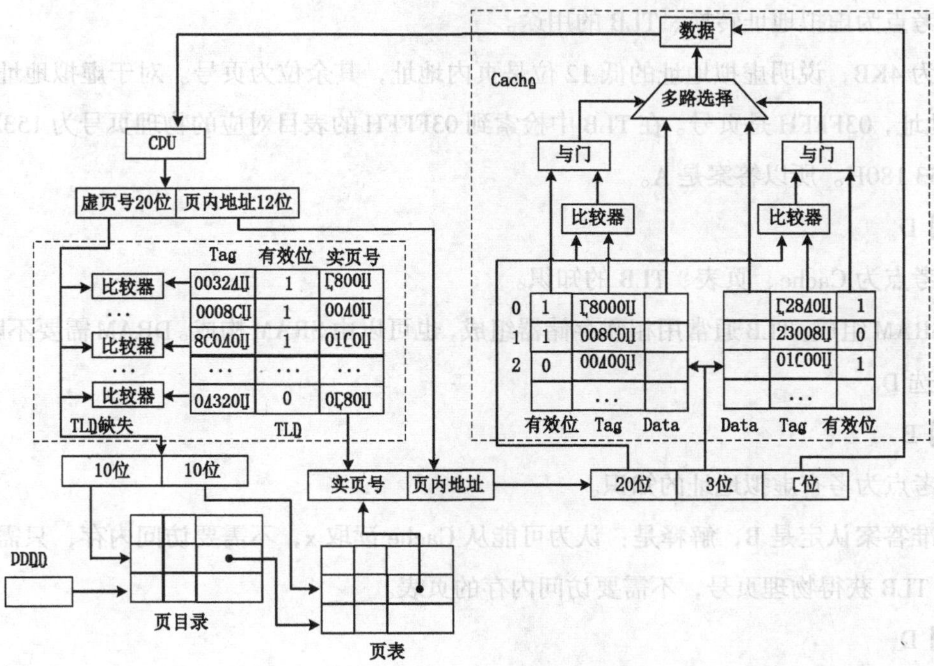

题 44 图 CPU 进行存储访问的过程

根据题 44 图回答问题。【全国联考 2018 年】

（1）主存物理地址占多少位？

（2）TLB 采用什么映射方式？ TLB 用 SRAM 还是 DRAM 实现？

（3）Cache 采用什么映射方式？若 Cache 采用 LRU 替换算法和回写（Write Back）策略，则 Cache 每行中除数据（Data）、Tag 和有效位外，还应有哪些附加位？ Cache 的总容量是多少？ Cache 中有效位的作用是什么？

（4）若 CPU 给出的虚拟地址为 0008 C040H，则对应的物理地址是多少？是否在 Cache 中命中？说明理由。若 CPU 给出的虚拟地址为 0007 C260H，则该地址所在主存块映射的 Cache 组号是多少？

5. 某计算机字长为 32 位，采用单级 Cache，Cache 的存取时间为 10ns，每个 Cache 块为 32B，命中率 H 为 0.9。内存与 Cache 块之间传输时，传输第 1 个字需要 100ns，传输后面的每个字需要 30ns。

（1）假定从 Cache 访问某个数据未命中时，需要把数据所在的 1 个块从内存传输到 Cache，然后再从 Cache 访问该数据。计算在此种情况下，计算机处理 1 次未命中需要的时间。

（2）计算访问 1 个数据的平均存取时间。

6. 某计算机以字节为单位分配地址。主存容量为 1GB。该计算机配置有 2KB 的 Cache，Cache 块大小为 64B，Cache 采用组关联映射，每组有 4 个块。试计算：

CPU 发出的地址信号中，tag 字段、组号字段、块内地址各自的位数。

3.8.8 答案精解

● 单项选择题

1.【答案】A

【精解】考点为虚拟地址转换、TLB 的用途。

页面大小为 4KB，说明虚拟地址的低 12 位是页内地址，其余位为页号。对于虚拟地址 03FFF180H，180H 是页内地址，03FFFH 是页号。在 TLB 中检索到 03FFFH 的表目对应的物理页号为 153H，则物理（真实）地址为 153 180H。所以答案是 A。

2.【答案】D

【精解】考点为 Cache、页表、TLB 的知识。

Cache 由 SRAM 组成。TLB 通常用相联存储器组成，也可以由 SRAM 构成。DRAM 需要不断地对其刷新，性能较低。故选 D。

3.【答案】B

【精解】考点为考查虚拟地址的知识。

试题的标准答案认定是 B，解释是：认为可能从 Cache 读取 x，不需要访问内存，只需要把结果写回内存。并且从 TLB 获得物理页号，不需要访问内存的页表。

4.【答案】D

【精解】考点为页式虚拟系统知识。

叙述 D 中，当缺页后，需要把该页读入内存，然后从内存中的该页获取该指令或数据。

叙述 A 中，缺页是由 1 个存储器管理电路 MMU 检测的，现代 CPU 把这个 MMU 集成到 CPU 内部。所以这里 A 的叙述不够严谨。所以答案为 D。

● 综合应用题

1.【答案精解】

（1）数据 Cache 的容量为：64 × 8=512B。

地址空间是 256M，则地址需要 28 位。采用直接映射，28 位地址分为：

（tag 域，19 位）、（Cache 块号，3 位）、（块内地址，6 位）。

所有 tag 占用 19 × 8 ÷ 8=19B。

所以 Cache 占用 512+19=531B。

说明：有些资料考虑了每个 Cache 块有 1 个有效位，共占用 1B，这样是 532B。编者个人理解，这个有效位应该算作一致性维护的控制位。

（2）数组 a 按行优先方式存放，每个元素为 4B（32 位）。

a[0][31] 的地址是 320+31 × 4=444；

a[0][31] 的内存块号是：444 ÷ 64=6；

映射的 Cache 块号是：6 mod 8=6；

a[1][1] 的地址是 320+257 × 4=1348；

a[1][1] 的内存块号是：1348 ÷ 64=21；

映射的 Cache 块号是：21 mod 8=5。

（3）由于数据是 256 行，每行 256 列，每个数据是 4B，则 1 行有 1024B。块大小为 64B。1 行数据可以分为 16 块，则计算时只要算出读取 1 行数据的命中率，就是读取整个数组的命中率。

程序 A 访问数据采用行序，数组的存储也是行优先。A 每读取 16 个数据（64B，1 个块），第 1 次总是未命中，后面 15 个数据是命中。A 在第 1 行需要读取 16 个块。所以程序 A 访问数据的命中率为：

15 ÷ 16=0.9375=93.75%。

程序 B 访问数据采用列序。数组的存储是行优先。

访问 a[0][0] 时，产生 1 个未命中，把块 0（a[0][0]~a[0][15]）读入 Cache 块 0。

访问 a[1][0] 时，产生 1 个未命中，把块 16（a[1][0]~a[1][15]）读入 Cache 块 0。

访问 a[2][0] 时，产生 1 个未命中，把块 32（a[1][0]~a[1][15]）读入 Cache 块 0。

可以看出，第 1 列的数据均映射到了 Cache 块 0 中。按照列序，每访问 1 个数据，均产生未命中。所以程序 B 访问数据的命中率为 0。

程序 A 的命中率高，则执行时间更短。

2.【答案精解】

（1）虚拟地址的位数决定虚拟（逻辑）地址空间决定。虚拟（逻辑）地址空间为 16MB，则虚拟地址的位数为：$\log_2 16M=24$。页面大小为 4KB（2^{12}），需要低 12 位用于页内寻址，则虚拟地址的高 12 位表示虚页号。

主存（物理）地址空间大小为 1MB（2^{20}），物理地址为 20 位。物理地址的低 12 位用于页内寻址，高 8 位表示物理页号。

（2）物理地址为 20 位。Cache 采用直接映射方式，共 8 行；主存与 Cache 之间交换的块大小为 32B。

20 位地址分为：

（tag 域，12 位）、（Cache 块号，3 位）、（块内地址，5 位）。

（3）对应虚拟地址 001C60H，C60H 是页内地址，001H 是页号。

在页表查找虚页号 1 的表目，有效位为 1，代表存在对应的实页。实页号为 4。则该虚拟地址对应的物理地址是：004C60H。

把 4C60H 划为二进制序列，得到 0100 1100 <u>011</u>0 0000。tag 域是 4CH。

映射的 Cache 块号是 3，在 Cache 中，检索到 Cache 块 3 的有效位为 1，对应的 tag 是 105H，而不是 4CH。所以，没有命中。

（4）对于虚拟地址 024BACH，虚拟页号为 024H。

TLB 共可存放 8 个页表项，4 路组关联。它的意思是：TLB 的 8 个表目每 4 个为 1 组，这样总共有 2 组。常用的页表的表目放到 TLB 中，用页号 024H 对总组数（2 组）进行取余数（mod）运算，得到的值作为在 TLB 的组号。计算结果为 0，也就是该页在 TLB 的组号是 0。

页号 024H 分为：（tag 域）、（TLB 组号，1 位）。tag 的值是 12H。在 TLB 的 0 组的标记域查找 12H，该表目的有效位为 1，则说明该页在内存。

说明：这道题难度很大。原因是很多计算机组成原理方面的教材没有详细讲解虚拟存储器的页表的映射这个知识点。

3.【答案精解】

（1）页大小为 8KB，需要 13 位。

字段 A 代表虚拟页号，需要 19 位（32–13）。

字段 B 代表虚拟页号。需要 19 位。

字段 C 代表物理页号，需要 11 位（24–13）。

字段 D 代表物理页大小，需要 13 位。

Cache 数据区大小为 64KB，按 2 路组相联方式组织，主存块大小为 64B。说明 Cache 块有 1K 个，分为 512 组，每组 2 个块。

字段 F 代表 Cache 块所在的组号，需要 9 位。

字段 G 代表 Cache 块大小，需要 6 位。

字段 E 需要 9 位（24–9–6）。

（2）方法 1：4099 mod 512=3，这就是块 4099 映射的组号。

4099 ÷ 512=8，这就是块 4099 对应的 tag 值（H 字段内容）。

方法 2：把块号 4099 化为二进制序列：0001 000 0 0000 0011。

所映射的 Cache 组号是：3（000000011）。

字段 H 与字段 E 代表的意义相同。字段 H 的内容是 000001000。

（3）缺页处理的时间开销大。原因：① 一般页的大小比块的大小要大，缺页时传输的信息多；② 缺页时，要从外存（磁盘）向内存传输信息，外存的特性决定了传输的速度远远低于内存与 Cache 间的传输速度；③ Cache 的完成由控制电路来实现，缺页时从外存读取页由操作系统管理内存的程序来完成，速度慢。

（4）一般页的大小比块的大小要大，如果采用直写（Write Through）策略，需要频繁向外存写信息，速度慢，花费时间较多。并且向外存进行写操作是由操作系统管理内存的程序来完成的，速度慢。因此，修改页总是采用回写（Write Back）策略。

4.【答案精解】

（1）虚拟地址经过页表转换为物理地址，送给 Cache 主存物理地址占 28 位。

（2）TLB 映射方式采用全关联映射，虚拟页号需要和 TLB 每个表目进行比较。TLB 用 SRAM 实现。

（3）Cache 采用组关联映射方式。

Cache 采用 LRU 替换算法和回写（Write Back）策略，则 Cache 每行中出数据（Data）、Tag 和有效位后，还应有：1 个记录 Cache 块的信息是否有改动的位，可以命名为修改位（modified 位）；还要有记录 Cache 块被访问次数的位（count 位）。由于每组有 2 个块，count 位需要 1 位即可。

每个 Cache 块的大小为 32B（2^5）。每个块有的总容量：Cache 块（32B，256 位）、Tag（20 位）、有效位（1 位）、修改位（1 位）、访问次数的位（1 位）。

输入 Cache 的地址中组号占 3 位，说明有 8 组。从图中看出，每组有 2 个块，则总共有 16 个 Cache 块。

Cache 的总容量是：（256+23）× 16=4464 位 =558B。

Cache 中有效位的作用是记录 Cache 块的信息是从内存传送来的，还是初始信息。

（4）对于虚拟地址 0008 C040H，040H 是页内地址，8CH 是虚拟页号。在 TLB 中，存在 tag 为 8CH 的表目，且有效位是 1，代表该表目有效，对应的实页号是 40H，所以，物理地址是 040040H。

物理地址 0040040H 化为二进制序列，得到 100 0000 0000 010 0 0000。Cache 组号是 2，在 Cache 表中组号为 2 的行查看是否有 tag 域的值为 100 0000 0000，即 400H。现在发现该组存在 tag 域的值为 400H，但有效位是 0，则说明该 Cache 块的信息无效。即物理地址 0040040H 在 Cache 中没有命中。

对于虚拟地址 0007C260H，低 8 位 60H 在虚拟地址转换过程中保持不变。地址 60H（0110 0000 011）的高 3 位代表对应的 Cache 组号，即组号为 3。

5.【答案精解】

（1）CPU 访问该数据时，Cache 电路需要 10ns 决定是否命中。

未命中时，需要从内存传输 1 个块到 Cache。1 个块有 8 个字。传输第 1 个字需要 100ns，传输后面的 7 个字需要 30 × 7=210ns。

1 个 Cache 块传输完成后，Cache 电路再需要 10ns，把需要的数据送给 CPU。

所以，未命中时，总的时间是：10+100+210+10=330ns。

（2）平均存取时间为：10 × 0.9+330 × 0.1=42ns。

6.【答案精解】

Cache 块的个数是 2K ÷ 64=32。

Cache 组数是 32 ÷ 4=8。

块大小为 64B，块内地址需要 6 位。

因此，30 位地址分为：（tag，21 位）（组号，3 位）（块内地址，6 位）。

3.9 重难点答疑

1. 关于 Cache 的 LRU 替换算法。

【答疑】LRU 就是选择最近使用次数最少的 Cache 块被替换。算法的实现有点麻烦。考生应该能根据该算法确定被替换的 Cache 块。

2. 16 位或 32 位 CPU 与按照字节编址的存储器的连接。

【答疑】通常，这种情况需要 CPU 的高位地址线与存储器地址管脚连接。存储器需要多片，且各片的容量相等。需要 CPU 提供额外的控制管脚来选择访问存储单元的位数。电路连接有点复杂。这种情况一般要求各种类型的数据在存储时需要地址对齐，否则，CPU 访问数据需要多次，并需要进行内部调整。

3. 关于 SDRAM 存储器的突发模式。

【答疑】SDRAM 的突发模式就是外界提供 1 个地址信号后，经过特定的总线时钟周期，存储器在后续的每个总线时钟周期发出 1 个字数据。这些数据的存储地址是连续的。SDRAM 在工作时需要外界提供

1 个时钟信号。SDRAM 的突发模式能够使数据传输速度加快。

3.10 命题研究与模拟预测

3.10.1 命题研究

本章是关于内部存储器的知识，相对独立，但涉及很多知识点，是考试的重点，需要考生在记忆、理解的基础上灵活运用。

首先，考生应该掌握存储器的分类，这部分需要进行记忆。本章的知识也是围绕存储器的层次结构来讲述的，多层次的存储器存取时间的计算在全国统考中没有出现过，但需要考生掌握。这些知识难度中等。

SRAM 的知识相对简单，需要考生掌握 SRAM 的特性、管脚与容量的关系。DRAM 的特性、DRAM 的刷新知识、DRAM 的存储容量计算、DRAM 地址管脚复用等这些知识点在全国统考中出现过，这些知识难度中等，易于掌握，需要考生熟练掌握。ROM 与 FLASH 的知识也曾经在全国统考中出现过。

主存与 CPU 的连接由于涉及电路，在全国统考中没有出现过。但该内容属于应用方面的知识，且难度中等，需要考生掌握。

多模块存储器在全国统考中作为综合题的小题出现过，主要考查它的原理与特点。这也需要考生掌握。

Cache 是本章重点。Cache 的基本原理、映射方式在全国统考中多次出现，难度属于中等。但其结合 C 语言程序进行命中率的计算属于中等偏上的难度，需要考生仔细分析，进行定量计算。

虚拟存储器的概念、页式虚拟存储器在全国统考中出现过。段式虚拟存储器、段页式虚拟存储器基本没有考过，这些知识可以算作操作系统的考查范围。

TLB 的基本概念曾经考查过，需要考生掌握。

带 Cache 的虚拟存储器的工作流程曾经考查过，也需要掌握。

总之，本章的很多知识点会以单项选择、计算、问答的形式进行考查，也会结合系统总线的知识进行考查。

3.10.2 模拟预测

● 综合应用题

1. 某 DRAM 的存储体组织是 1024 行 256 列，数据线为 8 根。则：

（1）该存储器容量是多少字节？

（2）该 DRAM 的行地址需要几位？列地址需要几位？ DRAM 采用地址复用，则该 DRAM 的地址线可能是几根？

（3）假定采用集中刷新，刷新一行需要 20ns，则该 DRAM 刷新花费的时间是多少？

2. 8 位 CPU 的地址线为 16 根。与 1 个 RAM 芯片、1 个 ROM 芯片的连接如下图所示。计算 ROM 占用的地址、RAM 占用的地址。

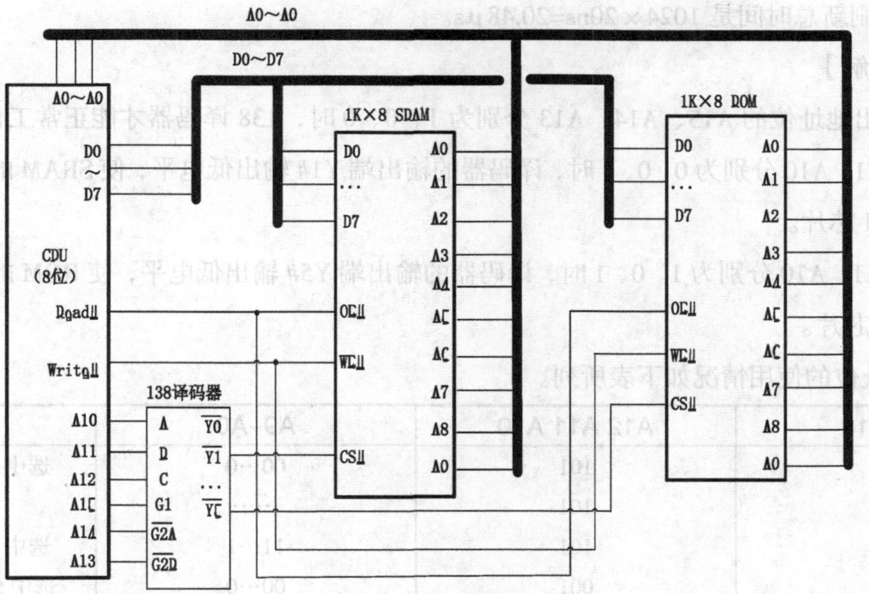

3. 某 8 位计算机系统对于读数据时产生 Cache 未命中的处理是：使用 1 个时钟周期向内存发送地址，使用 8 个时钟周期从内存获取 8B 数据，并把数据传送给 CPU 与 Cache。

（1）假定 Cache 块大小是 8B，则读数据未命中时，计算 CPU 获取 1 个数据需要的开销。

（2）假定 Cache 块大小是 32B，读数据未命中时，数据传输采用非突发方式，计算 CPU 获取 1 个数据需要的开销。

（3）假定 Cache 块大小是 32B，读数据未命中时，数据传输采用突发方式（burst）。该突发方式是：使用 1 个时钟周期向内存发送地址，每字节传输需要 1 个时钟周期。计算 CPU 获取 1 个数据需要的开销。

4. 某 32 位 RISC 的 CPU 具有内置 Cache，并且访问 Cache 的命中率是 95%。执行 Cache 内的每条指令需要 1 个 CPU 时钟周期。当访问的指令不在 Cache 中时，CPU 暂停运行，并采用突发方式从内存向 Cache 传送 1 个 64B 的信息块。该突发方式是：先花费 10 个 CPU 时钟周期向存储器发送地址与命令，此后每个 CPU 时钟周期读取 1 个字的信息。假定 CPU 的工作频率是 100MHz。计算访问 1 条指令需要的平均时间。

3.10.3 答案精解

● 综合应用题

1.【答案精解】

（1）容量为 1024×256bit，就是 32KB。

（2）存储体有 1024 行，则行地址需要 10 位。

每行有 256 个位，数据线是 8 位，也就是每 8 个位可以使用 1 个控制信号，这样需要 32 个控制信号。列地址用来产生 32 个控制信号，这样列地址需要 5 位。

由于地址复用，则存储器的地址线需要 10 根。

（3）集中刷新总时间是 1024×20ns=20.48 μs。

2.【答案精解】

当 CPU 发出地址位的 A15、A14、A13 分别为 1、0、0 时，138 译码器才能正常工作。

当 A12、A11、A10 分别为 0、0、1 时，译码器的输出端 Y1# 输出低电平，使 SRAM 的片选端 CS# 有效，从而选中 SRAM 芯片。

当 A12、A11、A10 分别为 1、0、1 时，译码器的输出端 Y5# 输出低电平，使 ROM 的片选端 CS# 有效，从而选中 ROM 芯片。

CPU 的地址位的使用情况如下表所列。

A15~A13	A12 A11 A10	A9~A0	
100	101	00…0	选中 ROM 第 1 个单元
100	101	……	……
100	101	11…1	选中 ROM 最后的单元
100	001	00…0	选中 SRAM 第 1 个单元
100	001	……	……
100	001	11…1	选中 SRAM 最后的单元

因此，ROM 占用的地址是：9400H~97FFH。SRAM 占用的地址是：8400H~87FFH。

3.【答案精解】

（1）此种情况的开销就是处理未命中需要的时间。处理时，向内存发送地址，然后把数据送给 CPU 与 Cache。需要的开销是 9 个时钟周期。

（2）此种情况的开销就是处理未命中需要的时间。需要进行 4 次传输。

每次的传输时间是 9 个时钟周期，总的开销就是 36 个时钟周期。

（3）此种情况的开销就是处理未命中需要的时间。

突发方式就是在第 1 个时钟周期发出地址，在随后的每个时钟周期，完成 1 个字节的处理，不再需要重新发送地址。总的开销就是 33 个时钟周期。

4.【答案精解】

由于 CPU 的工作频率是 100MHz，则 1 个 CPU 时钟周期是 10ns。

未命中时，需要进行突发传输 64B 指令，需要传输的次数是：64÷4=16。需要的 CPU 时钟周期是 16 个。

完成 1 次突发传输需要的 CPU 时钟周期个数是：10+16=26。即需要 260ns。

访问 1 条指令需要的平均时间为：0.95×10+0.05×260=22.5ns。

说明：要想真正理解 Cache 的工作过程，或者准确地进行与 Cache 相关的定量计算，需要根据 Cache 的电路来进行。但我们基本上没见到过一个具体的 Cache 电路，所以在进行类似本题的定量计算时，需要根据题目的描述来考虑。但是对于同一个术语，不同的人的描述可能存在差异，导致一定的歧义，需要考生仔细琢磨。

第 4 章

指令系统

第 4 章 指令系统

4.1 考点解读

本章是关于指令的知识。本章基本概念较多，知识点不算太多，需要考生记忆并理解，难度算中等。本章也是第 5 章的基础。

本章考点如图 4.1 示。本章最近 10 年联考考点题型分值统计如表 4.1 所列。

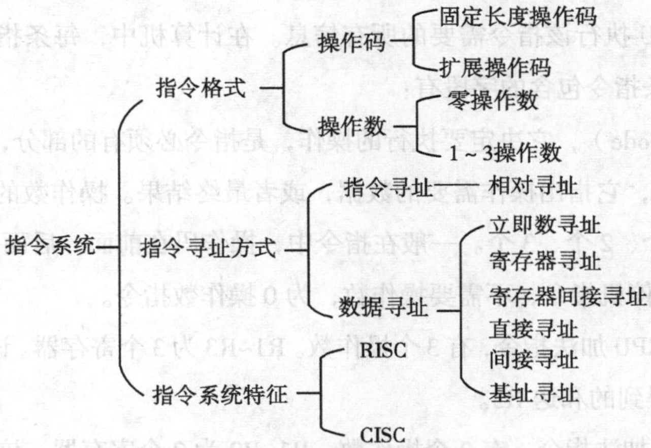

图 4.1 本章考点导图

表 4.1 本章最近 10 年联考考点题型分值统计

年份（年）	题型（题）		分值（分）			联考考点
	单项选择题	综合应用题	单项选择题	综合应用题	合计	
2011	1	0	2	0	2	寻址方式
2012	0	0	0	0	0	无
2013	1	1	2	9	11	变址寻址、指令综合
2014	1	1	2	9	11	计算
2015	0	1	0	4	4	寻址方式、指令综合
2016	1	0	2	0	2	寻址方式
2017	2	1	4	8	12	寻址方式、字长计算、指令综合计算

表 4.1（续）

年份（年）	题型（题）		分值（分）			联考考点
	单项选择题	综合应用题	单项选择题	综合应用题	合计	
2018	0	0	0	0	0	无
2019	1	1	2	3	5	寻址方式、条件转移
2020	1	0	2	0	2	指令系统

4.2 指令格式

指令是控制 CPU 执行一个操作的命令。指令由 0、1 组成，也称机器指令或二进制指令。指令（instruction）不同于高级语言的语句。一个 CPU 的所有指令（或指令集合）称为指令系统或指令集（instruction set）。不同 CPU 的指令系统不一样。指令系统由 CPU 的设计者确定。

4.2.1 指令的基本格式

1 条指令应该包含 CPU 执行该指令需要的所有信息。在计算机中，每条指令是 1 个二进制序列，这个序列分为几个字段。1 条指令包含的字段有：

① 操作码（operation code），它决定要执行的操作，是指令必须有的部分，不能缺少。

② 操作数（operand），它指出操作需要的数据，或者最终结果。操作数的数量由设计者决定。指令的操作数可能有 0 个、1 个、2 个、3 个。一般在指令中，操作码在前面，后面是操作数。

例如：HLT 为某 CPU 停机指令，不需要操作数，为 0 操作数指令。

ADD R3, R2, R1 为某 CPU 加法指令，有 3 个操作数。R1~R3 为 3 个寄存器。该指令实现 R1 的内容（值）加上 R2 的内容（值），得到的和送 R3。

ADD R2, R1 为某 CPU 加法指令，有 2 个操作数。R1~R2 为 2 个寄存器。该指令实现 R1 的内容（值）加上 R2 的内容（值），得到的和送 R2。

INC R1 为某 CPU 的加 1 指令，R1 为 1 个寄存器。该指令实现 R1 的内容（值）加上 1，得到的和送 R1。

具体每条指令有几个操作数，由 CPU 的设计者决定。

对于人们来说，机器指令书写不便，修改麻烦，识别困难。例如，下面是 2 条 8086 CPU 的指令：

101110000011001100100010（用十六进制表示为 B83322H）

101110110100010000110011（用十六进制表示为 BB4433H）

每条指令前面的位（这里有下划线的位）代表操作码，后面的位是操作数。

（机器）指令是 CPU 识别的唯一语言。为方便人们正确书写、修改、识别，人们普遍采用的是用字母符号表示机器指令。汇编指令就是用字母符号表示机器指令。汇编指令用字母符号表示机器指令的操作码，例如，用 ADD 表示加法，用 SUB 表示减法，用 MUL 表示乘法，用 DIV 表示除法，LOAD 表示把存储器内的信息装载到 CPU，STORE 表示把 CPU 某个寄存器的信息（内容）保存到内存中。

上面 2 条 8086 CPU 指令对应的汇编指令为：

MOV　AX, 2233H

MOV　BX, 3344H

多条汇编指令就构成 1 个汇编源程序。用汇编指令编写程序，方便人们书写、修改、识别指令。但 CPU 不识别汇编指令，需要翻译为机器指令。现在人们基本不用机器指令编写程序。本书在后面讲解理论时，有时采用机器指令。

指令在存储器的存储中。

CPU 只能识别与执行机器指令。无论是汇编指令还是高级语言的程序，必须翻译为机器指令，并放在存储器的连续区域。每条指令包含的二进制位数是指令的长度。

1 个指令系统（指令集）的每条指令的长度可能相等，也可能不相等。每条指令是 1 个二进制序列，这个序列的最前面是操作码，后面是操作数。

当某条指令长度为 1 个字节时，由于现代 CPU 最少是 8 位，并且现代的存储器按照字节编址的较多，则该条指令占用 1 个存储单元，CPU 可以通过 1 次读操作获得该指令。

当某条指令中操作数为多个字节时，需要占用多个单元。由于现代 CPU 按照字节编址的情况多，这时引出 1 个问题，就是：多字节的数据如何分配存储器单元？或者说：已知多个存储器单元的内容，CPU 把它们解读为一个什么数值？专业术语就是：计算机存储数据是采用大端（big endian）模式还是小端（littele endian）模式？实际上，这个知识点在第 1 章已经描述过。

小端（littele endian）模式：就是 1 个多字节数据需要占用多个单元存储时，数据低字节占用地址较小的单元，数据高字节占用地址较大的单元。

大端（big endian）模式：就是 1 个多字节数据需要占用多个单元存储时，数据低字节占用地址较大的单元，数据高字节占用地址较小的单元。

例如，2 个 3 字节的数据 X（443322H）、Y（887766H）按照小端模式存储，占用的存储单元地址从 91000H 开始。存储情况如图 4.2 所示。

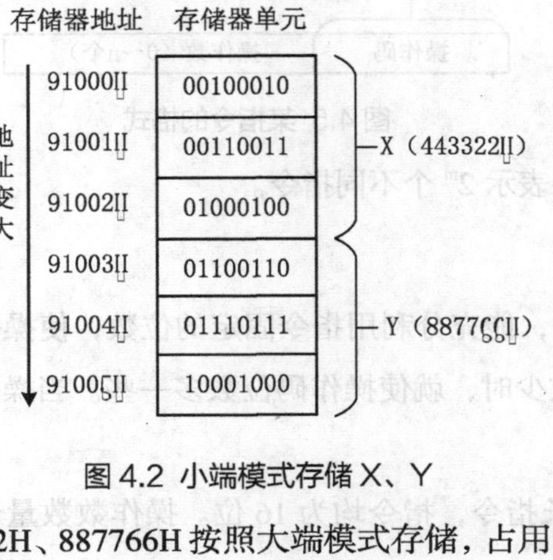

图 4.2　小端模式存储 X、Y

例如，2 个 3 字节的数据 443322H、887766H 按照大端模式存储，占用的存储单元地址从 91000H 开始。存储情况如图 4.3 所示。

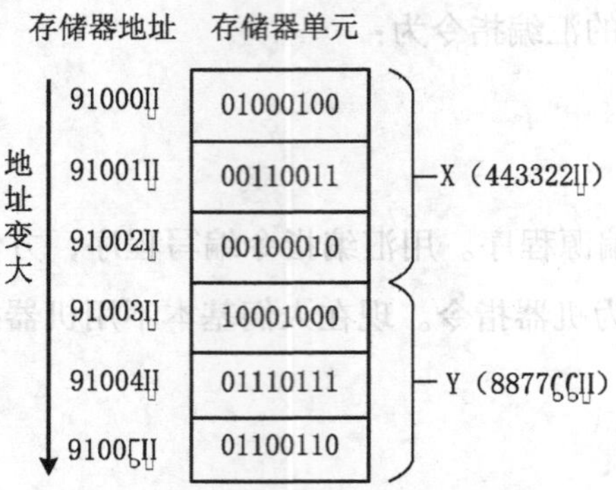

图 4.3 大端模式存储器 X、Y

1 条 8086 CPU 的指令 MOV AX, 2233H，对应的机器指令为 B83322H，二进制序列太长，一般用十六进制表示。采用小端模式存储，存储情况如图 4.4 所示（假定指令地址为 X）。

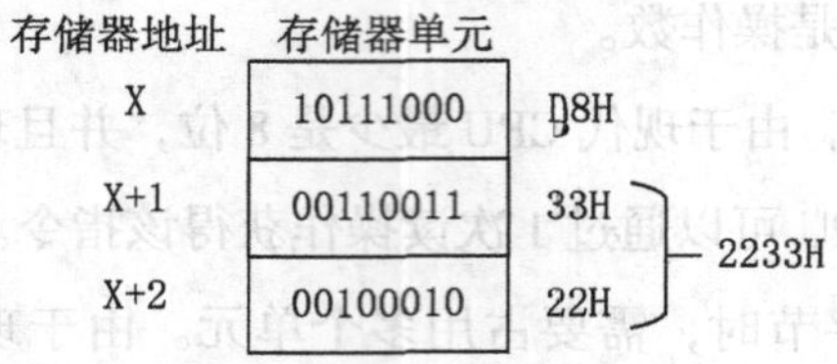

图 4.4 指令 MOV AX，2233H 存储形式

可以看出：存储 1 条指令时，先存储操作码，后 2 字节为数据，数据按照小端（或大端）模式存储。

4.2.2 定长操作码指令格式

在 1 个指令系统中，如果所有指令的长度相同，则称为等长指令。采用等长指令，会方便设计。1 个指令系统，如果指令的长度不相同，则称为不等长指令。不等长指令设计麻烦，但节约存储空间。

对于等长指令系统，指令可以采用固定长度的操作码（也叫定长操作码），也可以采用长度不固定的操作码。

假定 1 个定长操作码的格式如图 4.5 所示。

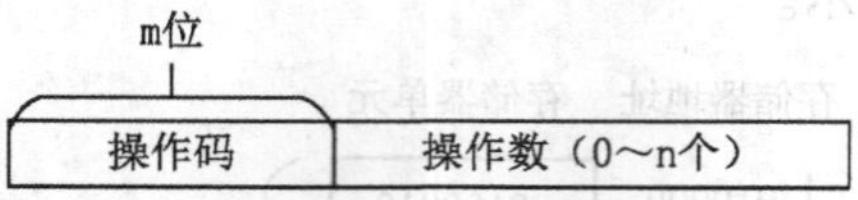

图 4.5 某指令的格式

假定操作码占 m 位，则最多表示 2^m 个不同指令。

4.2.3 扩展操作码指令格式

定长指令采用不定长操作码，能充分利用指令固定的位数，使操作码位数随着操作数位数而变化。具体就是：当操作数需要的位数少时，就使操作码位数多一些。当操作数需要的位数多时，就使操作码位数少一些。

例如，假定某 CPU 采用定长指令，指令均为 16 位。操作数数量最多 3 个，每个操作数都是 4 位。则指令操作码的编码可以如下：

①3 操作数指令。则操作码有 4 位，有 16 种编码，从中选取 15 种，剩下的 1 种保留，用于扩充。例如，

可以选用 0000~1110 作为操作码，1111 保留。

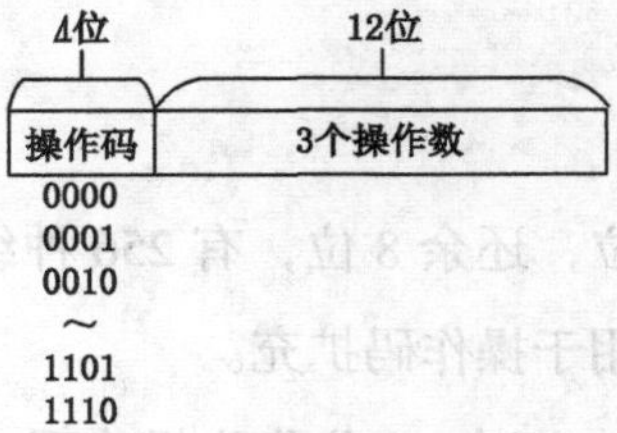

② 2 操作数指令。操作码有 8 位，前 4 位固定为保留的 1111；后 4 位有 16 种编码，从中选取 15 种，剩下的 1 种保留，用于扩充。例如，后 4 位可以选用 0000~1110 作为操作码，1111 保留。

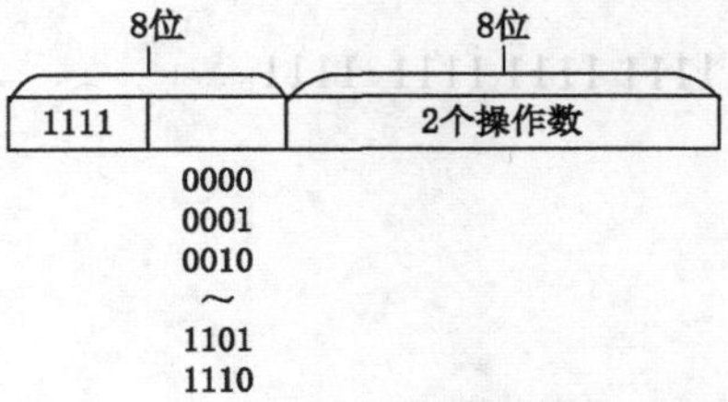

（3）1 操作数指令。操作码有 12 位，前 8 位固定，使用保留的 1111 1111；后 4 位有 16 种编码，从中选取 15 种，剩下的 1 种保留，用于扩充。例如，后 4 位可以选用 0000~1110 作为操作码，1111 保留。

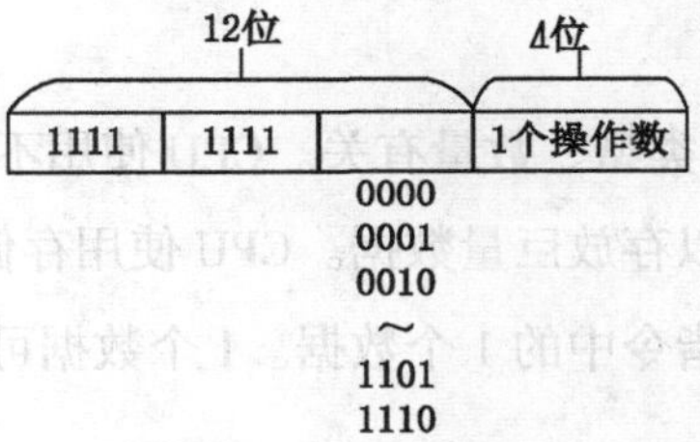

（4）0 操作数指令。操作码有 16 位，前 12 位固定，使用保留的 1111 1111 1111，后 4 位有 16 种编码。

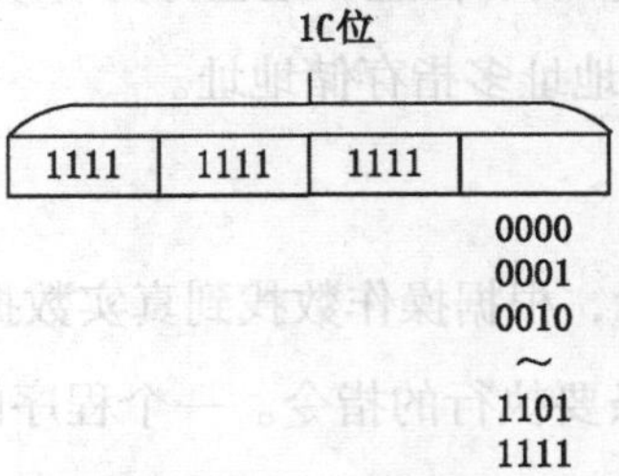

编码原则：1 条指令的编码应该是唯一的，不能有 2 条不同指令的编码是相同的。

4.2.4 真题与习题精编

● 综合应用题

设计 1 个操作码可变的指令格式，指令长度为 24 位。要求指令系统包含下面 3 类指令：

（1）2 操作数指令。每个操作数需要 8 位编码。

（2）1 操作数指令。该操作数需要 8 位编码。

（3）0 操作数指令。

4.2.5 答案精解

● 综合应用题

【答案精解】

对于第 1 类指令，操作数占用 16 位，还余 8 位，有 256 种组合。可以选取 0000 0000~1111 1110 作为第 1 类指令的操作码，把 1111 1111 用于操作码扩充。

对于第 2 类指令，操作数占用 8 位，还余 16 位作为操作码。操作码可以选用 1111 1111 0000 0000~1111 1111 1111 1110。

对于第 3 类指令，操作码的高 16 位全为 1，后面还有 8 位，可以全部用作操作码。操作码是：1111 1111 1111 1111 0000 0000~1111 1111 1111 1111 1111 1111。

4.3 指令的寻址方式

4.3.1 有效地址的概念

计算机中可以存放数据的部件有：CPU 内部的寄存器、存储器、I/O 接口中的寄存器。

CPU 内部的寄存器数量有限，一般在 100 个以内，不能存放大量数据。CPU 使用寄存器的名字来指示该类寄存器。

I/O 接口中的寄存器数量与设备的类型、数量有关。CPU 使用不同的地址来指示 1 个该类寄存器。

存储器包含数量巨大的单元，可以存放巨量数据。CPU 使用存储地址来指示 1 个存储器单元。

指令中的操作数指出（或对应）指令中的 1 个数据。1 个数据可以有上述不同位置，那么操作数就有不同的表示形式。

一般，把操作数对应的真实数据所在的（位置）地址称为有效地址（Effective Address）。如前所述，数据一般多存放在存储器中，所以有效地址多指存储地址。

4.3.2 数据寻址和指令寻址

数据寻址就是 CPU 读取 1 条指令后，根据操作数找到真实数据。常见的寻址方式见 4.3.3 的内容。

指令寻址就是 CPU 如何找到下一条要执行的指令。一个程序的所有指令在内存连续存放，每条指令占有若干个字节。现代计算机对存储器单元多以字节编址，把每条指令占用的第 1 个单元的地址叫作该指令的地址。

CPU 要找到下一条要执行的指令，有两种方法。

第一种方法在每条指令内包含下一条指令的地址。此时 1 条指令的格式如图 4.6 所示。

操作码	操作数	下条指令的地址

图 4.6 具有后续指令地址的指令格式

当 CPU 启动时，从某个特殊寄存器获得第 1 条指令的地址，再访问内存以获取该指令。读取该指令后，指令包含下一条指令的地址。可以在第 1 条指令执行完毕后，根据指令中的“下条指令的地址”获取下一条指令。

用这种方式，书写指令比较麻烦，另外要实现指令运行跳转到另外的地址也不方便，所以很少使用。

现代 CPU 采用的是第二种方法：CPU 设置一个寄存器来记录下条指令的地址，通常把该寄存器命名为程序计数器（Program Counter，PC）。CPU 启动后，PC 有一个默认的初值，一般为 0。CPU 把 PC 的值作为指令的地址，到内存的指定单元读取指令。这里引出一个问题：CPU 怎么知道当前指令的长度？解决方法可以有两种。第一种是规定该 CPU 的所有指令的长度是相等的（假定为 n），CPU 的控制器控制从当前地址读取固定长度的指令，这样下一条指令的地址就等于当前指令的地址加上 n。第二种方法是所有指令可以不等长，CPU 的控制器控制从当前地址读取指令的 1 字节（至少有操作码），控制器根据操作码的编码自动识别该指令的长度，然后继续读取指令的剩余字节，从而获得一条完整的指令。每读取 1 字节的指令部分，PC 的内容就加 1，这样 CPU 获得当前指令后，PC 的内容（或值）就是下一条指令的地址，或者说 PC 指向下一条指令。

4.3.3 常见寻址方式

操作数的寻址方式，就是 CPU 根据指令的操作数如何寻找真实的数据，或者真实的数据如何在指令中表示。这里在描述时，均采用汇编指令的形式。常用的寻址方式有以下几种。

（1）立即数寻址

立即数寻址（immediate mode）就是指令中的操作数就是数据本身。数据是指令的一部分。这是最简单的寻址方式。CPU 读取一条指令，就得到真实操作数。这样不用再去内存找数据，速度快。

例如：指令 LOAD R0, 1000 为某 CPU 的指令，实现把真实数据 1000 送到寄存器 R0 中，R0 在 CPU 内部。

例如：指令 LOAD R0, #1000 为某 CPU 的指令，实现把真实数据 1000 送到寄存器 R0 中，R0 在 CPU 内部。

有些指令系统规定立即寻址时在真实数据前面加个固定的符号（如 #）；有些指令系统规定立即寻址时，直接写上真实数据。具体由指令系统设计者决定。

（2）寄存器寻址

寄存器是 CPU 内部的器件，用于暂存信息，数目有限。一般用 Ri 表示。寄存器的英文为 register。

寄存器寻址就是事先把真实的数据送到寄存器中。在后续的指令中，用到该数据，就到它所在的寄存器中寻找。当然，在书写指令时，需要写上该数据所在的寄存器来代替该数据。

例如：指令 ADD R0, #1000 为某 CPU 的指令，实现把 R0 的内容加上真实数据 1000，结果又送到寄存器 R0 中。

数据采用寄存器寻址，CPU 直接在 CPU 自身内部找到数据，不用访问存储器。

（3）直接寻址（direct mode）或绝对寻址（absolute mode）

由于存储器的单元数量巨大，因此大部分数据存放在内存中。内存单元用地址区分。直接寻址就是在指令中用数据的存储地址表示该数据，该数据在内存中存放。

例如：指令 LOAD R0, [1000] 为某 CPU 的指令，实现把地址为 1000 的存储单元的信息（值）送到寄存器 R0 中，[1000] 表示地址 1000 的存储单元。

指令系统的设计者在设计时，需要把直接寻址的地址与立即寻址的真实数据以分配以不同的表示形式，不能相同。

数据采用直接寻址时，CPU 需要到内存获取真实的数据。

（4）间接寻址（indirect mode）

间接寻址就是真实数据 D1 在存储器单元 M1 中存储，该存储单元的地址 m_addr1 被存放在别的存储单元 M2 中，在指令中要表示真实数据 D1，就用 M2 的地址 m_addr2 来表示。

D1 的有效地址表示为 (m_addr2)。这里括号的意思是指寄存器或存储单元的内容。

数据采用间接寻址，CPU 需要访问内存两次。第一次访问获得真实数据的内存地址，第二次访问才能获得数据本身。

（5）寄存器间接寻址（register indirect mode）

寄存器间接寻址与间接寻址很类似。真实数据 D1 在存储器单元 M1 中存储，该存储单元的地址 m_addr1 被存放在 CPU 的某个寄存器 Ri 中。在指令中要表示真实数据 D1，就使用 Ri 的某种表示。寄存器寻址中 Ri 的表示应该与寄存器间接寻址中 Ri 的表示不同，以区分不同寻址方式。

D1 的有效地址表示为 (Ri)。这里括号的意思是指寄存器或存储单元的内容。

数据采用寄存器间接寻址，需要两个步骤。第一个步骤，访问寄存器 Ri 获取真实数据的内存地址；第二个步骤，访问内存才能获得数据本身。

（6）基址寻址

真实数据 D1 在存储器单元存储。基址寻址就是在指令中用 1 个偏移量 val（数值）与某个寄存器 Ri 的内容的和表示真实数据 D1 的有效地址（真实地址）。即：

EA=val+(Ri)，(Ri) 代表 Ri 的内容。

Ri 可以是写在指令中，也可以规定一个固定（默认）的 Ri，在指令中不用写出，具体由指令系统设计者决定。这里的 Ri 也称为基址寄存器。

需要注意：有些 CPU，如 Motorla 68K 认为偏移量 val 可以是正数，也可以是负数。在指令中，偏移量 val 用补码表示。

例如，假定 16 位基址寄存器 R0 的内容是 2340H，偏移量 val 是 +100，则真实地址是 2340H+（0064H）=23A4H。

例如，假定 16 位基址寄存器 R0 的内容是 2340H，偏移量 val 是 –100，则真实地址是 2340H+（–100）=22DCH。

有些 CPU，如 Intel 8086 认为偏移量 val 是正数。

有些“计算机组成原理”方面的资料也提出一种编址寻址，称为变址寻址，与基址寻址十分相似，区别在于变址是寻址用另外一个寄存器 Rm 代替这里的 Ri，并且认为变址寻址与基址寻址是两种不同的寻址方式。

有些资料认为，基址寻址中，寄存器存放一个固定的值，指令中的偏移量 val 可以变化，这样基址寻址可以访问一段连续的区域。

变址寻址中，指令中的偏移量 val 为一个固定的值，变址寄存器的内容可以变化，这样变址寻址可以访问一段连续的区域。

也有资料把这两种归为一类，称为变址寻址。编者个人也倾向于这种描述。因为，无论怎样表述这两种寻址方式，它们的主要寻址过程是一样的。

（7）相对寻址

相对寻址方式是用于改变指令执行流程的，不是一般数据的寻址方式。

前面已经描述，现在 CPU 中存在 1 个寄存器，名字为程序计数器 PC，用来存放（记录）下一条要执行指令的地址。程序一般是按照指令逐条执行，但也存在当前指令执行完毕，跳转到较远的前面指令或较远的后面指令，而不是执行下一条指令的情况。要实现这种情况，需要把目的指令（欲跳转到的指令）的地址送到 PC。

假定某 CPU 的指令为等长指令，均为 1 字节。编写的部分汇编指令如下，最左列为指令的存储地址。

```
100  MOV  R0, 1
101  STEP1: MOV  R0, 2
102  MOV  R0, 3
103  JUMP  STEP2
104  MOV  R0, 4
…… ……
200  STEP2: MOV  R0, 5
201  JUMP  STEP1
202  MOV  R0, 100
```

当第 3 条指令 MOV　R0, 3 执行时，（PC）=103。当第 3 条指令执行完毕，CPU 用地址线发出 PC 的内容（103），欲读取内存 103 单元的指令。当 CPU 获取该指令后，PC 的内容变为 104。CPU 开始执行指令 JUMP　STEP2。

需要注意的是：编程时，使用汇编指令来控制 CPU 跳转到某指令很方便，也简单。如，跳转到指令 JUMP　STEP2。在操作码 JUMP 的后面写上表示目的地址的符号 STEP2（STEP2 被称为符号地址，它代表地址 200）。实际上，该条指令的机器代码中记录的不是目的地址的绝对地址（或真实地址），而是目的地址与当前 PC 内容的差。例如，指令 JUMP　STEP2 的机器指令中将跳转到的地址（也可以称为操作数）为 96（200–104）。

所以，相对寻址的目的地址 =（PC）+ 偏移量。

偏移量 = 目的地址 –（PC）。当偏移量为负值时，则 CPU 跳转到当前指令的前面地址；当偏移量为正值时，则 CPU 跳转到当前指令的后面地址。指令中，偏移量采用补码表示。

指令 JUMP　STEP1 在被翻译的机器指令中偏移量为 –101（101–202）。

总结：需要注意的是，寻址方式决定了数据（或指令）在内存的地址，也决定数据的类型（占用的单元数，几个字节）。多字节的数据在内存中的存放形式与大端、小端有关。

4.3.4 真题与习题精编

● 单项选择题

1. 下列寻址方式中，最适合按下标顺序访问一维数组元素的是（ ）。【全国联考 2017 年】

A. 相对寻址　B. 寄存器寻址　C. 直接寻址　D. 变址寻址

2. 某指令格式如下所示。

OP	M	I	D

其中 M 为寻址方式，I 为变址寄存器编号，D 为形式地址。若采用先变址后间址的寻址方式，则操作数的有效地址是（ ）。【全国联考 2016 年】

A. I+D　B.（I）+D　C.（（I）+D）　D.（（I））+D

3. 某计算机按字节编址，指令字长固定且只有两种指令格式，其中三地址指令 29 条，二地址指令 107 条，每个地址字段为 6 位，则指令字长至少应该是（ ）。【全国联考 2017 年】

A. 24 位　B. 26 位　C. 28 位　D. 32 位

4. 某计算机采用 16 位定长指令字格式，操作码位数和寻址方式位数固定，指令系统有 48 条指令，支持直接、间接、立即、相对 4 种寻址方式。单地址指令中，直接寻址方式的可寻址范围是（ ）。【全国联考 2020 年】

A. 0~255　B. 0~1023　C. -128~127　D. -512~511

5. 假设变址寄存器 R 的内容为 1000H，指令中的形式地址为 2000H；地址 1000H 中的内容为 2000H，地址 2000H 中的内容为 3000H，地址 3000H 中的内容为 4000H，则变址寻址方式下访问到的操作数是（ ）。【全国联考 2013 年】

A. 1000H　B. 2000H　C. 3000H　D. 4000 H

6. 某计算机有 16 个通用寄存器，采用 32 位定长指令字，操作码字段（含寻址方式位）为 8 位，Store 指令的源操作数和目的操作数分别采用寄存器和基址寻址方式。若基址寄存器可使用任一通用寄存器，且偏移量用补码表示，则 Store 指令中偏移量的取值范围是（ ）。【全国联考 2014 年】

A. -32768~+32767　B. -32767~+32768

C. -65536~+65535　D. -65535~+65536

7. 某计算机采用大端方式，按字节编址。某指令中操作数的机器数为 1234 FF00H，该操作数采用基址寻址方式，形式地址（用补码表示）为 FF12H，基址寄存器内容为 F000 0000H，则该操作数的 LSB（最低有效字节）所在的地址是（ ）。【全国联考 2019 年】

A. F000 FF12H　B. F000 FF15H

C. EFFF FF12H　D. EFFF FF15H

● 综合应用题

1. 某计算机字长为 16 位，主存地址空间大小为 128KB，按字编址。采用单字长指令格式，指令各字段定义如下：

15　12	11　　6		5　　0	
OP	Ms	Rs	Md	Rd
	源操作数		目的操作数	

转移指令采用相对寻址方式，相对偏移量用补码表示，寻址方式定义如下：

Ms/Md	寻址方式	助记符	含义
000B	寄存器直接	Rn	操作数 =(Rn)
001B	寄存器间接	(Rn)	操作数 =(Rn)
010B	寄存器间接、自增	(Rn)+	操作数 =((Rn)), (Rn)+1 → Rn
011B	相对	D(Rn)	转移目标地址 =(PC)+(Rn)

注：（X）表示存储器地址 X 或寄存器 X 的内容

请回答下列问题：【全国联考 2010 年】

（1）该指令系统最多可有多少条指令？该计算机最多有多少个通用寄存器？存储器地址寄存器（MAR）和存储器数据寄存器（MDR）至少各需要多少位？

（2）转移指令的目标地址范围是多少？

（3）若操作码 0010B 表示加法操作（助记符为 add），寄存器 R4 和 R5 的编号分别为 100B 和 101B，R4 的内容为 1234H，R5 的内容为 5678H，地址 1234H 中的内容为 5678H，地址 5678H 中的内容为 1234H，则汇编语言为“add(R4), (R5)+”（逗号前为源操作数，逗号后为目的操作数）对应的机器码是什么（用十六进制表示）？该指令执行后，哪些寄存器和存储单元中的内容会改变？改变后的内容是什么？

2. 某计算机采用 16 位定长指令字格式，其 CPU 中有一个标志寄存器，其中包含进位 / 借位标志 CF、零标志 ZF 和符号标志 NF。假定为该机设计了条件转移指令，其格式如下：

15　11	10	9	8	7　　0
0000	C	Z	N	OFFSET

其中，00000 为操作码 OP；C、Z 和 N 分别为 CF、ZF 和 NF 的对应检测位，某检测位为 1 时表示需检测对应标志，需检测的标志位中只要有一个为 1 就转移，否则不转移，例如，若 C=1，Z=0，N=1，则需检测 CF 和 NF 的值，当 CF=1 或 NF=1 时发生转移；OFFSET 是相对偏移量，用补码表示。转移执行时，转移目标地址为（PC）+2+2 × OFFSET；顺序执行时，下条指令地址为（PC）+2。请回答下列问题。

【全国联考 2013 年】

（1）该计算机存储器按字节编址还是按字编址？该条件转移指令向后（反向）最多可跳转多少条指令？

（2）某条件转移指令的地址为 200CH，指令内容如下图所示，若该指令执行时 CF=0，ZF=0，NF=1，则该指令执行后 PC 的值是多少？若该指令执行时 CF=1，ZF=0，NF=0，则该指令执行后 PC 的值又是多少？请给出计算过程。

15　11	10	9	8	7　　0
0000	0	1	1	11100011

（3）实现“无符号数比较小于等于时转移”功能的指令中，C、Z 和 N 应各是什么？

3. 某程序中有如下循环代码段 p：

```
for(int i=0;i < N; i++)
sum += A[i];
```

假设编译时变量 sum 和 i 分别分配在寄存器 R1 和 R2 中。常量 N 在寄存器 R6 中，数组 A 的首地址在寄存器 R3 中。程序段 P 起始地址为 08048100H，对应的汇编代码和机器代码如下表所示。

编号	地址	机器代码	汇编代码	注释
1	08048100H	00022080H	loop: sll R4, R2, 2	(R2) << 2 → R4
2	08048104H	00083020H	add R4, R4, R3	(R4) + (R3) → R4
3	08048108H	8C850000H	load R5, 0(R4)	((R4) + 0) → R5
4	0804810CH	00250820H	add R1, R1, R5	(R1) + (R5) → R1
5	08048110H	20420001H	add R2, R2, 1	(R2) + 1 → R2
6	08048114H	1446FFFAH	bne R2, R6, loop	if (R2)! = (R6) goto loop

执行上述代码的计算机 M 采用 32 位定长指令字，其中分支指令 bne 采用如下格式：

31　　26	25　　21	20　　16	15　　0
OP	Rs	Rd	OFFSET

OP 为操作码；Rs 和 Rd 为寄存器编号；OFFSET 为偏移量，用补码表示。请回答下列问题，并说明理由。

【全国联考 2014 年】

（1）M 的存储器编址单位是什么？

（2）已知 sll 指令实现左移功能，数组 A 中每个元素占多少位？

（3）题 44 表中 bne 指令的 OFFSET 字段的值是多少？已知 bne 指令采用相对寻址方式，当前 PC 内容为 bne 指令地址，通过分析题 44 表中指令地址和 bne 指令内容，推断出 bne 指令的转移目标地址计算公式。

4. 在按字节编址的计算机 M 上，题 43 中 f1 的部分源程序（阴影部分）与对应的机器级代码（包括指令的虚拟地址）如下：

```
int f1 (unsigned n)
1      00401020   55          push ebp
……     ……                     ……
for (unsigned i = 0; i <= n-1; i++)
……     ……                     ……
20     0040105E   39 4D F4    cmp dword ptr [ebp-OCh], ecx
……     ……                     ……
          { power * = 2;
……     ……                     ……
```

```
23    00401066    D1 E2     shl edx, 1
……    ……                  ……
return sum;
……    ……                  ……
35    0040107F    C3   ret
```

其中，机器级代码行包括行号、虚拟地址、机器指令和汇编指令。请回答下列问题。

【全国联考 2017 年】

（1）计算机 M 是 RISC 还是 CISC？为什么？

（2）f1 的机器指令代码共占多少字节？要求给出计算过程。

（3）第 20 条指令 cmp 通过 i 减 n−1 实现对 i 和 n−1 的比较。执行 f1(0) 过程中，当 i=0 时，cmp 指令执行后，进 / 借位标志 CF 的内容是什么？要求给出计算过程。

（4）第 23 条指令 sh1 通过左移操作实现了 power*2 运算，在 f2 中能否也用 sh1 指令实现 power*2？为什么？

4.3.5 答案精解

● 单项选择题

1.【答案】D

【精解】考点为寻址方式。

首先排除直接寻址与寄存器寻址。相对寻址用于指令跳转，也可以排除相对寻址。

变址寻址就是把 1 个寄存器的内容与 1 个偏移量值的和作为真正数据的地址。访问数组时，用偏移量记录首元素的地址，变址寄存器记录当前访问元素的下标，可以对当前元素进行访问；然后修改变址寄存器的内容，可以访问其他元素。所以答案是 D。

2.【答案】C

【精解】考点为寻址方式。

变址寻址就是变址寄存器 I 的内容与偏移量 D 的和作为有效地址 EA，间接寻址是把 EA 的内容当作地址，去访问存储器，以获得数据。所以答案为 C。

3.【答案】A

【精解】考点为操作码扩充方式。

由于答案 A 的数值最小，从答案 A 开始，检查该值是否满足要求。

三地址指令中，3 个操作数占用 18 位，余下的 6 位为操作码。6 位操作码有 64 种编码，可以选用 29 种编码用于三地址指令，剩余 35 种编码作指令扩充用。

二地址指令的操作数占用 12 位，操作码占用 12 位，最高 6 位剩余 35 种组合，另外的 6 位有 64 种编码，总共可以有（35 × 64）种不同编码，大于 107，满足要求。所以答案是 A。

4.【答案】A

【精解】考点为直接寻址方式。

48 条指令需要 6 位操作码字段，4 种寻址方式需要 2 位寻址特征位，故寻址范围为 0~255。注意，主存地址不能为负数。

5.【答案】D

【精解】考点为寻址方式。

变址寻址获取数据过程是 CPU 把变址寄存器的内容与指令中形式地址相加，把和作为真实数据的有效地址。本题中，变址寄存器 R 的内容为 1000H，指令中的形式地址为 2000H，两者之和为 3000H。以 3000H 为地址访问内存，得到 4000H。

所以答案是 D。

6.【答案】A

【精解】考点为寻址方式。

源操作数寄存器直接寻址，区分 16 个寄存器，需要 4 位。操作码占 8 位。

目的操作数采用基址寻址，区分 16 个寄存器，需要 4 位，则偏移量最多为 16 位（32−4−8−4=16）。偏移量为负值，用补码表示。所以答案是 A。

7.【答案】D

【精解】考点为基址寻址。

基址寻址是：数据在内存存储，它的地址由 1 个基址寄存器的内容与 1 个偏移量的和决定。偏移量是有符号数，用补码表示。偏移量 FF12H 最高位为 1，则化为 32 位，得到 FFFF FF12H。

真实地址是 F000 0000H+FFFF FF12H=EFFF FF12H。

由于是大端方式存储，操作数的 LSB 字节是 00H，地址在高位，即 EFFF FF15H。所以答案是 D。

● 综合应用题

1.【答案精解】

（1）指令中 OP 占用 4 位，则可以指令系统最多 16（2^4）条指令。

指令中 Rs 或 Rd 占用 3 位，则该计算机最多有 8（2^3）个通用寄存器。

计算机字长为 16 位，则存储器数据寄存器（MDR）需要 16 位。

主存地址空间大小为 128KB，按字编址，则单元数量为 64K。存储器地址寄存器（MAR）需要 16 位（$\log_2 64K$）。

（2）存储单元数量为 64K，则转移指令的目标地址范围是 0~65535。

（3）汇编语言为“add(R4), (R5)+”的机器码是：0010 001 100 010 101；用十六进制表示是：2315H。

指令执行后，R5 及内存单元 1234H 的内容会改变。

该指令执行后，R5 的内容由 5678H 变为 5679H，内存单元 1234H 中的内容由 5678H 变为 68ACH。

2.【答案精解】

（1）下条指令地址为（PC）+2，说明本条指令占用 2 字节，本条指令长度为 2 字节，说明每个字节占用 1 个地址，即该计算机存储器按字节编。

指令中 OFFSET 占用 8 位，用补码表示，相对偏移量为 −128~+127，该条件转移指令向后（反向）

最多可跳转 127 条指令。

说明：一般程序执行时，指令的地址是递增的，跳转到大地址是向后，是正向。这里题目中描述“该条件转移指令向后（反向）”，使编者困惑，感觉“向后”与“反向”矛盾。这里的答案是按照标准答案给出的。

（2）转移指令的地址为 200CH，当转移指令执行时，PC 为下条指令的地址，即 200EH（200CH+2）。

该指令执行时 CF=0，ZF=0，NF=1，则条件满足，需要转移。

（PC）=200EH+（11100011 左移 1 位）=200EH+FFC6H=1FD4H。

说明：11100011 为补码，真值是负值。这里直接采用补码计算的话，容易出错，最好采用十进制数来计算，可以把 11100011 先化为十进制，得到 –29，乘以 2，得到 –58。200EH 化为十进制为 $32 \times 256+14$，等于 8206。8206–58=8148，化为十六进制数，即 1FD4H。

若该指令执行时 CF=1，ZF=0，NF=0，则条件不满足，不转移，执行下条相邻的指令，（PC）= 200EH。

（3）假定两个 4 位无符号数分别为 3、4。3 < 4，3–4=–1，则 CF=1，ZF=0，NF=1。

假定两个 4 位无符号数是 0、15。0–15=–15，则 CF=1，ZF=0，NF=0。

假定两个无符号数分别为 3、3。3–3=0，则 CF=0，ZF=1，NF=0。

可以看出当“无符号数小于等于”时，有两种组合：（CF=1，且 ZF=0）或者（CF=0，且 ZF=1）。考研的标准答案认为是：CF=1，ZF=1，NF=0。

说明：题目应该给出 NF 的详细定义。编者也是查阅很多资料后才发现 NF 应该是 Negative Flag，也就是“负数位”，即补码的最高位是否为 1，相当于 8086 CPU 的 SF 位。SF 位是 Sign Flag，就是补码的最高位。

3.【答案精解】

（1）每条指令长度为 4 字节，相邻指令的存储地址之差为 4，则存储器编址单位为字节。

（2）指令 sll R4, R2, 2 中，R2 左移 2 位，相当于乘以 4，得到下个元素的地址，所以每个元素占用 4 个字节，为 32 位。

（3）第 6 条机器指令 1446 FFFAH 的低 2 字节是 OFFSET 字段，也就是说，OFFSET 字段为 FFFA，真值为 –6。

当前 PC 为 08048114H，目标地址为 08048100H。目标地址减去当前 PC 的值为 –14H（–20）。指令中的 OFFSET 的值是 –6。$-20=-6 \times 4+4$。

bne 指令的转移目标地址计算公式为：

目标地址 =（PC）+$\text{OFFSET} \times 4+4$。

4.【答案精解】

（1）RISC 的指令操作除了 LOAD 与 STORE 外，不再使用存储器单元。指令 cmp dword ptr [ebp–0Ch], ecx 使用存储器，所以不是 RISC 类型的指令。该计算机是 CISC。

（2）第 35 条指令地址为 0040107FH，第 1 条指令地址为 00401020H，则指令的字节数是：

0040107FH−00401020H+1=5FH+1=60H 字节 =96 字节。

（3）在执行 f1(0) 时，n−1 为 255。

当 i=0 时，执行的指令相当于 cmp 0, 255，即用 0 减 255，进 / 借位标志 CF 的内容是 1。

（4）在 f2 中不能用 sh1 指令实现 power*2。因为在 f2 中，power 为 float 型，存储为 IEEE 754 单精度格式。将 power 左移的结果不是它的 2 倍。

4.4 CISC 和 RISC 的基本概念

在计算机发展早期阶段，计算机属于复杂指令计算机 CISC（Complex Instruction Computer）。CISC 的指令长度不等，有些指令长度较长，执行时会花费较多的时间，具有多种寻址方式与指令格式。复杂指令计算机 CISC 使控制器的设计很困难，增加了控制器的复杂性。

为减少设计控制器的复杂程度，希望简化设计控制器。这导致精简指令计算机 RISC（Reduced Instruction Set Computer）的出现。

精简指令计算机 RISC 的主要特点有：

① 指令数量相对少，寻址方式相对少。

② 指令格式相对少，指令为等长指令。这使 RISC 指令适合进行流水线（pipelined）操作。

③ 读取存储器使用 LOAD 指令，写存储器使用 STORE 指令。

④ CPU 内部的寄存器相对多，用于暂存数据。所有操作在寄存器进行，大大减少访问存储器的操作。

⑤ 控制器的设计采用硬件布线。

上面的特点导致 RISC 的控制器设计简单，占用芯片空间减小，指令执行速度更快。因此，RISC 适合使用于高性能应用场合，比如嵌入式系统。

由于 RISC 的指令功能简单，指令数量少，因此完成 1 条 CISC 指令的功能，用 RISC 的指令来完成的话，需要 2 条、3 条或更多条。这样完成一个功能，RISC 程序代码更长，需要更多的存储器空间。

4.4.1 真题与习题精编

● 单项选择题

下列关于 RISC 的叙述中，错误的是（ ）。【全国联考 2009 年】

A. RISC 普遍采用微程序控制器

B. RISC 大多数指令在一个时钟周期内完成

C. RISC 的内部通用寄存器数量相对 CISC 多

D. RISC 的指令数、寻址方式和指令格式种类相对 CISC 少

4.4.2 答案精解

● 单项选择题

【答案】A

【精解】考点为 RISC 的特点。

RISC 多采用硬件布线设计控制器。所以答案是 A。

4.5 重难点答疑

1. 在一条转移指令中，如何计算程序计数器 PC 的当前值?

【答疑】首先，每条指令都有自己的存储地址，转移指令也不例外。假定该转移指令的地址是 N，转移指令的长度是 m 个字节。当 CPU 开始读取该转移指令时，PC 的值是 N。从内存读取该指令，并存放在 CPU 内部的指令寄存器 IR 后，CPU 修改 PC 的值为（N+m），即 PC 指向该转移指令后续的那条指令。然后，CPU 进入指令执行阶段，此时 PC 的当前值就是（N+m）。

2. 指令中一个多字节操作数的存储顺序。

【答疑】指令存储时，首先存储操作码，后面是操作数。多字节操作数的存储顺序可以采用大端存储方式，或者采用小端存储方式。

例如，假定汇编指令 MOV AX, 2233H 的功能是把 16 位数据 2233H 传送到寄存器 AX。指令中的 2233H 就是立即数方式，占用地址为 45、46 的存储单元。

如果采用小端存储方式，则把 22H 存储在地址为 46 的存储单元，把 33H 存储在地址为 45 的存储单元。

如果采用大端存储方式，则把 22H 存储在地址为 45 的存储单元，把 33H 存储在地址为 46 的存储单元。

4.6 命题研究与模拟预测

4.6.1 命题研究

本章的内容不算多，考试的分值不多。全国统考考查过的知识点有：指令格式、数据寻址方式、指令寻址（PC 的变化）、RISC 与 CISC 的特点。这 3 个考点是本章的主要内容，这些考点的知识需要考生记忆，能够进行简单计算，也需要考生灵活应用。

由于只有在理解指令基础上才能讲解第 5 章，所以在命制综合应用题时，会把指令的知识与控制器的设计联系在一起进行综合考查。

总体上，本章的知识点难度中等，相对独立。考生通过一定的练习应该掌握本章内容。

4.6.2 模拟预测

● 综合应用题

1. 计算机的相对转移指令长度是 3 字节，该指令的地址是 123695。假定该指令中偏移量是 –75。计算该指令执行时跳转到的目的地址。

2. 1 条 PC 相对转移指令长度为 2 字节，在内存中的地址为 1500，转移的目的地址是 100，该指令的操作数占用 12 位，则指令中的操作数是多少?

3. 假定某计算机的部分汇编代码如下面所示，其中左列代表指令的存储地址。

```
1000    mov ax, 1
1002    mov bx, 99
```

```
1004    cmp  ax, bx
1007    jbe  next
1010    mov  cx, 100
……      ……
2000    next: mov dx, 500
```

已知 jbe 指令为单操作数指令，操作数是采用相对寻址方式，且假定操作码占用 8 位。那么汇编指令 jbe next 的操作数是多少（用十六进制表示）？假定该指令操作码是 7AH，操作数采用小端方式存储，则该指令的机器码表示是什么？

4.6.3 答案精解

● 综合应用题

1.【答案精解】

该指令执行时，PC 的内容为 123698（123695+3）。该指令中偏移量是 −75，则该指令执行时跳转到的目的地址是：123698−75=123623。

2.【答案精解】

该指令执行时PC为1502(1500+2)，目的地址是100，则指令中偏移量为100−1502=−1402，用12位存储，则为 A86H。

3.【答案精解】

当指令 jbe next 执行时，PC 的值是下条指令的地址，即 1010。目的地址 next 是 2000，所以指令 jbe next 的操作数（偏移量）是：2000−1010=990。由于该指令长度是 3 字节，操作码占用 1 字节，因此操作数占用 2 字节，操作数的表示是 03DEH。

该指令的机器码表示是：7A DE 03H。

第5章 中央处理器（CPU）

第 5 章 中央处理器（CPU）

5.1 考点解读

本章内容包含：CPU 的组成、CPU 工作过程、CPU 数据通路、CPU 硬布线、微程序、流水线技术。

CPU 的组成、CPU 工作过程、CPU 数据通路、CPU 硬布线、微程序是密切联系的内容，需要考生掌握。流水线技术是高级 CPU 的技术，是稍微独立的部分。这章的内容相比前面第 3 章内部存储器的内容要简单很多。本章的知识属于必考范围，考查难度属于中等，考生多加练习就能掌握。

本章考点如图 5.1 示。本章最近 10 年联考考点题型分值统计如表 5.1 所示。

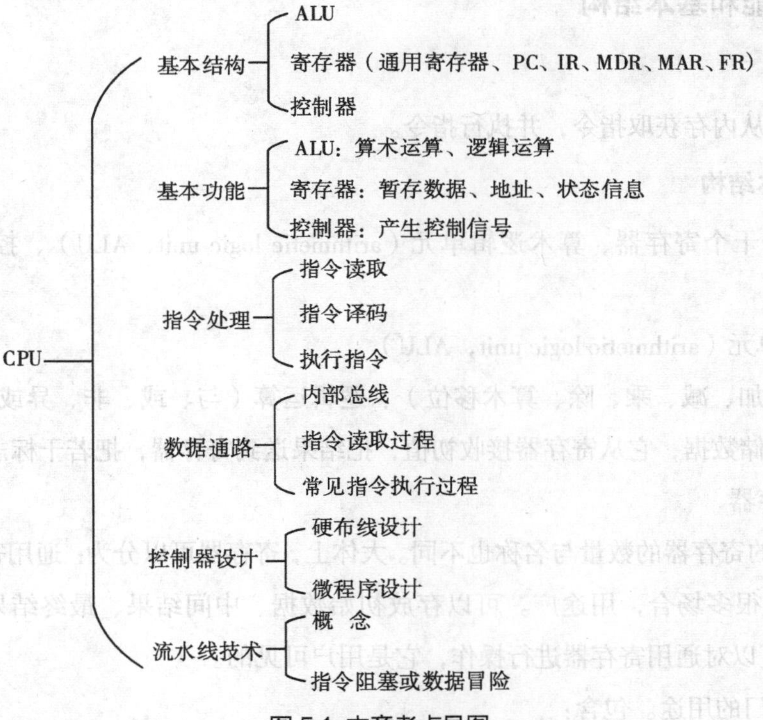

图 5.1 本章考点导图

表 5.1 本章最近 10 年联考考点题型分值统计

年份（年）	题型（题）		分值（分）			联考考点
	单项选择题	综合应用题	单项选择题	综合应用题	合计	
2011	3	0	6	0	6	标志位设置、便于流水、指令周期
2012	1	1	2	10	12	微指令字段、流水线运行

表 5.1（续）

年份（年）	题型（题）		分值（分）			联考考点
	单项选择题	综合应用题	单项选择题	综合应用题	合计	
2013	1	1	2	7	9	流水吞吐率、计算 PC、求标志位、器件名称
2014	2	1	4	5	9	指令与数据便于流水、微指令编码、流水阻塞
2015	0	2	0	17	17	CPU 内部结构、器件、信号、执行过程
2016	3	0	6	0	6	CPU 内部器件、流水线、执行过程
2017	3	1	6	2	8	超标量流水、微程序控制存储器、流水线通路、标志位
2018	2	0	4	0	4	标志位设置、流水线时钟
2019	3	1	6	4	10	脉冲信号、指令执行、流水线数据冲突、标志位与溢出处理
2020	2	1	4	8	12	CPU 内部结构、指令流水线、指令的执行周期

5.2 CPU 的功能和基本结构

5.2.1 CPU 功能

CPU 的功能是：从内存获取指令，并执行指令。

5.2.2 CPU 的基本结构

CPU 主要包含若干个寄存器、算术逻辑单元（arithmetic logic unit，ALU）、控制器（control unit，CU）。

（1）算术逻辑单元（arithmetic logic unit，ALU）

进行算术运算（加、减、乘、除、算术移位）、逻辑运算（与、或、非、异或、逻辑移位等）。算术逻辑单元本身不存储数据，它从寄存器接收初值，把结果送到寄存器，把若干标志位送 PSW。

（2）若干个寄存器

CPU 不同，里面的寄存器的数量与名称也不同。大体上，寄存器可以分为：通用寄存器和专用寄存器。

通用寄存器用于很多场合，用途广。可以存放初始数据、中间结果、最终结果。通常命名为 R1、R2、…、Rn。用户可以对通用寄存器进行操作，它是用户可见的。

专用寄存器有专门的用途。包含：

1）程序计数器 PC（Program counter）

它里面的内容是下一条要读取的指令的地址。

2）指令寄存器 IR（Instruction register）

它存放刚读取的 1 条指令。

3）存储单元地址寄存器 MAR（Memory address register）

它存放 1 个内存地址。

4）存储单元数据寄存器 MDR（Memory data register）

它存放要写入内存的数据，或存放从内存读取的数据。

5）标志寄存器 FR（Flag register）或程序状态字 PSW（Program status word）

这个寄存器的不同位代表 CPU 的某些不同的状态。这些状态位的设定是 CPU 每执行 1 条指令后自动设置的。这些状态可以作为条件，供后面的转移指令做判断用。通常，PSW 中的状态位有：

① 符号位 SF（Sign）：记录本次算术运算结果的符号位，也就是最高位。

② 零位 ZF（Zero）：记录本次运算结果是否是 0。如果运算结果为 0，则 ZF=1；如果运算结果不为 0，则 ZF=0。

③ CF（Carry）：记录本次加法运算结果是否产生进位，或本次减法结果是否产生借位。

④ EF（Equal）：记录本次运算的两个数是否相等。有些 CPU 可能没有这个位。它的功能由 ZF 代替。

⑤ OF（Overflow）：记录本次数学运算结果的溢出位。

有些 CPU 的 PSW 也包含若干个控制位，通过执行指令可以设置控制位，决定 CPU 的某些功能。通常的控制位有中断允许 IE（Interrupt Enable）：当设置 IE 为 1，允许 CPU 响应可屏蔽中断；当设置 IE 为 0，禁止 CPU 响应可屏蔽中断。

（3）控制器

控制器产生 CPU 正常工作所需要的信号，是重要的部件。

5.2.3 真题与习题精编

● 单项选择题

1. 下列给出的部件中，其位数（宽度）一定与机器字长相同的是（ ）。【全国联考 2020 年】

Ⅰ. ALU　Ⅱ. 指令寄存器　Ⅲ. 通用寄存器　Ⅳ. 浮点寄存器

A. 仅Ⅰ、Ⅱ　B. 仅Ⅰ、Ⅲ　C. 仅Ⅱ、Ⅲ　D. 仅Ⅱ、Ⅲ、Ⅳ

2. 某机器有一个标志寄存器，其中有进位 / 借位标志 CF、零标志 ZF、符号标志 SF 和溢出标志 OF，条件转移指令 bgt（无符号整数比较大于时转移）的转移条件是（ ）。【全国联考 2011 年】

A. $CF+OF=1$　B. $\overline{SF}+ZF=1$　C. $\overline{CF+ZF}=1$　D. $\overline{CF+SF}=1$

3. 某计算机主存空间为 4GB，字长为 32 位，按字节编址，采用 32 位定长指令字格式。若指令按字边界对齐存放，则程序计数器（PC）和指令寄存器（IR）的位数至少分别是（ ）。【全国联考 2016 年】

A. 30、30　B. 30、32　C. 32、30　D. 32、32

4. 某 CPU 为 32 位，不能推测出（ ）。

A. CPU 内部数据线的宽度为 32 位　B. 每次运算的数据长度为 32 位

C. CPU 内部寄存器为 32 位　D. 通用寄存器数目为 32 个

5. 很多 CPU 设置有类似 IE 的标志位。该标志位的功能是（ ）。

A. 禁止或允许 CPU 响应中断　B. 表示运算结果是否是 0

C. 表示运算结果是否进位或借位　D. 禁止或允许 CPU 单步运行

6. 某 CPU 的标志位有 CF（进位或借位）、ZF（是否为零）、OF（溢出标志）、SF（最高位，当看作有符号数，就是符号位）。执行指令 CMP R1, R2 后，再执行条件转移指令 JA（两个无符号整数比较，大于时转移）的转移条件是（ ）。

A. CF=0　B. ZF=0　C. CF ∨ ZF=1　D. CF ∨ ZF=0

7. 某 CPU 的标志位有 CF（进位或借位）、ZF（是否为零）、OF（溢出标志）、SF（最高位，当看作有符号数，就是符号位）。执行指令 CMP R1, R2 后，再执行条件转移指令 JAE（两个无符号整数比较，大于等于时转移）的转移条件是（ ）。

A. CF=1　B. ZF=0　C. SF=0　D. CF=0

8. 在 CPU 中，记录指令运行后各个标志位的寄存器是（ ）。

A. 指令寄存器　B. 指令译码器

C. 程序状态寄存器　D. 地址译码器

9. CPU 中记录下一条要执行的指令的地址寄存器是（ ）。

A. 主存地址寄存器 MAR　B. 状态标志寄存器 PSW

C. 指令寄存器 IR　D. 程序计数器 PC

10. 下面关于 CPU 中控制器的功能的叙述，错误的是（ ）。

A. 产生取指令需要的控制信号

B. 根据 1 条指令的操作码在不同时间阶段产生不同的完成操作的控制信号

C. 进行算术运算与逻辑运算

D. 接收 IR 的操作码

11. 减法指令“sub R1, R2, R3”的功能为：(R1)−(R2) → R3，该指令执行后将生成进位 / 借位标志 CF 和溢出标志 OF。若 (R1)=FFFF FFFFH，(R2)=FFFF FFF0H，则该减法指令执行后，CF 与 OF 分别为（ ）。【全国联考 2018 年】

A. CF=0，OF=0　B. CF=1，OF=0

C. CF=0，OF=1　D. CF=1，OF=1

5.2.4 答案精解

● 单项选择题

1.【答案】B

【精解】考点为 CPU 基本结构。

机器字长通常与 CPU 的寄存器位数、加法器有关。所以答案为 B。

2.【答案】C

【精解】考点为标志位的设定。

两个无符号整数比较，如果 A > B，则 A−B > 0，减法不需要借位，减法后 CF=0。另外，差不能为 0，所以 ZF=0。SF 为 0。标志位应该准确反应转移的条件。所以答案为 C。

3.【答案】B

【精解】考点为CPU内部寄存器的用途。

32位定长指令，则IR需要32位。

某计算机主存空间为4GB，字长为32位，按字节编址。这里需要注意的是存储器地址是4GB，所以PC应该是32位。由于指令按照字对齐存放，就是指令的地址是0、4、8、12、…。地址的低2位均为0，则PC可以使用30位，只存放32位地址的高30位。所以答案为B。

4.【答案】D

【精解】考点为CPU内部寄存器的用途。

某CPU为32位，可以推测出A、B、C。注意是可能性，但D没有任何可能。所以答案为D。

5.【答案】A

【精解】考点为标志位的用途。

通过设置中断允许IF，来允许或禁止CPU响应中断。所以答案为A。

6.【答案】D

【精解】考点为标志位的用途。

题目的备选答案中的∨代表逻辑或。它是对2个位进行操作，只要2个位有1个是1，逻辑或的结果就是1。

假定无符号数为4位，15−3=12，则CF=0。但CF=0不能判断出15 > 3，需要ZF=0，也就是CF=0，并且ZF=0，才可以断定15 > 3。所以答案为D。

7.【答案】D

【精解】考点为标志位的用途。

假定无符号数为4位。15−3=12，则CF=0，ZF=0。

15−15=0，则CF=0，ZF=1。也就是CF=0，可以断定大于等于关系成立。所以答案为D。

8.【答案】C

【精解】考点为CPU内部寄存器的用途。

程序状态寄存器或标志寄存器用来记录每条指令执行后各个标志位的值。所以答案为C。

9.【答案】D

【精解】考点为CPU内部寄存器的用途。

程序计数器记录下一条要执行的指令地址。所以答案为D。

10.【答案】C

【精解】考点为CPU内部寄存器的用途。

控制器的功能是A、B、D。它没有算术运算功能。所以答案为C。

11.【答案】A

【精解】考点为CPU标志位的设置。

CPU进行A减去B的运算的步骤是：把B的每个位进行取反（或者非运算），然后与A进行相加，再加上 1，就得到最终的差。由于这里是进行减法，所以在加法运算过程中，会产生进位（0 或者 1），则最终 CF 的值是该进位的非（或者取反）的值。溢出 OF 的值的设置是：次高位产生的进位值与最高位产生的进位值进行异或运算的结果。运算过程如下：

FFFF FFFFH–FFFF FFF0H

=FFFF FFFFH+0FH+1

=FFFF FFFF+10H

=1 0000 000FH

在进行加法的过程中，产生的进位为 1。由于本指令是减法，可以理解为：减法的借位与加法的进位是非的关系。所以此处减法运算后的借位是 0。OF 是次高位进位与最高位进位的异或值，得到 OF 为 0。

5.3 指令执行过程

5.3.1 简单的指令执行过程

CPU 简单的指令处理过程是：读取指令，执行指令，循环该过程，如图 5.2 所示。

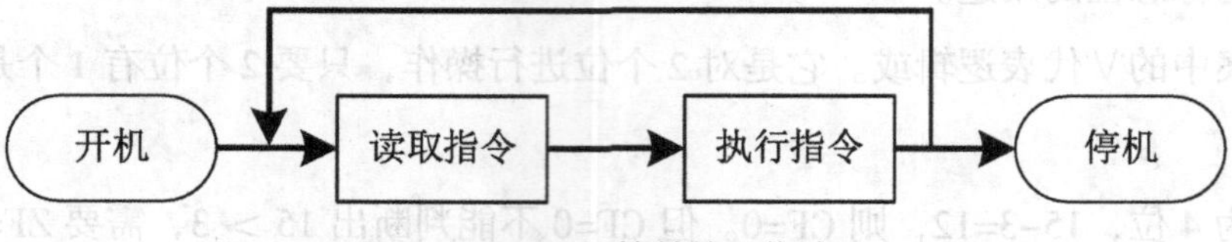

图 5.2 CPU 的简单的工作流程

开机后，PC 有初始值。假定为 N。

CPU 读取指令的过程，可以分为下面的步骤：

（1）把 PC 的内容 N 送 MAR。

（2）发出“读内存”控制信号。

（3）把 MDR 中的信息送 IR（假定存储器已经把信息送入 MDR）。

（4）更新 PC，使它记录下一条指令的地址。

这 4 个步骤实现了指令的读取。每个步骤花费的时间相等，是 CPU 最小的时间单位，称为 CPU 时钟周期。这个时钟信号由 CPU 外的时钟电路提供。CPU 时钟周期是该时钟的频率的倒数。在第 1 章的内容中，该时钟的频率也称为计算机主频。

这里读取指令需要 4 个步骤，花费 4 个时钟周期，这段时间被称为读取指令周期。

疑问：指令的长度不一样，取指令周期一样吗？

解决方法：

① 采用等长指令，使所有指令长度相等，并且等于 CPU 字长。这样，每次读取 1 个字。

② 不等长指令。指令至少是字长的倍数，则在取指令阶段，只读取指令 1 个字长，这 1 个字的部分指令包含操作码。这样，取指令的时间就都相等。随后根据操作码，再读取指令的剩余部分，把这算作指令执行部分。

（5）指令在 IR 后，指令的操作码送入 1 个译码器，产生 1 个有效信号，送入控制器。

有些资料把这个过程叫作指令译码。最多分配指令译码占用 1 个 CPU 时钟周期，称为译码周期。有些资料认为该过程的时间很短，不需要单独分配 1 个 CPU 时钟周期。

控制器是 1 个时序逻辑电路，接收指令译码器的输入、若干脉冲信号，按顺序产生执行该指令的信号。

（6）把指令译码器的输出送入控制器到控制器完成该指令的执行，这个阶段称为指令执行阶段，花费的时间称为指令执行周期。指令执行周期也是 CPU 时钟周期的整数倍。有些 CPU 设计者规定所有指令的执行周期相等，有些 CPU 设计者规定不同指令的执行周期不相等。

总结：

一个总的指令处理（process）过程包含：读取指令，对指令译码，执行（execute）指令。分别占用的时间为：取指令周期、指令译码周期、指令执行周期。如上所述，有些资料把指令译码周期与指令执行周期合在一起，统一称为指令执行周期。

有些资料把取指令周期、指令译码周期、指令执行周期合称为指令执行周期。这样的描述会导致混乱。为做区分，可以把总的时间称为指令处理（process）周期。

总体来看：

指令处理周期 = 取指令周期 + 指令译码周期 + 指令执行周期。

5.3.2 具有中断的指令执行过程

当 CPU 具有中断功能时，为检测到中断是否发生，需要添加中断检测周期。在中断检测周期，CPU 检查是否有中断请求，如果没有中断请求，回到取指令周期。

如果有中断请求，进行中断处理，大致步骤如下：

步骤 1：保存 PC 的值、保存相关寄存器的值；

步骤 2：把该中断处理程序的首地址送 PC；

步骤 3：进入该中断处理程序的读取指令周期。

这时，CPU 的工作流程是：读取指令→执行指令→中断检测（有中断则处理）→循环该过程，如图 5.3 所示。

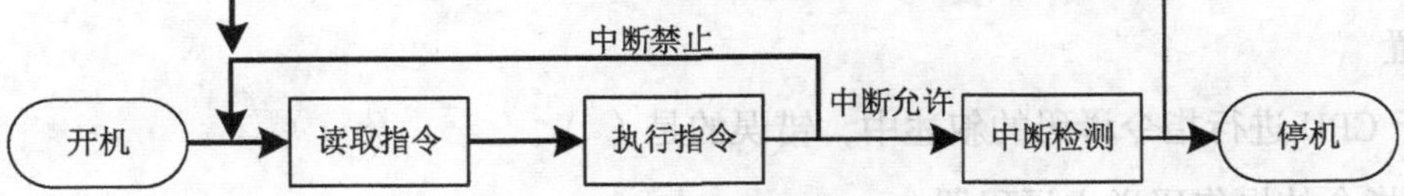

图 5.3 具有中断功能的 CPU 工作流程

5.3.3 真题与习题精编

● 单选选择题

1. 单周期处理器中所有指令的指令周期为一个时钟周期。下列关于单周期处理器的叙述中，错误的是（ ）。 【全国联考 2016 年】

A. 可以采用单总线结构数据通路

B. 处理器时钟频率较低

C. 在指令执行过程中控制信号不变

D. 每条指令的 CPI 为 1

2. 下列有关处理器时钟脉冲信号的叙述中，错误的是（ ）。【全国联考 2019 年】

A. 时钟脉冲信号由机器脉冲源发出的脉冲信号经整形和分频后形成

B. 时钟脉冲信号的宽度称为时钟周期，时钟周期的倒数为机器主频

C. 时钟周期以相邻状态单元间组合逻辑电路的最大延迟为基准确定

D. 处理器总是在每来一个时钟脉冲信号时就开始执行一条新的指令

3. 当 1 个外设提出中断请求，CPU 处理中断请求的时机是（ ）。

A. 任意时间　　B. CPU 译码 1 条指令后

C. CPU 在 1 条指令执行结束　　D. CPU 在读取 1 条指令后

4. CPU 完成 1 个微操作需要的时间是 1 个（ ）。

A. CPU 时钟周期　　B. 指令周期

C. 总线周期　　D. 总线时钟周期

5. CPU 取指令的操作必定是（ ）。

A. 读内存　　B. 读 I/O　　C. 写内存　　D. 写 I/O

6. 假定 CPU 读取某条指令需要 1 μs，译码时间为 1 μs，执行该指令需要 5 μs。该指令的处理时间是：（ ）。

A. 2 μs　　B. 5 μs　　C. 6 μs　　D. 7 μs

7. CPU 把读取的 1 条指令存放在（ ）。

A. MAR　　B. MDR　　C. PC　　D. IR

8. CPU 在读取 1 条指令操作中，需要更新 PC 的值。更新 PC 的值发生的时机是（ ）。

A. “把 PC 的内容 N 送 MAR”之后即可

B. “发出读内存控制信号”之后即可

C. “把 MDR 中的信息送 IR”之后即可

D. 任意位置

9. 下列关于 CPU 进行指令译码的叙述中，错误的是（ ）。

A. 把 IR 中指令的操作码送入译码器

B. 把 IR 中指令的操作码送入控制器

C. 指令译码需要很长时间

D. 指令译码需要的时间很短，可以忽略

10. 某 CPU 运行指令时，1 条指令的执行需要的 CPU 时钟周期数目由（ ）决定。

A. 该指令的长度

B. 该指令的操作数个数

C. CPU 时钟周期长短

D. 指令的操作码或控制器

11. 假定某指令系统的每条指令处理需要 10 个 CPU 时钟周期，CPU 时钟频率是 5MHz。每条指令执行完毕将检测外部中断。则理论上，该外部中断的请求频率最高是（ ）。

A. 50MHz　　B. 5MHz　　C. 0.5MHz　　D. 任意频率

12. 某 CPU 总共有 4 个不同的微操作。每个微操作需要的时间是：2 μs、3 μs、4 μs、5 μs。那么 CPU 时钟周期可以选用（ ）。

A. 2 μs　　B. 3 μs　　C. 4 μs　　D. 5 μs

13. 某 CPU 内部，MDR 是 8 位，MAR 是 12 位，PC 是 10 位。该 CPU 的指令长度为 8 位。则 CPU 运行的程序最多包含（ ）条指令。

A. 256　　B. 1024　　C. 4096　　D. 任意

14. 某 CPU 内部，MDR 是 8 位，MAR 是 12 位，PC 是 10 位，IR 是 16 位。该 CPU 采用等长指令，IR 存放 1 条指令。则读取 1 条指令，需要使用数据总线（ ）次。

A. 1　　B. 1.5　　C. 2　　D. 4

● **综合应用题**

已知 $f(n)=n!=n\times(n-1)\times(n-2)\times\cdots\times2\times1$，计算 $f(n)$ 的 C 语言函数 $f1$ 的源程序（阴影部分）及其在 32 位计算机 M 上的部分机器级代码如下：

```
                 int fl(int n){
00401000         55                  push ebp
  ……             ……                  ……
             if (n>1)
00401018    83 7D 08 01              cmp dword ptr[ebp+8], 1
0040101C    7E 17                    jle fl+35h(00401035)
             return n*fl(n-1);
0040101E    8B 45 08                 mov eax, dword ptr[ebp+8]
00401021    83 E8 01                 sub eax, 1
00401024    50                       push eax
00401025    E8 D6 FF FF FF           call fl (00401000)
  ……             ……                  ……
00401030    0F AF C1                 imul eax, ecx
00401033    EB 05                    jmp fl+3Ah(0040103a)
          else   return  1;
00401035    B8 01 00 00 00           mov eax, 1
}
```

```
    ……        ……          ……
26  00401040  3B EC        cmp ebp, esp
    ……        ……          ……
30  0040104A  C3           ret
```

其中，机器级代码行包括行号、虚拟地址、机器指令和汇编指令，计算机 M 按字节编址，nt 型数据占 32 位。请回答下列问题：【全国联考 2019 年】

（1）计算 $f(10)$ 需要调用函数 $f1$ 多少次？执行哪条指令会递归调用 $f1$？

（2）上述代码中，哪条指令是条件转移指令？哪几条指令一定会使程序跳转执行？

（3）根据第 16 行 call 指令，第 17 行指令的虚拟地址应是多少？已知第 16 行 call 指令采用相对寻址方式，该指令中的偏移量应是多少（给出计算过程）？已知第 16 行 call 指令的后 4 字节为偏移量，M 采用大端还是小端方式？

（4）$f(13)$=6227020800，但 $f1(13)$ 的返回值为 1932053504，为什么两者不相等？要使 $f1(13)$ 能返回正确的结果，应如何修改 f1 源程序？

（5）第 19 行 imul 指令（带符号整数乘）的功能是 R[eax] ← R[eax] × R[ecx]，当乘法器输出的高、低 32 位乘积之间满足什么条件时，溢出标志 OF=1？要使 CPU 在发生溢出时转异常处理，编译器应在 imul 指令后加一条什么指令？

5.3.4 答案精解

● 单选选择题

1.【答案】A

【精解】考点为 CPU 时钟知识。

备选项 B、C、D 正确，所以答案为 A。

2.【答案】D

【精解】考点为 CPU 时钟信号。

处理器时钟脉冲信号就是通常所说的 CPU 时钟信号，它是 CPU 工作的基本信号。

指令周期由若干个时钟周期组成。指令并不是在每来一个时钟信号时就开始执行一条新指令，所以 D 错误很明显。所以答案为 D。

3.【答案】C

【精解】考点为 CPU 工作过程。

CPU 每处理完 1 条指令，检查是否有中断请求。所以答案为 C。

4.【答案】A

【精解】考点为 CPU 工作过程。

CPU 时钟是 CPU 工作的信号。时钟信号周期是 CPU 工作的基本时间单位。

指令周期是处理 1 条指令的时间。总线周期是完成 1 次总线操作的时间。

总线时钟周期是总线操作的基本时间单位。

所以答案是 A。

5.【答案】A

【精解】考点为 CPU 工作过程。

指令在内存中，取指令必定是读内存操作。所以，答案是 A。

6.【答案】D

【精解】考点为 CPU 工作过程。

该指令的处理时间包含：取指令时间、译码时间、执行时间。所以答案为 D。

7.【答案】D

【精解】考点为 CPU 工作过程。

读取的指令存放在 IR 中。有些 CPU 有存放指令的队列，可以存放多条指令。最简单的 CPU 模型可以认为没有该队列。1 条指令要被执行，需要放到 IR，即指令寄存器中。IR 就是暂时存放 1 条指令。IR 的操作码信息送入控制器。所以答案是 D。

8.【答案】A

【精解】考点为 CPU 工作过程。

取指令时，需要使用 PC 的值作为指令地址，那么更新 PC 的时机，只要取指令完成后，或者是把 PC 的值发送 MAR 之后即可。所以答案是 A。

9.【答案】C

【精解】考点为 CPU 工作过程。

指令译码就是把 IR 中的指令操作码送入控制器，更准确地说，是送入控制器中的译码器。令操作码加在译码器的输入端，可以立即产生有效输出（ns 级别）。所以译码时间可以忽略不计，也可以分配 1 个时钟周期。所以答案是 C。

10.【答案】D

【精解】考点为 CPU 工作过程。

这里的执行时间是指控制器开始完成指令任务花费的时间。每个指令执行的时间是 CPU 时钟周期的倍数，在 CPU 设计时，已经确定每条指令的执行时间。控制器识别操作码，使用规定好的时间。所以答案是 D。

11.【答案】C

【精解】考点为 CPU 工作过程。

每条指令执行完毕，检测是否有外部中断请求。也就是 2 条中断请求的间隔最小是运行 1 条指令的时间，即 200ns × 10=2000ns=2 μs。那么外部中断请求的最高频率是 0.5MHz。所以答案是 C。

12.【答案】D

【精解】考点为 CPU 工作过程。

这里每个微操作的时间不一致，应该把最长的操作时间作为 CPU 时钟周期。所以答案是 D。

13.【答案】B

【精解】考点为 CPU 工作过程。

这里是 CPU 里面寄存器不等长的情况。指令的地址由 PC 决定，所以指令的条数是 2^{10}，即 1024。所以答案是 B。

14.【答案】C

【精解】考点为 CPU 工作过程。

这里是 CPU 里面寄存器不等长的情况。1 条指令的长度是 16 位，CPU 每次接收 8 位数据或指令。所以读取 1 条指令需要数据总线 2 次。所以，答案是 C。

● 综合应用题

1.【答案精解】

（1）计算 $f(10)$ 需要调用函数 $f1$ 的次数是 10。执行第 16 行的 call 指令会递归调用 $f1$。

（2）上述代码中，条件转移指令是：第 12 行指令 jle f1+35h。

一定会使程序跳转执行的指令是：第 16 行指令、第 20 行指令、第 30 行指令。

说明：call 指令是调用子程序的指令。ret 是子程序返回指令。jmp 是直接转移指令。

（3）第 17 行指令的虚拟地址应是：00401025H+5=0040102AH

第 16 行 call 指令采用相对寻址方式，该指令中的偏移量应是：

偏移量 = 目的地址 -(PC)，即 00401000H-0040102AH=-2AH，8 位补码表示是 D6H。

用 32 位补码表示就是 FFFF FFD6H。D6H 为最低位，存储在低地址，所以 M 采用小端方式。

（4）函数的返回值是 int 型，这里是 32 位，运行过程数值超过 int 型的表示范围，导致出错。应该把函数的返回值修改为 long 型，这里应该是 64 位。

（5）eax 是 32 位，ecx 是 32 位，乘积是 64 位，现在 64 位乘积要送到 32 位的 eax，也就是这两个补码的真值需要相等。当 64 位积的高 32 位是低 32 位的符号扩充时，OF 为 1；否则，OF 为 0。编译器应该在 imul 指令后加一条溢出中断指令。该指令判断 OF 的值，如果 OF 为 1，则中断。

5.4 数据通路的功能和基本结构

数据通路就是在 CPU 内部，一个器件把信息传送到另外一个器件的线路或过程。

CPU 内部有若干个器件，如果采用器件互相连接的方式，会使控制这些信息的流动很麻烦，增加器件或删除器件也不方便。为此，CPU 内部的器件采用总线方式，就是器件都连接到公共的总线上。这个公共的总线传输的信息有：数据信息、地址信息。

控制 CPU 内部总线的原则是：在某一个时刻只能有 1 个器件发出信息，最多有 1 个器件接收信息。2 个器件完成信息的传送后，与总线处于断开状态。

为加快信号传输速率，可以对 CPU 内部总线的控制原则做修改。可以是：在某一个时刻只能有 1 个器件发出信息，可以有多个器件接收信息。2 个器件完成信息的传送后，与总线处于断开状态。

直观上看，CPU 内部器件似乎都连接在总线上。但实际上哪 2 个器件构成 1 个发送与接收通路，是由控制器实现的。

5.4.1 CPU 内部总线结构

CPU 内部器件通过线路连接，这些线路叫作内部数据总线。内部数据总线可以有 3 种组织形式：单总线、2 路总线、3 路总线。

单总线就是采用 1 组线路把所有数据区域的器件连接起来。1 个单总线 CPU 的结构如图 5.4 所示。

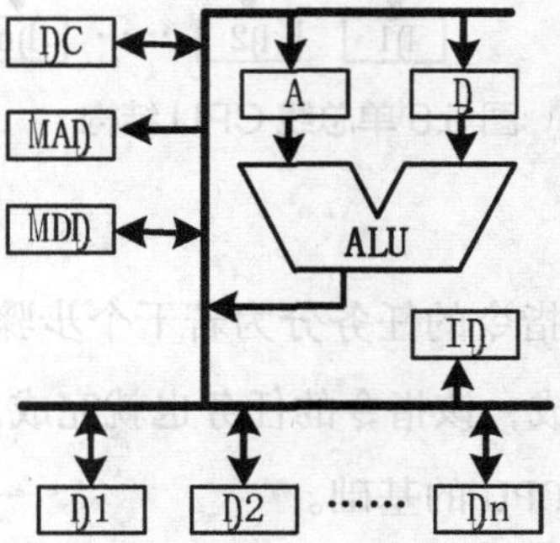

图 5.4 单总线 CPU 结构

图中黑色粗线代表总线。R1 可以使用总线 1 把数据送到 A，R2 可以使用总线把数据送到 B，但不能同时使用总线。

双总线就是采用 2 组线路把所有数据区域的器件连接起来。1 个双总线 CPU 的结构如图 5.5 所示。

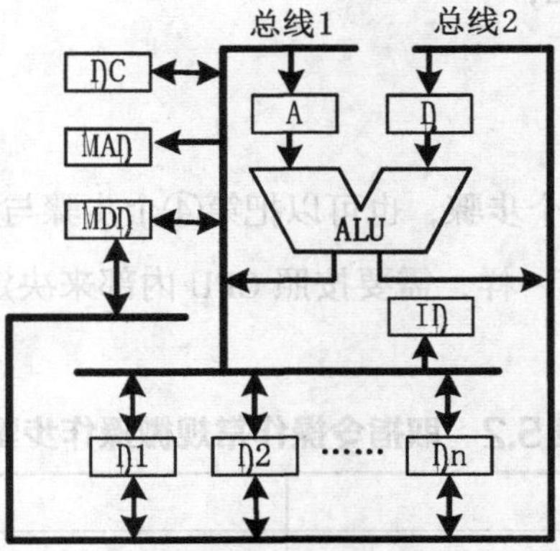

图 5.5 双总线 CPU 结构

采用双总线可以加快指令执行。在同一个时间段，R1 可以使用总线 1 把数据送到 A，R2 可以使用总线 2 把数据送到 B。

3 总线就是采用 3 组线路把所有数据区域的器件连接起来。

单总线结构最简单。后面的讲解采用单总线讲解。为避免冲突，在任意时间，只能有 1 个器件发出信息，只能有 1 个器件接收信号。该单总线 CPU 的结构如图 5.6 所示。

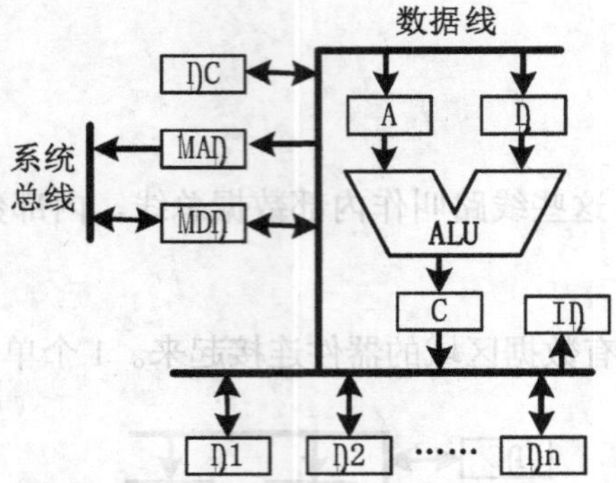

图 5.6 单总线 CPU 结构

5.4.2 微操作

CPU 工作的核心思想就是：把 1 个指令的任务分为若干个步骤。每个步骤完成 1 个子任务。当所有的步骤执行完毕，也就是所有子任务完成，该指令的任务也就完成。每个步骤占用 1 个 CPU 时钟周期。

分析每个操作需要的微操作是设计 CPU 的基础。

读取指令分为若干步骤完成。

指令的处理也是分为若干步骤完成的。每个步骤是 1 个微操作，每个微操作占用 1 个 CPU 时钟周期。

取指令（fetch code）操作的常规步骤是：

① 把 PC 的值（内容）送 MAR；

② 控制器发出读存储器命令 Read；

③ 把 MDR 的值送 IR；

④ 修改 PC 的值。

这里是根据上面的单总线设计 4 个步骤，也可以把第④个步骤与第③个步骤合并到 1 个步骤。提示：不同的总线，数据流动的情况可能不一样，需要按照 CPU 内部来决定读取指令的步骤。这 4 个步骤可以表示为如表 5.2 所列。

表 5.2　取指令操作常规微操作步骤

时间	微操作
t_0	(PC) —> MAR
t_1	Read 有效
t_2	(MDR) —> IR
t_3	(PC)+n —> PC

关于 PC 的更新，如果每次 PC 更新是自身加个固定值，则设计专用的电路实现；如果每次 PC 更新需要加上不同的值，则需要使用 ALU。这里简化操作，假定 1 个专用的控制信号就可以实现 PC 自身的更新。

常用指令实现的微操作列举如下。这里规定指令中目标操作数在后面，源操作数在前面。

（1）2 个寄存器的值相加，和也存入寄存器

ADD R1, R2, R3；(R1)+(R2) —> R3。

① 把 R1 的值送寄存器 A；

② 把 R2 的值送寄存器 B；

③ 控制器发出加法控制信号 ADD；

④ 使寄存器 C 接收 ALU 的输出；

⑤ 把 C 的值送 R3。

这里采用了 5 个步骤，也可以把第②个步骤与第③个步骤合并为 1 个步骤；也可以把第④个步骤与第⑤个步骤合并为 1 个步骤。上述步骤可以表示为如表 5.3 所列。

表 5.3　常用指令实现的微操作（1）步骤

时间	微操作
t_0	(R1) —> A
t_1	(R2) —> B
t_2	ADD 有效
t_3	使 ALU 输入 C
t_4	(C) —> R3

（2）从地址为 X_addr 的存储器单元读取值，送入寄存器 R2

LOAD X_addr, R2；Mem[X_addr] —> R2。X_addr 为存储地址，X_addr 采用直接寻址方式。

① 把 IR 中 X_addr 的值送 MAR；

② 控制器发出读存储器命令 Read；

③ 把 MDR 的值送 R2。

上述步骤可以表示如表 5.4 所列。

表 5.4　常用指令实现的微操作（2）步骤

时间	微操作
t_0	(IR)—> MAR
t_1	Read 有效
t_2	(MDR) —> R2

（3）把寄存器 R2 的值送到地址为 X_addr 的存储器单元

STORE R2, X_addr；Rx—>Mem[X_addr]。X_addr 为存储地址，X_addr 采用直接寻址方式。

① 把 IR 中 X_addr 的值送 MAR；

② 把 R2 的值送 MDR；

③ 控制器发出写存储器命令 Write。

上述步骤可以表示如表 5.5 所列。

表 5.5　常用指令实现的微操作（3）步骤

时间	微操作
t_0	(IR) —> MAR
t_1	(R2) —> MDR
t_2	Write 有效

（4）中断处理

能处理中断请求的 CPU，在每条指令执行完毕后，检查是否有中断请求。如果有中断请求，并且

CPU 被设置为可以处理中断，则 CPU 会处理中断请求。中断的处理分为两步：第一步是中断响应，根据某种机制找到中断事件对应的中断服务程序的入口地址；第二步是运行中断服务程序。

运行中断服务程序的步骤如下：

① 把 PC 的值送 MDR；

② 某个特定值送 MAR；

③ 发出写存储器命令 Write；

④ 把该中断服务程序的首地址送 PC。

步骤①②③是把 PC 的当前值保存到内存的某个单元。实际上，还需要保存标志寄存器的值。这里的 CPU 模型不考虑标志寄存器。

假定寄存器 Rm 事先存放步骤②中的特定值，Rn 事先存放中断服务程序首地址。

上述步骤可以表示如表 5.6 所列。

表 5.6 中断服务程序的微操作步骤

时间	微操作
t_0	(PC) —> MDR
t_1	(Rm) —> MAR
t_2	Write 有效
t_3	(Rn)2 —> PC

Rm 事先存储了 PC 的当前值欲被储存到的内存单元的地址。Rn 事先存储该中断服务程序的首地址。这里是简化模型。

（5）转移指令

转移指令有两种。

第一种是无条件转移，也就是不考虑标志位，直接进行转移。在指令中直接写出目的地址，目的地址可以是真实目的地址，也可以是偏移量（目的地址减去当前 PC 的值），即：

真实目的地址 = 偏移量 +（PC）。

目的地址采用绝对地址的无条件转移的微操作，步骤如下（仅有一步）：

把 IR 中的目的地址送 PC。

上述步骤可以表示如表 5.7 所列。

表 5.7 目的地址采用绝对地址的无条件转移的微操作步骤

时间	微操作
t_0	(IR) —> PC

目的地址采用偏移量的无条件转移的微操作，步骤如下：

①把 IR 中的偏移量送寄存器 A；

②把 PC 的值送寄存器 B；

③控制器发出加法控制信号 ADD，使结果进入寄存器 C；

④把 C 的值送 PC。

上述步骤可以表示如表 5.8 所列。

表 5.8　目的地址采用偏移量的无条件转移的微操作步骤

时间	微操作
t_0	(IR) —> A
t_1	(PC) —> B
t_2	ADD 有效
t_3	(C) —> PC

第二种是有条件转移，也就是根据某个标志位来决定是否转移。在指令中直接写出目的地址，目的地址可以是真实目的地址，也可以是偏移量(目的地址减去当前PC的值)。真实目的地址 = 偏移量 +(PC)。

假定条件码是 condition。

目的地址为真实目的地址的有条件转移指令的步骤如下（仅有一步）：

如果 condition=1，把 IR 里面的目的地址送 PC。

可以表示为如表 5.9 所列。

表 5.9　目的地址为真实目的地址的有条件转移指令的微操作步骤

时间	微操作
t_0	condition · (IR) —> PC

这里的圆点代表“逻辑与”运算。

目的地址为偏移量的有条件转移指令的步骤如下，可以表示为如表 5.10 所列：

① 把 IR 中的偏移量送寄存器 A；

② 把 PC 的值送寄存器 B；

③ 控制器发出加法控制信号 ADD，使结果进入寄存器 C；

④ 如果 condition=1，把 C 里面的目的地址送 PC。

表 5.10　目的地址为偏移量的有条件转移的微操作步骤

时间	微操作
t_0	(IR) —> A
t_1	(PC) —> B
t_2	ADD 有效；结果进入寄存器 C
t_3	condition · (C) —> PC

提示：每个操作的具体步骤是根据 CPU 内部的总线连接情况决定的。基本原则是：在某一个时刻只能有 1 个器件发出信息，最多有 1 个器件接收信息。2 个器件完成信息的传送后，与总线处于断开状态。

修正的原则是：在某一个时刻只能有 1 个器件发出信息，可以有多个器件接收信息。2 个器件完成信息的传送后，与总线处于断开状态。

说明：同一个操作，不同的设计者采用的步骤数量与次序可能有所不同。

5.4.3 真题与习题精编

● 单项选择题

1. 某指令功能为 R[r2] ← R[rl]+M[R[r0]]，其两个源操作数分别采用寄存器、寄存器间接寻址方式。对于下列给定部件，该指令在取数及执行过程中需要用到的是（ ）。 【全国联考 2019 年】

Ⅰ. 通用寄存器组（GPRs） Ⅱ. 算术逻辑单元（ALU）

Ⅲ. 存储器（Memory） Ⅳ. 指令译码器（ID）

A. 仅Ⅰ、Ⅱ B. 仅Ⅰ、Ⅱ、Ⅲ C. 仅Ⅱ、Ⅲ、Ⅳ D. 仅Ⅰ、Ⅲ、Ⅳ

2. 若 CPU 要处理的指令为：ADD R1,#50（把数值 50 与寄存器 R1 相加），则 CPU 首先要完成的操作是（ ）。

A. (PC) —> MAR B. 50 —> MDR

C. 50 —> R1 D. (PC) —> IR

3. CPU 内部的公共数据总线上不会传输的信息是（ ）。

A. 数据信息 B. 地址信息 C. 各种控制信息 D. 指令

4. 在 CPU 内部，控制 2 个器件与内部公共数据总线的连接，构成 1 个数据通路的信号是由（ ）生成。

A. IR B. ALU C. PC D. 控制器

5. 某 CPU 的取指令需要 4 个步骤完成，每个步骤占用 1 个 CPU 时钟周期，则该取指令不可以使用（ ）个 CPU 时钟周期。

A. 3 B. 4 C. 5 D. 6

6. CPU 内部器件连接到公共数据总线，下面关于内部公共总线的描述中，不属于公共总线的特点是（ ）。

A. 分时使用总线，简化控制 B. 方便增加器件

C. 方便去掉器件 D. 多器件可以同时发送

7. 某 CPU 指令系统有 4 条不同指令，执行的步骤个数分别是 4、5、6、7。取指令需要 4 个步骤。现在使所有指令的处理时间相等，则指令处理周期应该是（ ）个 CPU 时钟周期。

A. 8 B. 9 C. 10 D. 11

8. 某条指令长度为 32 位，指令中的源操作数是 16 位数据，采用立即数寻址。该指令的功能是向 1 个内存单元写 1 个 16 位的数据。IR 是 32 位，MDR 是 8 位，则 CPU 处理该指令需要使用外部数据总线（ ）次。

A. 4 B. 5 C. 6 D. 7

9. 寄存器是常用存放数据的器件，类似可以存放数据的盒子。1 个 8 位寄存器有 8 个输入端、8 个输出端。则控制该 1 个寄存器至少需要（ ）个控制信号。

A. 1 B. 2 C. 3 D. 4

10. CPU 内部，为方便输出到总线，需要在每个器件的输出端与总线之间设置的器件是（ ）。

A. 多路复用器 B. 译码器 C. 三态门 D. 模拟开关

11. 指令 Jmp X（功能是：跳转到目的地址，X 为偏移量）的内存地址是 1000，指令长度是 2 字节。存储器以字节编址。目的地址是 100，则偏移量 X 的值是（ ）。

A. 1000　　B. 100　　C. –900　　D. –902

12. CPU 内部的数据总线上，信息流动的需要遵循一个原则，以下错误的是（ ）。

A. 1 个时间段只能有 1 个器件发出信息

B. 1 个时间段可以有多个器件发出信息

C. 严格来说，只能有 1 个器件接收信息

D. 不严格的情况下，可以有多个器件接收信息

● 综合应用题

1. 某 CPU 的内部如下图所示。

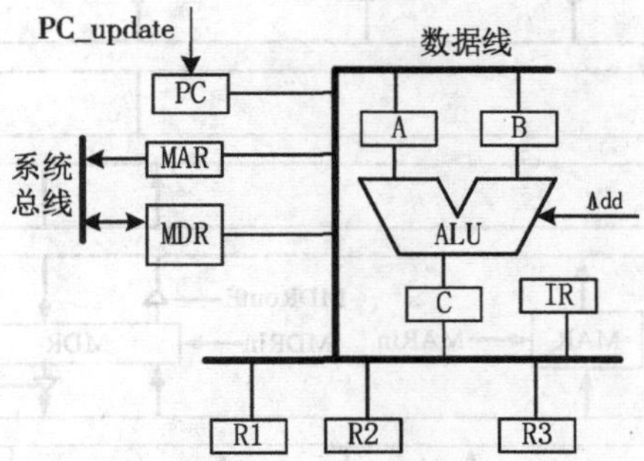

回答下面的问题：

（1）指令 MOV R1, [R2] 的功能是读取内存数据送到 R1，该数据的内存地址存储在 R2，即 [R2] 是间接寻址。写出该指令的操作步骤。

（2）CPU 中寄存器 C 是否是必需的？并叙述原因。

2. 某 CPU 的内部下图所示。

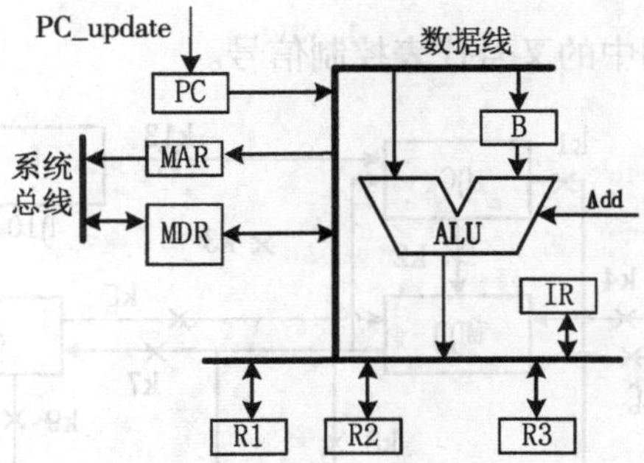

回答下面问题：

（1）该内部结构是否存有问题？如果有问题，指出该问题。

（2）如果有问题，应该怎样修改？

3. 某计算机字长 16 位，采用 16 位定长指令字结构，部分数据通路结构如下图所示，图中所有控制信号为 1 时表示有效、为 0 时表示无效。例如控制信号 MDRinE 为 1 表示允许数据从 DB 打入 MDR，MDRin 为 1 表示允许数据从内总线打入 MDR。假设 MAR 的输出一直处于使能状态。加法指令“ADD (R1), R0”的功能为 (R0)+((R1)) —> (R1)，即将 R0 中的数据与 R1 的内容所指主存单元的数据相加，并将结果

送入 R1 的内容所指主存单元中保存。【全国联考 2009 年】

下表给出了上述指令取指和译码阶段每个节拍（时钟周期）的功能和有效控制信号，请按表中描述方式用表格列出指令执行阶段每个节拍的功能和有效控制信号。

时钟	功能	有效控制信号
C1	MAR ← (PC)	PCout, MARin
C2	MDR ← M(MDR) PC ← (PC) + 1	MemR,MDRinE, PC+1
C3	IR ← (MDR)	MDRout, IRin
C4	指令译码	无

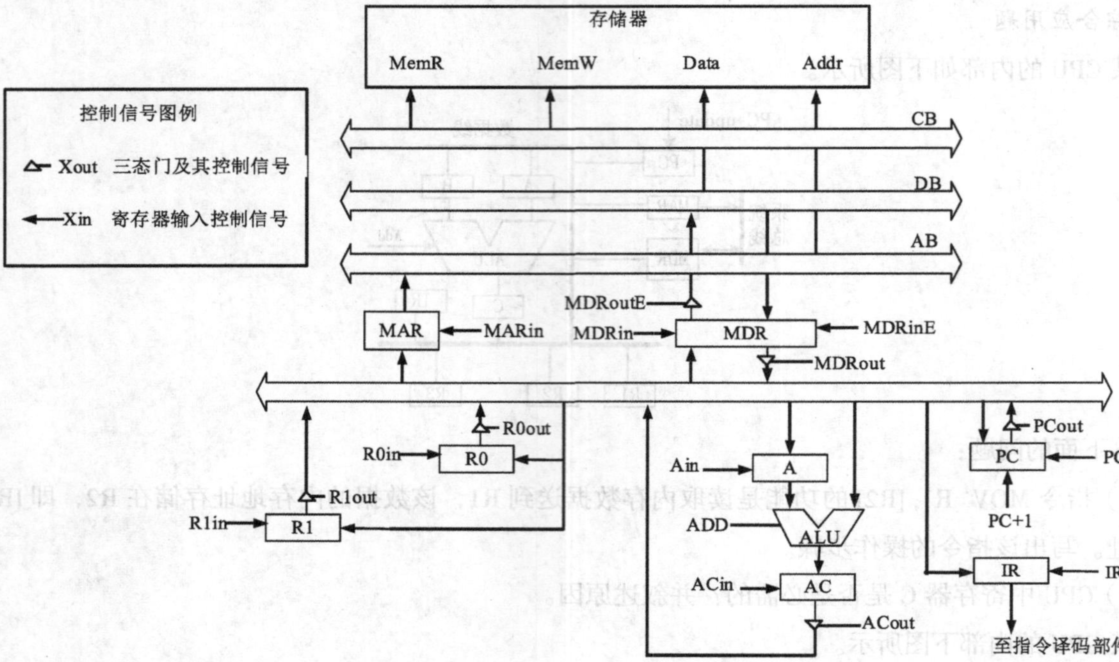

4. 某 CPU 结构如下图所示。图中的叉号代表控制信号。

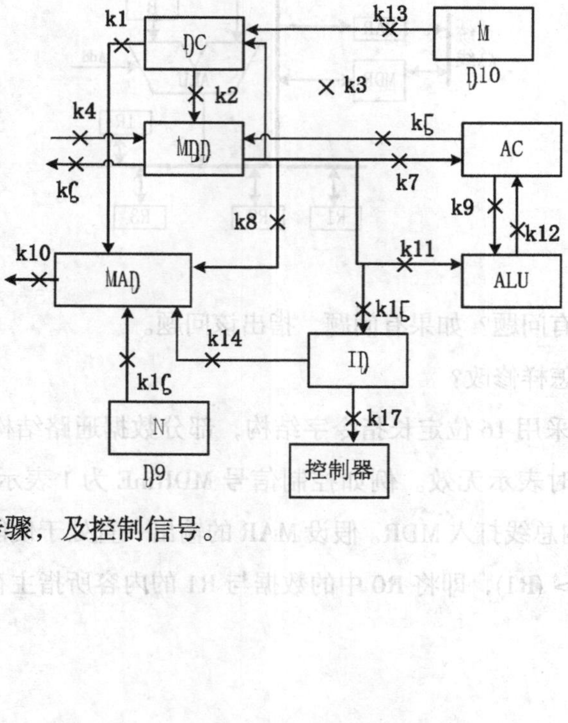

写出下面操作的微操作步骤，及控制信号。

（1）取指令。

（2）指令中的源操作数采用直接寻址。把该源操作数读入 AC。

（3）发生中断请求后 CPU 的处理。假定寄存器 R9 存储数值 N，寄存器 R10 存储数值 M。当中断请求发生，CPU 把 PC 值保存到内存地址为 N 的单元。中断服务程序的地址是 M。

5.4.4 答案精解

● 单项选择题

1.【答案】B

【精解】考点为数据通路。

取数过程需要从寄存器 r1、r2 取数。需要访问内存。需要进行加法。所以答案为 B。

2.【答案】A

【精解】考点为数据通路。

处理指令的第一个步骤是读取指令，读取指令的第一个步骤是把 PC 的值送 MAR。所以答案为 A。

3.【答案】C

【精解】考点为数据通路。

CPU 内部公共数据总线传输的信号按照内容区分，有地址信息、数据信息、指令。所以答案为 C。

4.【答案】D

【精解】考点为数据通路。

控制 2 个器件与内部公共数据总线的连接从而构成 1 个数据通路的信号由控制器生成。所以答案为 D。

5.【答案】A

【精解】考点为数据通路。

取指令至少需要 4 步，使用的 CPU 时钟周期可以多于 4 个。在多出的时间段，CPU 可以空闲。所以答案为 A。

6.【答案】D

【精解】考点为数据通路。

A、B、C 是采用公共数据总线的原因或特点。所以答案为 D。

7.【答案】D

【精解】考点为数据通路。

指令最多需要 11 步，现在使所有指令的处理时间相等。所有指令都需要 11 步。所以答案为 D。

8.【答案】C

【精解】考点为数据通路。

读取指令，需要 32 ÷ 8=4 次。执行时，输出 16 位数据，需要 2 次。总共需要使用数据总线 6 次。所以答案为 C。

9.【答案】B

【精解】考点为数据通路。

需要 1 个信号控制 8 个信号的输入，需要 1 个信号控制 8 个信号的输出。所以答案为 B。

10.【答案】C

【精解】考点为数据通路。

在每个器件的输出端与总线上设置的三态门，可以控制器件与总线的连接与断开，相当于模拟开关。所以答案为 C。

11.【答案】D

【精解】考点为数据通路。

当执行该指令时，PC 值为 1002，偏移量 X=100–1002=–902。所以答案为 D。

12.【答案】B

【精解】考点为数据通路。

当多个器件同时发出信息时，会导致线路的电平错误。因此，要避免 2 个器件同时发出信息。理论上，可以允许多个器件同时接收，但是，为方便控制，最好还是在每个时间段，只有 1 个器件接收信息。所以答案为 B。

● 综合应用题

1.【答案精解】

（1）操作步骤如下：

①把 R2 的内容送到 MAR；

②发出“存储器读命令”；

③把 MDR 内容送 R1。

（2）CPU 中寄存器 C 不是必需的。因为运算的 2 个初值在 A、B 中，ALU 的运算结果可以使用总线送到通用寄存器。但是设置寄存器 C，运算结果可以暂存到 C，方便控制。

2.【答案精解】

（1）CPU 内部组成存在问题。

使用 ALU 运算时，ALU 的 1 个输入端需要从内部总线获取数据，而 ALU 的输出也需要使用总线，会导致冲突。

（2）修改方法可以是：在 ALU 原来没有设置寄存器的输入端设置 1 个寄存器，用来暂存输入的数据。或者在 ALU 输出端设置 1 个寄存器，用来暂存结果。避免 ALU 的输入端与输出端同时使用总线。

3.【答案精解】

可以表示如下：

时钟	功能	有效控制信号
C1	(R1) —> MAR	R1out, MARin
C2	M(MDR) —> MDR	MemR, MDRinE
C3	(R0) —> A	R0out, Ain
C4	(MDR) —> ALU	MDRout
C5	ADD，ALU —> AC	ADD, ACin
C6	(AC) —> MDR	ACout, MDRin
C7	MDR —> M(MDR)	MDRoutE, MemW

4.【答案精解】

（1）取指令的过程如下：

t1：(PC) —> MAR　　　　　　// 有效控制信号：k1，k10

t2：CPU 发出读内存信号　// 有效控制信号：Read

t3：Memory —> MBR　　　　// 有效控制信号：k4

t4：(MBR) —> IR　　　　　　// 有效控制信号：k15

t5：PC 更新

说明：这里的读内存信号 Read、PC 更新信号没在图中画出。这里分了 5 步。第 3 步可以与第 4 步合并。

（2）指令中源操作数采用间接寻址。把该源操作数读入 AC。过程如下：

t1：(IR) —> MAR　　　　　　// 有效控制信号：k14，k10

t2：CPU 发出读内存信号　// 有效控制信号：Read

t3：Memory —> MBR　　　　// 有效控制信号：k4

t4：(MBR) —> IR　　　　　// 有效控制信号：k7

（3）发生中断请求时，当中断请求发生，CPU 把 PC 值保存到内存地址为 N 的单元。中断服务程序的地址是 M。则过程如下：

t1：(R9) —> MAR　　　　　　// 有效控制信号：k16，k10

t2：(PC) —> MBR　　　　　// 有效控制信号：k2，k6

t3：CPU 发出写内存信号　// 有效控制信号：Write

t4：R10 —> (PC)　　　　　// 有效控制信号：k13

说明：这个 CPU 结构里面各个器件没有采用总线连接，器件之间的连接线很多，有点杂乱，如果要增加 1 个器件或者删除 1 个器件，也需要增加或删除很多线路，比较麻烦。所以，CPU 内部一般采用各个器件连接到公共总线的方式。总线的好处就是增加或删除器件而不影响其他器件，很方便。但是需要各个器件分时共享总线。

通常情况，每个器件有 1 个输入端与 1 个输出端。在图中，MAR 接收 4 路信号，输出 1 路信号。MAR 每个时刻最多接收 1 路输入，也就是 k1、k8、k14、k16 这 4 个控制信号最多有 1 个有效。这里的叉号在实际中对应一个电子器件，叫作三态门。三态门有输入端（多路）、输出端（多路）、控制端（1 个公共）。控制端的电平决定输入端与输出端是否连接或断开。三态门的功能类似一个开关，使它连接的 2 个器件之间连接或断开。图中的 IR 与 MAR 之间就存在一个三态门，控制 IR 的信号是否可以流入 MAR，三态门的控制信号就是 k14。

5.5 控制器的功能和工作原理

控制器就是产生不同的控制信号，实现“读取指令”“执行指令”“检测中断”的循环操作。

控制器的设计方法有两种：硬布线控制器、微程序控制器。

5.5.1 硬布线控制器

硬布线控制器就是采用逻辑电路设计控制器。

假定某 CPU 的内部结构如图 5.7 所示。

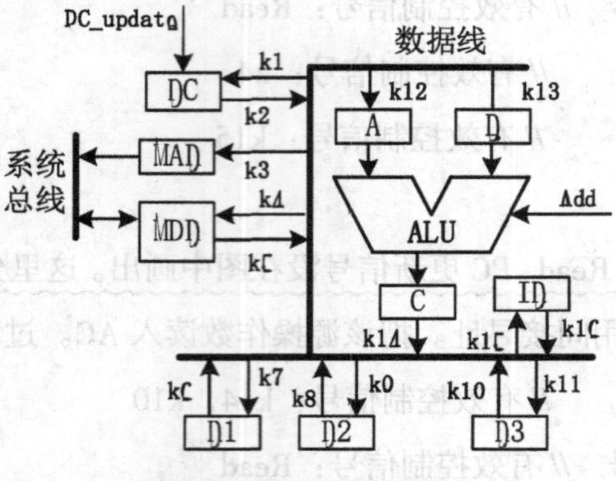

图 5.7 某 CPU 内部结构

PC_update 是 PC 更新的控制信号，Add 是命令 ALU 进行加法的控制信号，其他控制信号、读存储器信号 Read、写存储器信号 Write，没有标出。其他控制信号 k1~k17 标出了。

假定该 CPU 的指令系统只有 3 条指令。

（1）装载指令 Load1，把内存地址为 mem_addr 的单元的值送 R1。

需要的控制信号及步骤是：

① k16, k3　　　　　　//(IR) —> MAR

② Read

③ k5, k7　　　　　　//(MDR) —> R1

（2）装载指令 Load2，把内存地址为 mem_addr 的单元的值送 R2。

需要的控制信号及时序是：

① k16, k3　　　　　　//(IR) —> MAR

② Read

③ k5, k9　　　　　　//(MDR) —> R2

（3）加法指令 Add，完成 (R1)+(R2) —> R3。

需要的控制信号及时序是：

① k6, k12　　　　　　//(R1) —> A

② k8, k13　　　　　　//(R2) —> B

③ Add　　　　　　　　//(R1)+(R2) —> C

④ k14, k11　　　　　　//(C) —> R3

取指令的操作是：

① k2, k3　　　　　　//(PC) —> MAR

② Read

③ k5, k15　　　　　　　　//(MDR) —> IR

④ PC_update

可以看出：取指令需要 4 个 CPU 时钟周期。执行时，Load1 需要 3 个 CPU 时钟周期，Load2 需要 3 个 CPU 时钟周期，Add 需要 4 个 CPU 时钟周期。

Load1 指令处理周期是 7 个 CPU 时钟周期。Load2 指令处理周期是 7 个 CPU 时钟周期。Add 指令处理周期是 8 个 CPU 时钟周期。

那么，系统需要 8 个不同的时钟信号，命名为 T1~T8。有些资料将其叫作节拍信号。T1~T8 均由 CPU 时钟信号通过电路生成。

那么，可以得到每个控制信号的布尔表达式。将每个表达式用逻辑电路来实现，就得到了控制器。

k1 信号暂时没有使用。

k2 信号出现在取指令的步骤①，所以，k2=T1。

k3 信号出现在：（a）取指令的步骤①；（b）Load1、Load2 的步骤①。

所以，k3=T1+T5・（Load1+Load2）。

k4 信号暂时没有使用。

k5 信号出现在：（a）Load1、Load2 的步骤③；（b）取指令的步骤③。

所以，k5=T3+T7・（Load1+Load2）。

类似地，可以得到每个控制信号的表达式，用逻辑电路实现这些表达式，就是采用硬布线设计控制信号。一旦控制器设计好，再增加指令或修改操作步骤，需要修改控制器电路，会很复杂、很麻烦。采用硬布线设计的控制器的工作原理如图 5.8 所示。

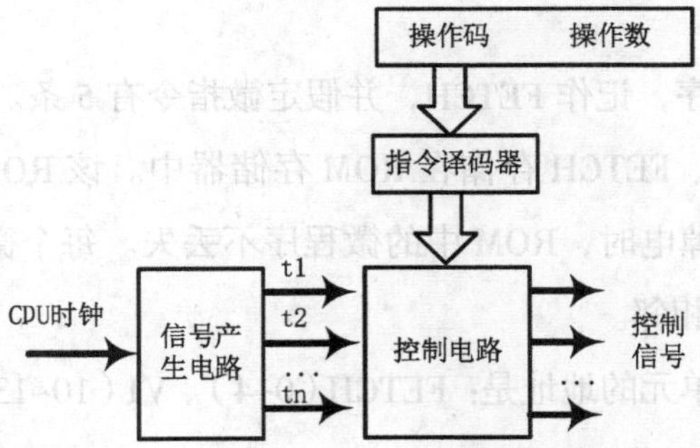

图 5.8 采用硬布线的控制器的工作原理

现代的 CPU 功能很复杂，使用硬布线来设计控制器会很困难。因此，需要采用另外的方法来实现，就是微程序设计。

5.5.2 微程序控制器

我们通过一个例子来说明微程序控制器的原理。

假定某 CPU 有 4 条不同的指令 Z1、Z2、Z3、Z4。全部的控制信号是 k1~k8。每条指令需要 4 个指令周期，记作 t1~t4。每条指令的每个微操作需要的信号是：

指令 Z1：t1（k1、k3）、t2（k2、k3）、t3（k1、k5）、t4（k2、k6）。

指令 Z2：t1（k2、k3）、t2（k3、k5）、t3（k2、k6）、t4（k7）。

指令 Z3：t1（k1、k3）、t2（k2、k3）、t3（k1、k5）、t4（k2、k6）。

指令 Z4：t1（k4）、t2（k7）、t3（k8）、t4（k7、k2）。

对于指令 Z1，由于 k1、k3 在 t1 需要有效，也就是需要均为 1，则把 t1 的微操作信号表示为 1 条微指令。微指令的每个位连接 1 个控制信号，需要有效的信号用 1 表示，不需要有效的信号用 0 表示，就得到 1 条微指令。从最高位到最低位依次是 k8、k7、…、k1。

这样得到 Z1 的 4 条微指令是：

t1(0000 0101)

t2(0000 0110)

t3(0001 0001)

t4(0010 0010)

可见，微指令就是用 0、1 代表一个步骤（微操作）的各个控制信号的状态。

每个微指令对应 1 个微操作，把这 4 个微指令依次送到控制线，则实现指令 Z1 的功能，这 4 条微指令就组成 1 个微程序。

1 条指令对应 1 个微程序。这里有 4 条指令，所以需要 4 个微程序，分别记作 V1、V2、V3、V4。

例如，微程序 V1 是：

0000 0101　//WZ1

0000 0110　//WZ2

0001 0001　//WZ3

0010 0010　//WZ4

取指令操作也有对应的微程序，记作 FETCH，并假定微指令有 5 条。

把微程序 V1、V2、V3、V4、FETCH 存储在 ROM 存储器中。该 ROM 叫作控制存储器。使用 ROM 存储微程序的原因是，当 ROM 掉电时，ROM 中的微程序不丢失。每个微程序占用连续的单元，不同的微程序之间可以相邻，也可以不相邻。

假定 5 个微程序分别占用的单元的地址是：FETCH（0~4）、V1（10~13）、V2（14~17）、V3（18~21）、V4（22~25）。

一般在 1 个微程序中，为指出每条微指令的后续地址（即下一条微指令的地址），采用在本条微指令的后面字段存放下条微指令地址的方法。

控制 ROM 的部分存储如图 5.9 所示。

V1 的第 1 条微指令 0000 0101 11 中的 11 是下条微指令的地址；V1 的第 4 条微指令 0000 0110 0 中的 0 的作用是：当 V1 的本条微指令执行完毕时，也就实现了指令 V1 的功能。这时控制器需要进行下一条指令的读取，所以需要开始运行取指令的微程序。而取指令微程序在控制 ROM 中的地址是从 0 开始。

取指令微程序中，最后的那条微指令中包含的后续地址是无意义的，因为该微指令执行后，1 条指令已经在 IR。下一步是根据 IR 中的操作码，转移到对应的微程序。

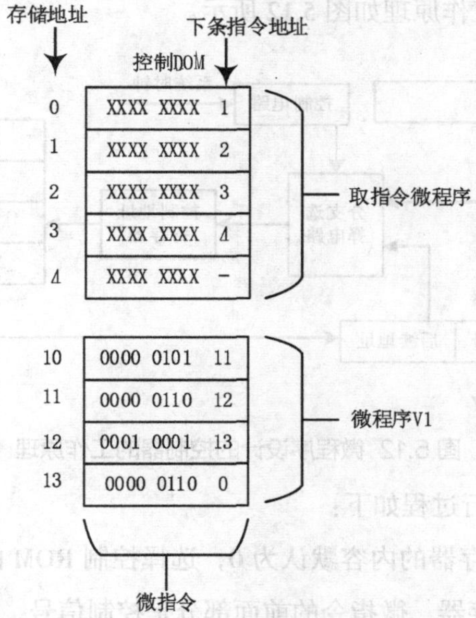

图 5.9 控制 ROM 的存储情况

上面的指令 Z1 的操作要求在 t1 内控制信号 k1、k3 需要有效，所以该微指令是 0000 0101。这种把每个控制信号用 1 个控制位直接控制的方式叫作直接控制或直接编码方式。直接编码的原理如图 5.10 所示。

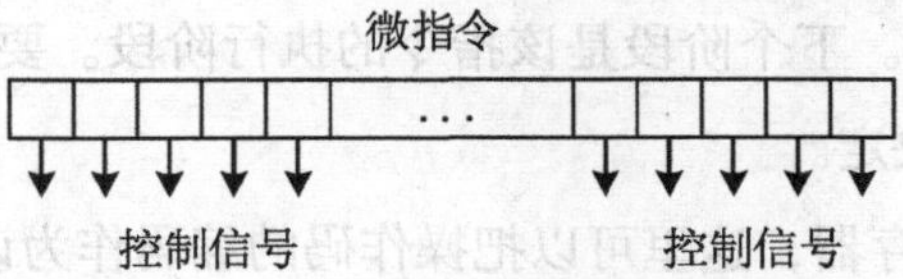

图 5.10 直接编码的示意图

这种方式使设计简单，速度快，但如果控制信号很多，则微指令的长度会很长。有的资料把这种方式叫作微指令水平控制方式。

还有一种表示控制信号的方式是字段编码方式，有的资料将其称为垂直控制方式。这种方式就是把控制信号分为若干组，组内的信号有互斥关系，不能同时有效，最多有 1 个信号有效。微指令的位不直接对应控制信号，而是用位的编码作为控制信号。字段编码方式的原理如图 5.11 所示。

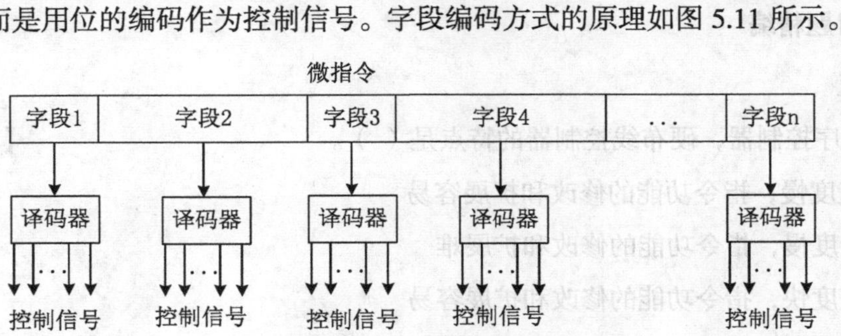

图 5.11 字段编码方式的原理

具体就是：把微指令的某几个位作为译码器的输入，译码器的输出作为控制信号。这样，在微指令中，某字段占用 n 个控制位，该字段的控制信号最多有（2^n-1）个，需要 1 个状态表示该组的控制信号都无效。

这样减少了微指令中控制位的个数，但需要增加多个译码器，也增加了运行时间。

采用微程序设计的控制器的工作原理如图 5.12 所示。

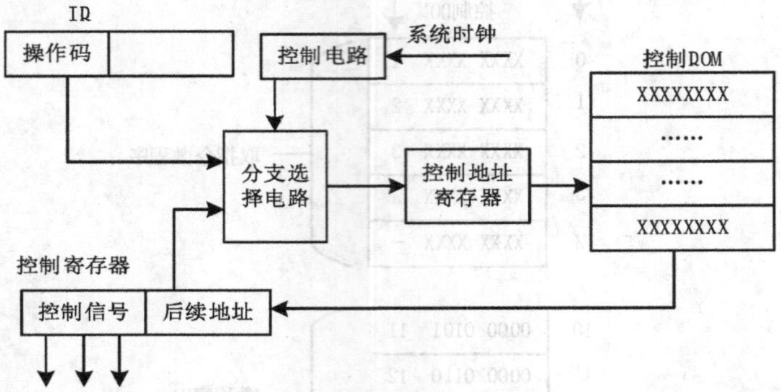

图 5.12 微程序设计的控制器的工作原理

以前面的 CPU 为例，说明运行过程如下：

① CPU 启动后，控制地址寄存器的内容默认为 0，选择控制 ROM 的 0 单元，该单元是读指令的第 1 条微操作。该微指令送到控制寄存器，微指令的前面部分是控制信号，从而输出控制信号。

② 控制寄存器里面的后续地址（此时为 1）经过分支选择电路，送到控制地址寄存器，选择控制寄存器的 1 号单元。重复上述步骤。控制寄存器按照时间发出不同的控制信号。

③ 当控制 ROM 的 4 单元的微指令送到控制寄存器，并输出控制信号，这时就完成了从内存读取 1 条指令的操作，获得的指令在 IR 中。下个阶段是该指令的执行阶段。要执行的下一条微指令在控制 ROM 的地址需要根据指令的操作码来决定。

④ IR 操作码进入控制地址寄存器，这里可以把操作码的编码作为该指令的微程序的开始地址。这样选中该微程序的第 1 条微指令，把该微指令送入控制寄存器。

⑤ 按照类似的过程，循环实现取指令，执行指令。分支选择电路决定哪个信号进入控制地址寄存器，它受到 1 个控制电路的控制。

可以看出，微程序的执行也是按照时间逐条执行，实现 1 个指令的功能的。修改 1 个微指令，就可以改变该指令的功能。这样比采用硬件电路设计控制器要灵活。

5.5.3 真题与习题精编

● 单项选择题

1. 相对于微程序控制器，硬布线控制器的特点是（ ）。【全国联考 2009 年】

A. 指令执行速度慢，指令功能的修改和扩展容易

B. 指令执行速度慢，指令功能的修改和扩展难

C. 指令执行速度快，指令功能的修改和扩展容易

D. 指令执行速度快，指令功能的修改和扩展难

2. 下列选项中，能缩短程序执行时间的措施是（ ）。【全国联考 2010 年】

Ⅰ. 提高 CPU 时钟频率　Ⅱ. 优化数据通路结构

Ⅲ. 对程序进行编译优化

A. 仅Ⅰ和Ⅱ　　B. 仅Ⅰ和Ⅲ　　C. 仅Ⅱ和Ⅲ　　D. Ⅰ、Ⅱ和Ⅲ

3. 某计算机的控制器采用微程序控制方式，微指令中的操作控制字段采用字段直接编码法，共有33个微命令，构成5个互斥类，分别包含7、3、12、5和6个微命令，则操作控制字段至少有（ ）。

【全国联考2012年】

A. 5位　　B. 6位　　C. 15位　　D. 33位

4. 某计算机采用微程序控制器，共有32条指令，公共的取指令微程序包含2条微指令，各指令对应的微程序平均由4条微指令组成，采用断定法（下地址字段法）确定下条微指令地址，则微指令中下址字段的位数至少是（ ）。【全国联考2014年】

A. 5　　B. 6　　C. 8　　D. 9

5. 下列关于主存储器（MM）和控制存储器（CS）的叙述中，错误的是（ ）。【全国联考2017年】

A. MM在CPU外，CS在CPU内

B. MM按地址访问，CS按内容访问

C. MM存储指令和数据，CS存储微指令

D. MM用RAM和ROM实现，CS用ROM实现

6. 在微程序方式中，指令和微指令的关系是（ ）。

A. 每一条指令对应一条微指令

B. 每一条指令对应一段（或一个）微程序

C. 指令组成微程序

D. 一条微指令由若干条指令组成

7. 完成指令的1个步骤对应（ ）。

A. 1条微指令　　B. 1个微程序　　C. 1个控制位　　D. 1段代码

8. 微指令存储在（ ）。

A. 主存　　B. 磁盘　　C. Cache　　D. ROM

9. 微程序运行时，关于如何确定下一条微指令的地址，有几种方法。最通常的方法是（ ）。

A. 用程序计数器PC来产生后继微指令地址

B. 用微程序计数器μPC来产生后继微指令地址

C. 在每条微指令中明确指出

D. 由控制电路决定

10. 找到1条微程序的入口地址（第1条微指令的地址），是通过（ ）决定。

A. 指令的地址码　　B. 指令的操作码

C. 微指令的微地址码　　D. 微指令的微操作码

11. CPU指令系统有3条指令Z1~Z3，总的控制信号有30个。Z1的执行总共需要20个控制信号；Z2的执行总共需要28个控制信号；Z3的执行总共需要10个控制信号。若微指令的控制信号采用水平编码方式，则每条微指令的控制位需要（ ）位。

A. 10　　　　B. 20　　　　C. 28　　　　D. 30

12. 采用微程序方法设计控制器，总的控制信号有 30 个，微指令的控制信号采用水平编码方式。全部微指令是 120 条，则每条微指令至少需要（ ）位。

A. 30　　　　B. 37　　　　C. 120　　　　D. 150

13. 关于微指令的编码方式的叙述，正确的是（ ）。

A. 水平编码法和垂直编码法不影响微指令的长度

B. 一般情况下，水平编码微指令的位数多

C. 一般情况下，垂直编码微指令的位数多

D. 一般情况下，水平编码需要译码器

14. 实现控制器的方式中，微程序控制方式比硬布线方式慢的原因是（ ）。

A. 微程序使用逻辑组合电路产生信号

B. 硬布线使用逻辑组合电路产生信号

C. 微程序方式下，处理 1 条指令需要运行 1 个微程序

D. 时钟信号慢

15. 采用微程序来设计的控制器的特点是（ ）。

A. 速度快，修改指令的功能或增删指令困难

B. 速度快，修改指令的功能或增删指令较容易

C. 速度慢，修改指令的功能或增删指令困难

D. 速度慢，修改指令的功能或增删指令较容易

16. 某 CPU 指令系统中共有 20 条不同的指令，采用微程序控制方式时，控制存储器中应该有（ ）个微程序。

A. 19　　　　B. 20　　　　C. 21　　　　D. 22

17. 微指令中的地址部分的作用是作为（ ）。

A. 操作数的地址　　B. 操作结果的地址

C. 下一条指令的地址　　D. 下一条微指令的地址

● 综合应用题

1. 某计算机采用 16 位定长指令字格式，其 CPU 中有一个标志寄存器，其中包含进位 / 借位标志 CF、零标志 ZF 和符号标志 NF。假定为该机设计了条件转移指令，其格式如下：

15　　11	10	9	8	7　　0
0000	C	Z	N	OFFSET

其中，00000 为操作码 OP；C、Z 和 N 分别为 CF、ZF 和 NF 的对应检测位，某检测位为 1 时表示需检测对应标志，需检测的标志位中只要有一个为 1 就转移，否则不转移，例如，若 C=1，Z=0，N=1，则需检测 CF 和 NF 的值，当 CF=1 或 NF=1 时发生转移；OFFSET 是相对偏移量，用补码表示。转移执行时，转移目标地址为（PC）+2+2 × OFFSET；顺序执行时，下条指令地址为（PC）+2。

以下是该指令对应的数据通路示意图，要求给出图中部件①~③的名称或功能说明。

【全国联考 2013 年】

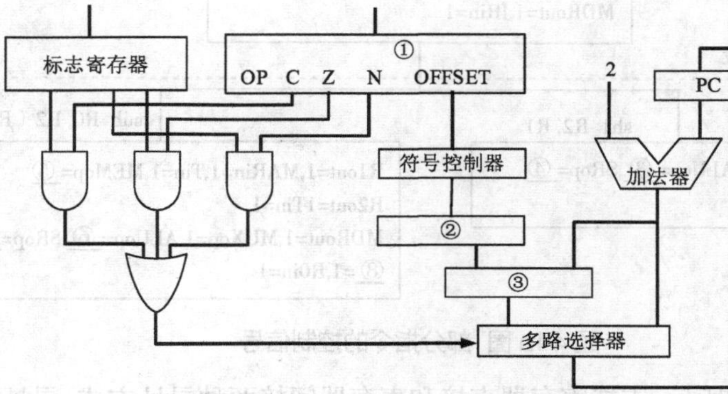

2. 某 16 位计算机的主存按字节编址，存取单位为 16 位；采用 16 位定长指令字格式；CPU 采用单总线结构，主要部分如下图所示。图中 R0~R3 为通用寄存器；T 为暂存器；SR 为移位寄存器，可实现直送（mov）、左移一位（left）和右移一位（right）3 种操作，控制信号为 SRop，SR 的输出由信号 SRout 控制；ALU 可实现直送 A（mova）、A 加 B（add）、A 减 B（sub）、A 与 B（and）、A 或 B（or）、非 A（not）、A 加 1（inc）7 种操作，控制信号为 ALUop。

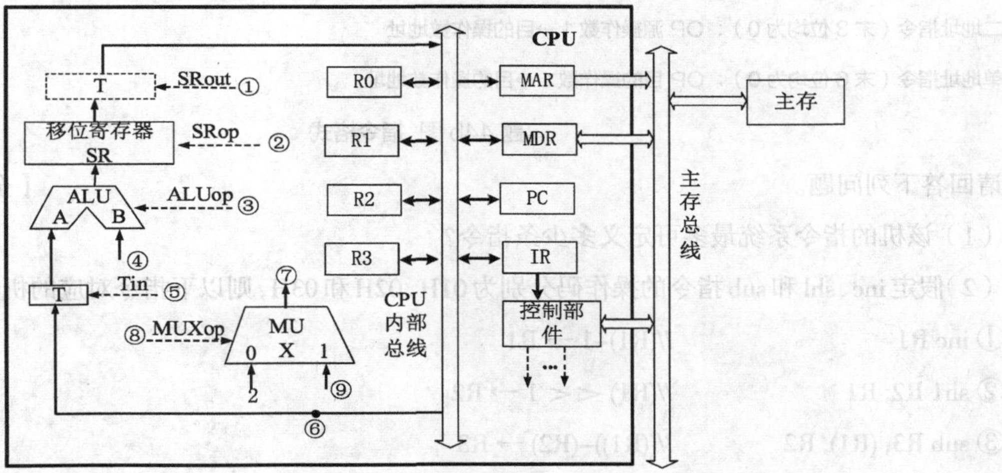

请回答下列问题。【全国联考 2015 年】

（1）图中哪些寄存器是程序员可见的？为何要设置暂存器 T？

（2）控制信号 ALUop 和 SRop 的位数至少各是多少？

（3）控制信号 SRout 所控制部件的名称或作用是什么？

（4）端点①~⑨中，哪些端点须连接到控制部件的输出端？

（5）为完善单总线数据通路，需要在端点①~⑨中相应的端点之间添加必要的连线。写出连线的起点和终点，以正确表示数据的流动方向。

（6）为什么二路选择器 MUX 的一个输入端是 2？

3. 题 43 中描述的计算机，其部分指令执行过程的控制信号如题 44a 图所示。

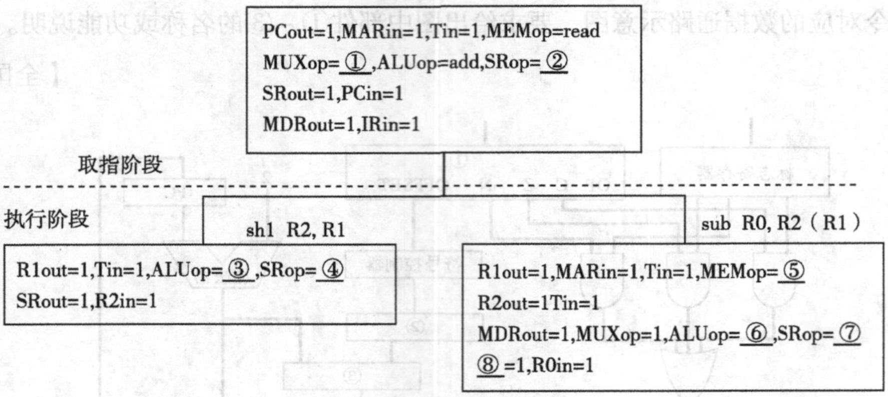

题 44a 图 部分指令的控制信号

该机指令格式如题 44b 图所示，支持寄存器直接和寄存器间接两种寻址方式，寻址方式位分别为 0 和 1，通用寄存器 R0~R3 的编号分别为 0、1、2 和 3。

指令操作码	目的操作数		源操作数 1		源操作数 2	
OP	Md	Rd	Ms1	Rs1	Ms2	Rs2

其中：Md、Msl、Ms 为寻址方式位，Rd、Rs1、Rs2 为寄存器编号。

三地址指令：源操作 1　OP　源操作数 2 →目的操作数地址

二地址指令（末 3 位均为 0）：OP 源操作数 1 →目的操作数地址

单地址指令（末 6 位均为 0）：OP 目的操作数 1 →目的操作数地址

题 44b 图 指令格式

请回答下列问题。【全国联考 2015 年】

（1）该机的指令系统最多可定义多少条指令？

（2）假定 inc、shl 和 sub 指令的操作码分别为 01H、02H 和 03H，则以下指令对应的机器代码各是什么？

① inc R1　　//(R1)+1 → R1

② sh1 R2, R1　　//(R1) << 1 → R2

③ sub R3, (R1), R2　　//((R1))−(R2) → R3

（3）假设寄存器 x 的输入和输出控制信号分别记为 Xin 和 Xout，其值为 1 表示有效，为 0 表示无效（例如，PCout=1 表示 PC 内容送总线）；存储器控制信号为 MEMop，用于控制存储器的读（read）和写（write）操作。写出题 44a 图中标号① ~ ⑧处的控制信号或控制信号取值。

（4）指令"sub R1, R3, (R2)"和"inc　R1"的执行阶段至少各需要多少个时钟周期？

5.5.4 答案精解

● 单项选择题

1.【答案】D

【精解】考点为硬布线控制器特点。

硬布线控制器的速度取决于电路延迟，所以速度快。硬布线控制器采用专门的逻辑电路实现，修改和扩展困难。所以答案为D。

2.【答案】D

【精解】考点为CPU的内部结构、数据通路、流水线技术。

Ⅰ. CPU的时钟频率越高，时钟周期越短，程序的执行时间就越短。

Ⅱ. 数据在功能部件之间传送的路径称为数据通路，数据通路的功能是实现CPU内部的运算器和寄存器以及寄存器之间的数据交换。优化数据通路结构，可以有效提高计算机系统的吞吐量，从而加快程序的执行。

Ⅲ. 对程序进行编译优化可以实现流水线。

所以答案为D。

3.【答案】C

【精解】考点为微指令的编码方式。

字段直接编码法就是将微指令中的位分成若干个字段，每个字段经过1个译码器，把译码器的输出作为控制信号。

微指令中的位进行段的原则：

（1）互斥性控制信号应该在同一个译码器输出，相容性控制信号应该在不同的译码器输出；

（2）一般，需要译码器的1个输出表示此时没有任何微指令有效。

5个互斥类分别需要3、2、4、3、3位，共15位。

所以答案为C。

4.【答案】C

【精解】考点为微程序技术。

计算机共有32条指令，各个指令对应的微程序平均为4条，则微指令为32×4=128条，公共微指令还有2条，整个微指令为128+2=130条，$2^8 > 130$。所以答案为C。

5.【答案】B

【精解】考点为微程序技术。

控制存储器是微程序技术中存储微指令的ROM。可以采用排除法求解。

答案A、C、D的描述正确，所以，答案为B。

6.【答案】B

【精解】考点为微程序技术。

每一条指令对应一段（或一个）微程序。所以答案为B。

7.【答案】A

【精解】考点为微程序技术。

指令的1个步骤对应1条微指令。多条微指令对应1条指令。所以答案为A。

8.【答案】D

【精解】考点为微程序技术。

微程序存储在 ROM 里面，以免丢失。该 ROM 由于存放微程序，所以被叫作控制 ROM。用户程序不能访问控制 ROM。所以答案为 D。

9.【答案】C

【精解】考点为微程序技术。

最常规的方法是把下条微指令的地址记录在本条微指令中。所以答案为 C。

10.【答案】B

【精解】考点为微程序技术。

1 条微程序的入口地址由指令的操作码决定。所以答案为 B。

11.【答案】D

【精解】考点为微指令的编码方式。

水平编码方式就是每个控制信号用 1 个控制位。总的控制信号有 30 个，则需要 30 位。所以答案为 D。

12.【答案】B

【精解】考点为微指令的编码方式。

水平编码方式就是每个控制信号用 1 个控制位。总的控制信号有 30 个，则需要 30 位。全部微指令是 120 条，即最大的微指令地址是 119，编码需要 7 位。1 条微指令包含控制位和下一条微指令的地址。这样至少需要 30+7=37 位。所以答案为 B。

13.【答案】B

【精解】考点为微指令的编码方式。

水平编码方式就是每个控制信号用 1 个控制位，这样控制位较多。

垂直编码方式就是由编码形成控制信号，减少了控制位位数，但需要译码器。

所以答案为 B。

14.【答案】C

【精解】考点为微程序方式。

微程序控制需要控制 ROM 逐条读取微指令，从而产生需要的控制信号，没有硬布线控制快。所以答案为 C。

15.【答案】D

【精解】考点为微程序技术。

微程序执行速度慢于硬布线，但修改指令或增减、减少指令时，只需要修改微程序即可，很是方便、灵活。所以答案为 D。

16.【答案】C

【精解】考点为微程序技术。

需要注意的是，采用微程序设计时，需要 1 个读取指令的微程序。这样总共有 21 个微程序。所以答案为 C。

17.【答案】D

【精解】考点为微程序技术。

通常，把下一条微指令的地址写在当前微指令中，作为地址字段。所以答案为D。

● 综合应用题

1.【答案精解】

①为IR，存放1条指令。

②为算术左移寄存器，可以把OFFSET进行左移，达到将OFFSET乘以2。

③为加法器，实现PC+2与2×OFFSET的相加。

2.【答案精解】

（1）程序员可见的寄存器是：R0~R3。一般不能直接操作PC，但可以通过转移指令来进行。设置暂存器T的目的是存放1个数据。如果没有T，ALU的两个输入端A、B需要同时从执行获取数据，会产生冲突。

（2）ALU有7种操作，则控制信号ALUop至少需要3位。移位寄存器有3种操作，则控制信号SRop至少需要2位。

（3）信号SRout所控制的是一个三态门，用于控制移位器与总线之间数据通路的连接与断开。

（4）须连接到控制部件的输出端的端点为：①②③⑤⑧。

（5）连线1，⑥→⑨；连线2，⑦→④。

（6）相邻2条指令的地址差为2。MUX的一个输入端是2，为的是实现(PC)+2—>PC。

3.【答案精解】

（1）寻址方式占1位，寄存器编码占2位，总共3位。有3个操作数，需要9位。指令总长16位，则操作码占7位，可以有128条指令。

（2）① 操作码占7位，为0000001。

末6位为000000。中间3位为001。

机器码是：0000 0010 0100 0000，即0240H。

② 操作码占7位，为0000010。

末3位为000。中间6位为010 001。

机器码是：0000 0100 1000 1000，即0488H。

③ 操作码占7位，为0000011。

操作数为：011 101 010

机器码是：0000 0110 1110 1010，即06EAH。

（3）① 取指令阶段，读取1条指令后，需要修改PC的值，这里是(PC)+2。需要MUX的输出是2，这样需要MUXop为0。

② PC的值与2相加的结果在移位寄存器SR中，需要原值输出，这样需要SRop为直送mov。

③执行指令shl R2,R1，需要R1的输出，进入ALU后原样输出，输入移位寄存器SR。在SR进行移位操作。所以，ALUop为直接送mova。

④ 执行指令 shl　R2, R1，需要 R1 的输出，进入 ALU 后原样输出，输入移位寄存器 SR。在 SR 进行移位操作。所以，SRop 为左移 1 位 left。

⑤ 执行指令 sub R0, R2, (R1), 需要从内存读取数据, 数据的地址在 R1 中。所以, MEMop 为读 read。

⑥ 此时，需要 ALU 进行减法运算，所以 ALUop 为 sub。

⑦ ALU 的减法结果需要通过 SR 并保持原值，所以 SRop 为直送 mov。

⑧ 结果从 SR 输出，需要经过三态门，所以 SRout 为 1。

（4）指令“sub R1, R3, (R2)”的执行步骤有：

① R3 到 T；② R2 到 MAR；③读内存；④ MDR 到 ALU 的 B 端；⑤ ALU 进行减法操作，结果到 R1。其中步骤②③可以合并为 1 个步骤。所以，需要至少包含 4 个时钟周期。

指令“inc R1”执行阶段至少包含 2 个时钟周期。

5.6 指令流水线

5.6.1 指令流水线的基本概念

把 1 条指令的处理执行过程分为几个步骤或子任务，例如：读取指令（fetch code）、译码指令（decode instruction）、执行指令（execute instruction）、存储结果（store result）。这 4 个步骤分别由 4 个独立的器件完成，这样这 4 个器件可以同时完成 4 条指令的不同步骤，相当于 4 条指令在同时处理，这样就大大提高了指令处理的速度。

假定有 4 条相邻指令 Z1、Z2、Z3、Z4 需要顺序执行。传统的 CPU 按顺序处理这 4 条指令的运行情况如下:

T1 Z1 取指	T2 Z1 译码	T3 Z1 执行	T4 Z1 写结果	T5 Z2 取指	T6 Z2 译码	T7 Z2 执行	T8 Z2 写结果
T9 Z3 取指	T10 Z3 译码	T11 Z3 执行	T12 Z3 写结果	T13 Z4 取指	T14 Z4 译码	T15 Z4 执行	T16 Z4 写结果

可见，在每个时间段，只有 1 条指令被处理，并且只有 1 个 CPU 的部件在工作。

现在，采用流水线方式工作的 CPU 处理这 4 条指令，理想情况下的运行情况如下：

T1	T2	T3	T4	T5	T6	T7
Z1 取指	Z1 译码 Z2 取指	Z1 执行 Z2 译码 Z3 取指	Z1 写结果 Z2 执行 Z3 译码 Z4 取指	Z2 写结果 Z3 执行 Z4 译码	Z3 写结果 Z4 执行	Z4 写结果

从上面可以看出：

① 在流水线开始阶段，只有 1 个部件工作，只有 1 条指令被处理。

② 随后工作部件的数量逐渐增多，多于 1 条指令同时被处理。

③ 在 T4 时刻，流水线的 4 个部件均工作，4 条指令同时处于被处理状态，这是流水线满负载时刻。在传统的非流水线处理中，处理 1 条指令需要 4 个时间段；而在流水线的满负载时刻，相当于处理 1 条

指令只需要 1 个时间段。

④ 在 T5~T7 时刻，负载逐渐减少。

评价流水线有几个基本术语。

（1）加速比 S（Speed_up）

加速比 S 是采用顺序处理花费的时间与采用流水线处理花费的时间的比值。

假定有 m 条指令，每条指令分为 n 个步骤，每个步骤的时间是 t。理想状态下：

采用顺序处理花费的时间为：$n \times m \times t$；

采用流水线处理花费的时间为：（$n+m-1$）$\times t$；

则，加速比 S=（$n \times m$）/（$n+m-1$）。

当 $m \to \infty$ 时，$S=n$。也就是最大加速比 S 是 n。

（2）吞吐量（throughput）

单位时间 CPU 处理的指令的个数。时间单位为秒。

在理想状态，m 条指令花费时间为（$n+m-1$）$\times t$，故：

吞吐量 =m/（$n+m-1$）$\times t$。

（3）效率 E

效率 E 是指实际的加速比与最大加速比的比值。在理想状态下：

效率 E=m/（$n+m-1$）。

当 $m \to \infty$ 时，E=1。

5.6.2 指令流水线的基本实现

有一些因素会影响流水线的正常运行。

① 访问存储器（Cache 未命中）需要较长读取内存的时间，导致取指令延长，使后续指令的运行延迟。

例如，有 2 条指令 Z1、Z2，每条指令的处理分为 4 个步骤（子任务）：取指令、译码、执行、写（保存）结果。每个步骤占用相等的时间段，命名为 T1、T2、T3、T4，依此类推。

假定指令 Z1 在取指令阶段，由于 Cache 未命中，取指令需要 3 个时间段才能完成，使得指令 Z2 的取指令延时。运行情况如下：

T1	T2	T3	T4	T5	T6	T7
Z1 取指	Z1 取指	Z1 取指	Z1 译码	Z1 执行	Z1 写结果	
			Z2 取指	Z2 译码	Z2 执行	Z2 写结果

②指令之间的存在依赖关系，会导致流水线受到影响。

流水线技术要求指令之间不能存在依赖关系。实际上，在很多情况中，相邻指令存在依赖关系，如条件转移指令需要根据前面的那条指令的运行结果来决定是否转移。

例如，下面的 3 条指令：

CMP R1, R2　　　　　// 比较 2 个寄存器数的大小，设置若干标志位

JZ XIANGDENG　　　　// 如果零标志位 ZF 为 1，则转移到 XIANGDENG

MOV　R1, 1　　　　　　　// 设置 R1 为 1

必须等到 CMP 指令执行完毕，才能决定是否读取 MOV 指令。

③ 相邻指令的操作数存在依赖关系，会导致流水线受到影响。

例如，下面 3 条指令 Z1、Z2、Z3：

```
ADD    R1, R2, R3    // 把 R1 与 R2 相加，二者的和送到 R3
SHL    R3            // 把 R3 逻辑左移
SUB    R4, R5, R6    //R4-R5—> R6
```

每条指令的处理分为 4 个步骤（子任务）：取指令、译码、执行、写（保存）结果。每个步骤占用相等的时间段，命名为 T1、T2、T3、T4，依此类推。

指令 Z1 占用 T1、T2、T3、T4。

指令 Z2 的取指令、译码分别占用时间段 T2、T3。指令 Z2 的执行需要等待指令 Z1 保存完毕结果，也就是指令 Z2 的执行在时间段 T5，保存结果在时间段 T6。指令 Z3 的取指令在时间段 T3，Z3 译码占用时间段 T4，Z3 执行占用时间段 T6，保存结果在 T7。运行情况如下：

T1	T2	T3	T4	T5	T6	T7
Z1 取指	Z1 译码 Z2 取指	Z1 执行 Z2 译码 Z3 取指	Z1 写结果 Z3 译码	Z2 执行	Z2 写结果 Z3 执行	Z3 写结果

如果采用常规的顺序运行（非流水线）方式，需要 12 个时间段；采用流水线方式运行，需要 7 个时间段。则，加速比为：12/7=1.71

吞吐量为：3 条指令 /7t，t 为每个步骤的时间段。假定 t 为 1μs，则吞吐量为：428571 条 / 秒。

为解决流水线的延误问题，可以采用如下方法：

（1）对于条件转移（分支）指令引起流水线延误的解决方法

① 采用由编译软件重新对转移指令相邻的指令重新排列指令顺序来解决。

② 对指令的转移做预测。

（2）对于相邻指令的操作数存在依赖关系引起流水线延误的解决方法

① 硬件上，实现数据提前读取，也叫数据旁路技术，将本条指令的运算结果直接供下条指令使用。

例如，下面 2 条指令 Z1、Z2：

```
ADD  R1, R2, R3    // 把 R1 与 R2 相加，二者之和送到 R3
SHL  R3            // 把 R3 逻辑左移
```

由于存在数据依赖关系，运行情况如下：

T1	T2	T3	T4	T5	T6
Z1 取指	Z1 译码 Z2 取指	Z1 执行 Z2 译码	Z1 写结果	Z2 执行	Z2 写结果

由于在 T3 末尾已经得到 R1+R2 的值，这样可以增加数据通路，实现数据提前读取。即在 T3 的结尾

就把 R1+R2 的值送到某个寄存器中，供指令 Z2 在 T4 进行运算。运行情况如下：

T1	T2	T3	T4	T5
Z1 取指	Z1 译码 Z2 取指	Z1 执行 Z2 译码	Z1 写结果 Z2 执行	Z2 写结果

这样，采用数据旁路技术可以减少流水线延迟。

② 软件处理方法。

由编译软件检查是否存在数据依赖关系，并插入空操作 NOP。

例如，下面 2 条指令 Z1、Z2。每条指令的处理分为 4 个步骤（子任务）：取指令、译码、执行、写（保存）结果。每个步骤占用相等的时间段，命名为 T1、T2、T3、T4，依此类推。

```
ADD   R1, R2, R3          // 把 R1 与 R2 相加，二者之和送到 R3
ADD   R3, R4, R4          // 把 R3 与 R4 相加，二者之和送到 R4
```

运行情况如下：

T1	T2	T3	T4	T5	T6
Z1 取指	Z1 译码 Z2 取指	Z1 执行 Z2 译码	Z1 写结果	Z2 执行	Z2 写结果

把 1 个 NOP 插入 Z1 后，得到：

```
ADD   R1, R2, R3          // 把 R1 与 R2 相加，二者之和送到 R3
NOP
ADD   R3, R4, R4          // 把 R3 与 R4 相加，二者之和送到 R4
```

运行情况如下：

T1	T2	T3	T4	T5	T6
Z1 取指	Z1 译码 NOP 取指	Z1 执行 NOP 译码 Z2 取指	Z1 写结果 NOP 执行 Z2 译码	NOP 写结果 Z2 执行	Z2 写结果

流水线技术属于高级 CPU 的知识，有一些资料对此专门进行了详细讲解。从统考出题来看，主要是考查基本概念、基本计算，题型多为单项选择题，偶尔出过综合应用题。涉及的关于流水线的高深知识这里不再讲述。

5.6.3 超标量和动态流水线的基本概念

超标量技术就是 CPU 内配备多个执行部件，能够同时进行多条指令的取指令、译码、执行。现在的许多高性能 CPU 就是超标量 CPU。

多数流水线的每个步骤实际需要的时间不到分配时间段的一半，因此，增加 1 个内部时钟，它的频率是原时钟信号的 2 倍。使指令的每个步骤按照这个内部时钟信号运行，这种流水线方式叫作超级流水线技术（superpipelining）。

流水线技术、超级标量技术、超级流水线技术的原理如图 5.13 所示。

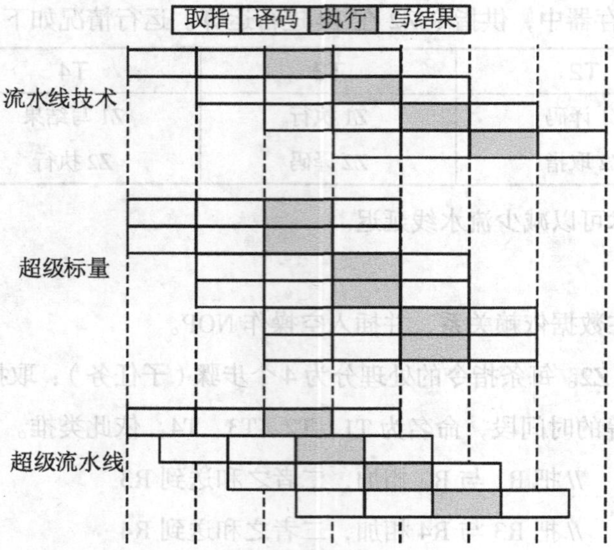

5.13 几种流水线工作原理

5.6.4 真题与习题精编

● 单项选择题

1. 某计算机的指令流水线由四个功能段组成，指令流经各功能段的时间（忽略各功能段之间的缓存时间）分别为 90ns、80ns、70ns 和 60ns，则该计算机的 CPU 时钟周期至少是（ ）。【全国联考 2009 年】

A. 90ns　　B. 80ns　　C. 70ns　　D. 60ns

2. 下列选项中，不会引起指令流水线阻塞的是（ ）。【全国联考 2010 年】

A. 数据旁路（转发）　　B. 数据相关

C. 条件转移　　D. 资源冲突

3. 下列给出的指令系统特点中，有利于实现指令流水线的是（ ）。【全国联考 2011 年】

Ⅰ. 指令格式规整且长度一致

Ⅱ. 指令和数据按边界对齐存放

Ⅲ. 只有 Load/Store 指令才能对操作数进行存储访问

A. 仅Ⅰ、Ⅱ　　B. 仅Ⅱ、Ⅲ

C. 仅Ⅰ、Ⅲ　　D. Ⅰ、Ⅱ、Ⅲ

4. 某 CPU 主频为 1.03GHz，采用 4 级指令流水线，每个流水段的执行需要 1 个时钟周期。假定 CPU 执行了 100 条指令，在其执行过程中，没有发生任何流水线阻塞，此时流水线的吞吐率为（ ）。

【全国联考 2013 年】

A. 0.25×10^9 条指令 / 秒　　B. 0.97×10^9 条指令 / 秒

C. 1.0×10^9 条指令 / 秒　　D. 1.03×10^9 条指令 / 秒

5. 在无转发机制的五段基本流水线（取指、译码 / 读寄存器、运算、访存、写回寄存器）中，下列指令序列存在数据冒险的指令对是（ ）。【全国联考 2016 年】

I1:　add　R1, R2, R3　　//(R2)+(R3) → R1

I2:　add　R5, R2, R4　　//(R2)+(R4) → R5

I3:　add　R4, R5, R3　　　　　　//(R5)+(R3) → R4

I4:　add　R5, R2, R6　　　　　　//(R2)+(R6) → R5

A. I1 和 I2　　B. I2 和 I3　　C. I2 和 I4　　D. I3 和 I4

6. 下列关于超标量流水线特性的叙述中，正确的是（ ）。　【全国联考 2017 年】

Ⅰ. 能缩短流水线功能段的处理时间

Ⅱ. 能在 1 个时钟周期内同时发射多条指令

Ⅲ. 能结合动态调度技术提高指令执行并行性

A. 仅Ⅱ　　B. 仅Ⅰ、Ⅲ

C. 仅Ⅱ、Ⅲ　　D. Ⅰ、Ⅱ和Ⅲ

7. 下列关于指令流水线数据通路的叙述中，错误的是（ ）。　【全国联考 2017 年】

A. 包含生成控制信号的控制部件

B. 包含算术逻辑运算部件（ALU）

C. 包含通用寄存器组和取指部件

D. 由组合逻辑电路和时序逻辑电路组合而成

8. 若某计算机最复杂指令的执行需要完成 5 个子功能，分别由功能部件 A~E 实现，各功能部件所需时间分别为 80ps、50ps、50ps、70ps 和 50ps，采用流水线方式执行指令，流水段寄存器延时为 20ps，则 CPU 时钟周期至少为（ ）。　【全国联考 2018 年】

A. 60ps　　B. 70ps　　C. 80ps　　D. 100ps

9. 在采用"取指、译码 / 取数、执行、访存、写回" 5 段流水线的处理器中，执行如下指令序列，其中 s0、s1、s2、s3 和 t2 表示寄存器编号。　【全国联考 2019 年】

I1：add　s2, s1,s0　　　　// R[s2] ← R[s1]+R[s0]

I2：load　s3, 0(t2)　　　　// R[s3] ← M[R[t2]+0]

13：add　s2, s2, s3　　　　// R[s2] ← R[s2]+R[s3]

14：store　s2, 0(t2)　// M[R[t2]+0] ← R[s2]

下列指令对中，不存在数据冒险的是（ ）。

A. I1 和 I3　　B. I2 和 I3　　C. I2 和 I4　　D. I3 和 I4

10. 在理想情况下，某 CPU 采用 4 级流水线，顺序执行 13 条指令，则在前 10 个时间段，执行完的指令条数为（ ）。

A. 4　　B. 7　　C. 10　　D. 13

11. 关于指令的特点，不利于实现指令流水线的是（ ）。

A. 指令系统采用等长指令字　　B. 访问内存只有 Load/Store 指令

C. 操作数寻址方式灵活多变　　D. 指令格式统一

12. 理想状况下，流水线的不同步骤（阶段）的运行时间应该（ ）。

A. 相等　　B. 不等　　C. 为零　　D. 任意

13. 某 CPU 采用 5 级流水线顺序执行 100 条指令，在理想情况下，需要（ ）个流水线时间段。

A. 103　　B. 104　　C. 105　　D. 500

14. 下列给出的处理器类型中，理想情况下，CPI 为 1 的是（ ）。　【全国联考 2020 年】

Ⅰ.单周期 CPU　Ⅱ.多周期 CPU　Ⅲ.基本流水线 CPU　Ⅳ.超标量流水线 CPU

A.仅Ⅰ、Ⅱ　B.仅Ⅰ、Ⅲ　C.仅Ⅱ、Ⅳ　D.仅Ⅲ、Ⅳ

15.某 CPU 采用 3 路超标量技术，流水线采用 4 级流水线，执行 60 条指令，在理想情况下，需要（ ）个流水线时间段。

A. 23　B. 24　C. 63　D. 64

● 综合应用题

1.某 16 位计算机中，带符号整数用补码表示，数据 Cache 和指令 Cache 分离。题 44 表给出了指令系统中部分指令格式，其中 Rs 和 Rd 表示寄存器，mem 表示存储单元地址，（x）表示寄存器 x 或存储单元 x 的内容。

名称	指令的汇编格式	指令功能
加法指令	ADD Rs, Rd	(Rs)+(Rd) —> Rd
算术 / 逻辑左移	SHL Rd	2*(Rd) —> Rd
算术右移	SHR Rd	(Rd)/2 —> Rd
取数指令	LOAD Rd, mem	(mem) —> Rd
存数指令	STORE Rs, mem	(Rs) —> mem

该计算机采用 5 段流水方式执行指令，各流水段分别是取指（IF）、译码 / 读寄存器（ID）、执行 / 计算有效地址（EX）、访问存储器（M）和结果写回寄存器（WB），流水线采用“按序发射，按序完成”方式，没有采用转发技术处理数据相关，并且同一个寄存器的读和写操作不能在同一个时钟周期内进行。请回答下列问题：【全国联考 2012 年】

（1）若 int 型变量 x 的值为 −513，存放在寄存器 R1 中，则执行指令 SHL R1 后，R1 的内容是多少（用十六进制表示）？

（2）若某个时间段中，有连续的 4 条指令进入流水线，在其执行过程中没有发生任何阻塞，则执行这 4 条指令所需的时钟周期数为多少？

（3）若高级语言程序中某赋值语句为 x=a+b，x、a 和 b 均为 int 型变量，它们的存储单元地址分别表示为 [x]、[a] 和 [b]。该语句对应的指令序列及其在指令流水线中的执行过程如下图所示。

```
I1    LOAD    R1, [a]
I2    LOAD    R2, [b]
I3    ADD     R1, R2
I4    STORE   R2, [x]
```

则这 4 条指令执行过程中，I3 的 ID 段和 I4 的 IF 段被阻塞的原因各是什么？

（4）若高级语言程序中某赋值语句为 x=x*2+a，x 和 a 均为 unsigned int 类型变量，它们的存储单元地址分别表示为 [x]、[a]，则执行这条语句至少需要多少个时钟周期？要求模仿题 44 图画出这条语句对应的指令序列及其在流水线中的执行过程示意图。

2.某程序中有如下循环代码段：

```
p: for (int i = 0; i < N; i++)
   sum += A[i];
```

假设编译时变量 sum 和 i 分别分配在寄存器 R1 和 R2 中。常量 N 在寄存器 R6 中，数组 A 的首地址在寄存器 R3 中。程序段 P 起始地址为 0804 8100H，对应的汇编代码和机器代码如下表所示。

编号	地址	机器代码	汇编代码	注释
1	08048100H	00022080H	loop:sll R4, R2, 2	(R2) << 2 → R4
2	08048104H	00083020H	add R4, R4, R3	(R4)+(R3) → R4
3	08048108H	8C850000H	load R5, 0(R4)	((R4)+0) → R5
4	0804810CH	00250820H	add R1, R1, R5	(R1)+(R5) → R1
5	08048110H	20420001H	add R2, R2, 1	(R2)+1 → R2
6	08048114H	1446FFFAH	bne R2, R6, loop	if (R2)! = (R6) goto loop

若 M 采用如下“按序发射、按序完成”的 5 级指令流水线：IF（取值）、ID（译码及取数）、EXE（执行）、MEM（访存）、WB（写回寄存器），且硬件不采取任何转发措施，分支指令的执行均引起 3 个时钟周期的阻塞，则 P 中哪些指令的执行会由于数据相关而发生流水线阻塞？哪条指令的执行会发生控制冒险？为什么指令 1 的执行不会因为与指令 5 的数据相关而发生阻塞？【全国联考 2014 年】

3. 某计算机采用 4 段流水线：取指令（FI）、译码指令与地址计算（DA）、取操作数（FO）、执行（EX）。现在有 8 条指令顺序进入流水线，其中第 3 条指令是无条件转移（分支）指令，执行该指令将转移到第 20 条指令。写出指令的运行过程。

4. 某 CPU 采用 5 段流水线，时钟频率是 2MHz。现在计算机开始运行一个由 100 万条指令组成的程序，假定流水线运行在理想状况下，并且每个时钟周期，有 1 条指令进入流水线。计算：

（1）流水方式运行该程序需要的时间是多少？加速比是多少？

（2）流水线的吞吐率是多少？

5. A 型 CPU 采用非流水线执行，时钟频率是 10MHz，CPI 为 4。B 型 CPU 采用 5 级流水线执行，流水线时钟频率是 5MHz。计算：

（1）运行同一个程序，A 型 CPU 对于 B 型 CPU 的加速比是多少？

（2）两种 CPU 的吞吐率各是多少？

5.6.5 答案精解

● 单项选择题

1.【答案】A

【精解】考点为流水线原理。

流水线的基本原理是以最长的执行时间作为时钟周期。所以答案为 A。

2.【答案】A

【精解】考点为流水线原理。

数据旁路技术，就是直接将执行结果送到其他指令所需要的地方，这样可以使流水线不发生延迟。所以答案为 A。

3.【答案】D

【精解】考点为流水线原理。

指令定长、对齐、仅 Load/Store 指令访存，以上三个都是 RISC 的特征，适合实现流水线。所以答案为 D。

4.【答案】C

【精解】考点为流水线性能计算。

采用 4 级流水执行 100 条指令，在执行过程中共用 103（4+100−1）个时钟周期。CPU 的主频是 1.03GHz，也就是说，每个时钟周期为 1/1.03G。也就是 100 条指令需要的时间为 103/1.03G 秒。

流水线的吞吐率为：（100×1.03G）/103=1G。所以答案为 C。

5.【答案】B

【精解】考点为流水线数据冲突情况。

I1 和 I2 的 R2 均为源操作数，不存在冲突。

I2 的 R5 在 T5 得到结果；I3 在 T3 需要计算 R5，无转发机制，存在冲突。

所以答案为 B。

6.【答案】C

【精解】考点为超标量流水线的基本概念。

A 与 B 互斥。II 很明显正确，I 不正确。超标量是相当于多个流水同时进行。所以答案为 C。

7.【答案】A

【精解】考点为流水线的技术。

指令流水线数据通路就是采用流水线技术时数据在 CPU 内部器件的传输。数据通路包含 ALU、寄存器、取指部件。所以答案为 A。

8.【答案】D

【精解】考点为流水线原理。

流水线技术一般选取最长的执行时间为时钟周期。最长时间是 80ps+20ps，所以答案为 D。

9.【答案】C

【精解】考点为流水线技术的数据冲突。

I1：（取，译码，执行，访存，写回）

I2：（取，译码，执行，访存，写回）

I3：（取，译码，执行，访存，写回）

I4：（取，译码，执行，访存，写回）

I3 的执行需要在 I1 的写回后面。

I3 的执行需要在 I2 的写回后面。

I4 的执行需要在 I3 的写回后面。

所以答案为 C。

10.【答案】B

【精解】考点为流水线技术。

在第 10 个时间段，处于最后阶段的指令的开始时间是第 7 个时间段。所以完成的指令条数是 7 条。所以答案为 B。

11.【答案】C

【精解】考点为流水线技术。

A、B、D 有助于把指令运行分为等长的若干步骤，实现流水线。操作数寻址多的话，导致指令运行时间长度不一样，不容易把过程分为合适的步骤，不容易实现流水线。所以答案为 C。

12.【答案】A

【精解】考点为流水线技术。

实现流水线就需要把指令运行分为等长的若干步骤，最后采用使每个步骤的运行时间相等。所以答案为 A。

13.【答案】B

【精解】考点为流水线技术。

假定第 1 个时间段为 T1，则第 100 条指令的取值阶段就是 T100，占用 5 个时间段，就是 T100、T101、T102、T103、T104。实际上，也就是 5+100−1=104。所以答案为 B。

14.【答案】B

【精解】考点为指令流水线。

多周期 CPU 指的是将整个 CPU 的执行过程分成几个阶段，每个阶段用 1 个时钟去完成，然后开始下一条指令的执行，而每种指令执行时所用的时钟数不尽相同，这就是所谓的多周期 CPU，Ⅱ项错误。Ⅳ项是通过增加功能部件实现的并行。在理想情况下，Ⅰ项单周期 CPU，指令周期 = 时钟周期；Ⅲ项基本流水线 CPU，让每个时钟周期流出 1 条指令（执行完 1 条指令）。所以答案为 B。

15.【答案】A

【精解】考点为流水线技术。

3 路超标量技术就是 CPU 内同时进行 3 路流水线，每路流水线相当于执行 20 条指令。理想情况下，需要的时间段是 4+20−1=23。所以答案为 A。

● 综合应用题

1.【答案精解】

（1）SHL R1 的操作是算术右移，就是将有符号数除以 2。

−513 用补码表示，至少需要 11 位，11 位补码的真值范围是：−1024~+1023。11 位补码是：（−513）$+2^{11}$=1535，即 5FF，即 101 1111 1111。扩展为 16 位，因为最高位是 1，添加 5 个 1，得到 1111 1101 1111 1111。现在算术右移 1 位，在算术移位中符号位也右移，同时符号位不变，得到 1111 1110 1111 1111。所以 R1 的内容是 FEFFH。

（2）有连续的 4 条指令 Z1~Z4 进入流水线，在其执行过程中没有发生任何阻塞，可假定：Z1 占用 T1~T5，Z2 占用 T2~T6，Z3 占用 T3~T7，Z4 占用 T4~T8。这 4 条指令执行需要 8 个时钟周期，即：指令数 4+ 流水线段数 5−1=8。

（3）I3 的 ID 段是译码 / 读寄存，需要读取 R2，而 R2 由 I2 在 T6 写入，所以 I3 的 ID 段需要在 T7 发生。也导致 I4 的 IF 在 T7 发生。

（4）把 C 语句用汇编指令实现，实现的方法可能不止 1 种。

```
I1   LOAD   R1, [x]
I2   LOAD   R2, [a]
I3   SHL    R1
I4   ADD    R1, R2
I5   STORE  R2, [x]
```

流水线中的运行情况如下：

	T1	T2	T3	T4	T5	T6	T7	T8	T9	T10	T11	T12	T13	T14	T15	T16	T17
I1	IF	ID	EX	M	WB												
I2		IF	ID	EX	M	WB											
I3			IF			ID	EX	M	WB								
I4						IF				ID	EX	M	WB				
I5										IF				ID	EX	M	WB

执行这条语句至少需要 17 个时钟周期。

2.【答案精解】

在流水线中的执行过程如下：

	T1	T2	T3	T4	T5	T6	T7	T8	T9	T10	T11	T12	T13
I1	IF	ID	EX	M	WB								
I2		IF				ID	EX	M	WB				
I3			IF							ID	EX	M	WB
I4				IF									
I5					IF								
I6						IF							

	T14	T15	T16	T17	T18	T19	T20	T21	T22	T23	T24	T25	T26
I1													
I2													
I3													
I4	ID	EX	M	WB									
I5		ID	EX	M	WB								
I6						ID	EX	M	WB				
I1													IF

由于数据相关而发生流水线阻塞的指令是：I1 导致 I2、I2 导致 I3、I3 导致 I4、I5 导致 I6。会发生控制冒险的指令是：I6。

本次指令 1 占用 T1~T5，本次指令 5 占用 T6~T18，时间上不重合，不发生阻塞。

本次指令 5 占用 T6~T18，下次指令 1 从 T26 开始，时间上不重合，不发生阻塞。

3.【答案精解】

运行过程如下：

	T1	T2	T3	T4	T5	T6	T7	T8	T9	T10
Z1	FI	DA	FO	EX						
Z2		FI	DA	FO	EX					
Z3			FI	DA	FO	EX				
Z4				FI	DA	FO				
Z5					FI	DA				
Z6						FI				
Z7										
Z8										
Z20							FI	DA	FO	EX

4.【答案精解】

（1）每个时钟周期，有 1 条指令进入流水线。意思是：1 个流水线时钟周期等于 1 个计算机时钟周期，等于 0.5μs。

100 万条指令运行完毕需要的流水线时钟周期是：100 万 +5−1=100 万 +4 ≈ 100 万；

运行时间是：0.5μs × 100 万 =0.5s。

不采用流水线，需要运行该程序需要的时钟周期个数是：5 × 100 万 =500 万；

加速比 = 非流水线运行程序的时间 / 流水线运行程序的时间 =500 万 /100 万 =5。

（2）采用流水线，100 万条指令的运行时间是：

0.5μs × 100 万 =50万μs=0.5s。

流水线的吞吐率是：200 万条指令 / 秒。

5.【答案精解】

（1）假定运行的程序有 n 条指令。A 型 CPU 运行该程序花费的时间是：

0.1μs × 4 × n=0.4nμs；

B 型 CPU 运行该程序需要的流水线周期是：n+5−1=n+4。

花费的时间是：0.2μs ×（n+4）；

加速比 =0.4n/0.2（n+4）；

当 n 较大时，加速比≈ 2。

（2）A 型 CPU 吞吐率是：10M ÷ 4=2.5MIPS。

B 型 CPU 吞吐率是：5M ÷ 1=5MIPS。

5.7 重难点答疑

1. 实现一个功能的 CPU 内部的数据通路及微操作步骤问题。

【答疑】如何确定完成一个功能的数据通路与 CPU 内部各个器件连接到总线的方式有关，需要结合 CPU 的结构图或者组成原理图来具体处理，但遵循的一个原则应该是：每个时间段，只能有 1 个器件发出信息，可以允许多个器件同时接收（最好还是只有 1 个器件接收）信号。

实现一个功能，需要确定分为哪些步骤，及每个步骤的数据通路，或者需要确定哪些控制信号有效。有时候，划分的步骤数目不是唯一的，操作步骤也不是唯一的。例如，一个操作至少需要 4 步，那么如果用 5 步也是可以实现的。

2. 关于微程序的知识。

【答疑】高级语言的程序由许多指令构成。采用硬布线设计控制器的思想是：用电路产生需要的步骤，在每个步骤产生需要的控制信号，当几个步骤产生完毕时，宏观上，就完成一个任务。一条指令采用微程序设计控制器的思想是：把每个步骤的控制信号用对应的位表示，那么每个步骤就编码为若干个位的序列，这就叫作微指令。依次读取各个微指令，就顺序发出需要的控制信号，也在宏观上完成一个任务。当然，实现微程序的方法也需要有逻辑电路的支持，但这些支持电路的设计相对简单多了。

3. 关于流水线的知识。

【答疑】很多教材上简略叙述关于流水线的知识，包含流水线的概念、性能计算、流水线的数据冲突（数据风险）导致的推迟、解决方法。想要深入掌握这个知识点或者说弄懂流水线技术，我们需要阅读很多资料。本书在讲解流水线部分的内容时，也只是结合例子具体而简要地叙述了相关概念、性能计算、数据冲突情况以及常见的解决方法。对于跳转（分支）导致的延迟情况的解决方法没有叙述。考生如果想要了解这个知识点，需要参考其他资料。

5.8 命题研究与模拟预测

5.8.1 命题研究

本章讲解了 CPU 的组成、CPU 工作过程、CPU 内部数据通路、控制器的设计，是本课程的重点知识。

CPU 工作过程的相关知识在第 1 章也详细讲解过，对于这一部分内容考生需要结合第 1 章相关内容来学习。

CPU 执行过程与数据通路是密切联系的，实际上就是一个问题。只要把 CPU 的所有操作的各个步骤分解后，就可以得到各个步骤的控制信号，就能设计出控制器。

得到各个步骤的控制信号，就可以得出控制器的硬布线逻辑，同样，也就得到每个微程序。这两个知识点难度中等，易于掌握。

CPU 运行时间、标志位设置、指令周期、指令执行过程等知识点在考试中多次出现过，需要考生掌握。

流水线技术是高级 CPU 的特性。流水线的概念、流水线冲突、冲突解决方法、超标量流水概念等知识点考试也多次考查过。这个知识点相对独立，考查的分值与难度不会太大。如果想深入讲解这个知识点，会涉及很多复杂的知识，所以从考查的角度来说，考试也不会进行很深入的考查。

5.8.2 模拟预测

● 单项选择题

1. 某 CPU 的标志位有 CF（进位或借位）、ZF（是否为零）、OF（溢出标志）、SF（最高位，当看作有符号数时，就是符号位）。执行指令 CMP R1, R2 后，再执行条件转移指令 jae（有符号整数比较大于时转移）的转移条件是（ ）。

A. $(SF \oplus OF)=1$　　B. $(SF \oplus OF)=0$

C. $ZF \vee (SF \oplus OF)=1$　　D. $ZF \vee (SF \oplus OF)=0$

2. 某 CPU 的标志位有 CF（进位或借位）、ZF（是否为零）、OF（溢出标志）、SF（最高位，当看作有符号数时，就是符号位）。执行指令 CMP R1, R2 后，再执行条件转移指令 jae（有符号整数比较大于等于时转移）的转移条件是（ ）。

A. $(SF \oplus OF)=1$　　B. $(SF \oplus OF)=0$

C. $ZF \vee (SF \oplus OF)=1$　　D. $ZF \vee (SF \oplus OF)=0$

3. 假定某 8 位 CPU 的某条指令的长度是 3 字节，该指令的操作码为 1 字节。该指令的 2 个操作数各占 1 字节，源操作数采用寄存器间接寻址方式，目的操作数采用寄存器寻址方式。则处理该指令需要读内存的次数是（ ）。

A. 3　　B. 4　　C. 5　　D. 6

● 综合应用题

1. 某 CPU 有 3 条指令 W1、W2、W3。每条指令执行、取指令的步骤与控制信号如下所示。

步骤	W1	W2	W3	取指令
1	D、B、E	F、G	E、B	A、D、E
2	C、A、D	F	B、C、D	B、C
3	G、E	A、B	D	F、B
4				A、C
5				D

假定采用微程序设计控制器，从 ROM 的 0 地址开始存放取指令、W1、W2、W3 的微程序。控制位采用水平编码方式，在同一个微程序中，每条微指令指出下条微指令地址。写出各个微程序。

2. 若干指令如下，采用流水线运行，每条指令的处理分为 4 个步骤：取指令、译码、执行、写结果。假定每个步骤占用 1 μs。计算加速比与吞吐量。

Z1： Load 1, R1 // 1 —> R1

Z2： Load 2, R2 // 2 —> R2

Z3： Sub R2, 3, R2 // ((R2)–3 —> R2

Z4： Add R1, R2, R3 // (R1)+(R2) —> R3

5.8.3 答案精解

● 单项选择题

1.【答案】D

【精解】考点为标志位的用途。

假定有符号数为 4 位，数值范围是 –8~+7。

两个数不等，则 ZF=0。

（+7）–（+5）=（+2），则 SF=0，OF=0。

（+7）–（–4）=+11，则 SF=1，OF=1。

（+3）–（–4）=+7，则 SF=0，OF=0。

所以答案为 D。

2.【答案】B

【精解】考点为标志位的用途。

假定有符号数为 4 位，数值范围是 –8~+7。

两个数相等，则 ZF=1。

（+7）–（+5）=+2，则 SF=0，OF=0，ZF=0。

（+7）–（–4）=+11，则 SF=1，OF=1，ZF=0。

（+3）–（–4）=+7，则 SF=0，OF=0，ZF=0。

所以答案为 B。

3.【答案】B

【精解】考点为指令的处理过程。

获取该指令需要访问 3 次内存，访问源操作数需要 1 次。总共需要 4 次读内存。

所以答案为 B。

● 综合应用题

1.【答案精解】

采用水平编码。每条微指令格式是：控制位（ABCDEFG）、下条微指令地址。

取指令微程序：5 条微指令。

0	1001100 1
1	0110000 2
2	0100010 3
3	1010000 4
4	0001000 ×

最后一条微指令包含的地址是 ×，意思是任意值。因为本微指令运行完毕，就读取了 1 条指令，下个微操作应该是被读取指令开始执行。所以本条微指令中的地址无意义，可以取任意值，通常取值为 0。

W1 微程序：由 3 条微指令组成。

5	0101100 6
6	1011000 7
7	0000101 0

W1 的最后一条微指令包含的地址是 0。因为该微指令运行完毕，相当于 1 条指令执行完毕，下个步骤应该是取指令。取指令微程序的开始地址是 0。

W2 微程序：由 3 条微指令组成。

8	0000011 9
9	0000010 10
10	1100000 0

W2 的最后一条微指令包含的地址是 0。因为该微指令运行完毕，相当于 1 条指令执行完毕，下个步骤应该是取指令。取指令微程序的开始地址是 0。

W3 微程序：由 3 条微指令组成。

11	0100100 12
12	0111000 13
13	0001000 0

W3 的最后一条微指令包含的地址是 0。因为该微指令运行完毕，相当于 1 条指令执行完毕，下个步骤应该是取指令。取指令微程序的开始地址是 0。

2.【答案精解】

为避免冲突，运行情况如下：

T1	T2	T3	T4	T5	T6	T7	T8	T9
Z1 取指	Z1 译码 Z2 取指	Z1 执行 Z2 译码 Z3 取指	Z1 写结果 Z2 执行 Z3 译码 Z4 取指	Z2 写结果 Z4 译码	Z3 执行	Z3 写结果	Z4 执行	Z4 写结果

顺序运行这 4 条指令需要 16 个时间段。流水线运行需要 9 个时间段。

加速比为：16/9=1.78。

吞吐量为：4 ÷ 9μs=444444 条 /s。

第6章 总线

第6章 总线

6.1 考点解读

本章内容包含：总线的概念、总线应用。关于总线的概念这部分内容，大多属于记忆、理解的范围，计算题主要涉及总线的性能指标、如总线速率、总线带宽等；有时会结合 CPU 的工作，或者结合存储器访问，或者结合 I/O 访问，出现在综合应用题中。

本章的内容不多，出题难度属于中等。但有些知识点比较抽象，需要结合时序图才能准确理解。

本章考点如图 6.1 示。本章最近 10 年联考考点题型分值统计如表 6.1 所列。

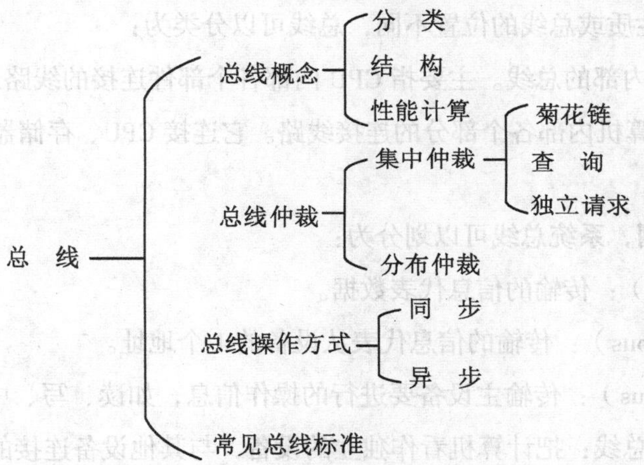

图 6.1 本章考点导图

表 6.1 本章最近 10 年联考考点题型分值统计

年份（年）	题型（题）		分值（分）			联考考点
	单项选择题	综合应用题	单项选择题	综合应用题	合计	
2011	1	0	2	0	2	总线信号内容
2012	2	1	4	3	7	总线带宽、USB
2013	1	1	2	5	7	常用总线标准、总线带宽、传输过程
2014	2	0	4	0	4	总线传输率、突发传输
2015	1	0	2	0	2	总线同步与异步特点
2016	1	1	2	3	5	总线概念、串行异步计算
2017	1	0	2	0	2	总线知识

表 6.1（续）

年份（年）	题型（题）		分值（分）			联考考点
	单项选择题	综合应用题	单项选择题	综合应用题	合计	
2018	1	0	2	0	2	总线速率
2019	1	0	2	0	2	总线带宽
2020	1	0	2	0	2	总线宽度

6.2 总线概述

6.2.1 总线的基本概念

总线是连接计算机中两个部件的物理线路，信号从一个部件传输到另外一个部件。

当总线被使用时，每个时刻，信息流只能从一个设备输出，传输到另外一个设备。因此，所有设备如果使用总线，需要分时使用它。

6.2.2 总线的分类

按照总线连接的部件性质或总线的位置不同，总线可以分类为：

（1）片内总线：芯片内部的总线。主要指 CPU 内部各个部件连接的线路。

（2）系统总线：指计算机内部各个部分的连接线路。它连接 CPU、存储器、I/O 接口。一般说总线，主要是指系统总线。

按照所传输信息的作用，系统总线可以划分为：

① 数据总线（data bus）：传输的信息代表数据。

② 地址总线（address bus）：传输的信息代表从设备的 1 个地址。

③ 控制总线（control bus）：传输主设备要进行的操作信息，如读、写、中断等。

（3）通信总线或外部总线：把计算机看作独立的设备，与其他设备连接的线路就是通信总线。

通信总线分为并行通信方式与串行通信方式。

① 并行通信方式：一般并行通信是以字节为单位的，每个通信的位使用 1 根传输线，各个数据位同时传输，传输速度快，相当于公路上给每辆汽车分配 1 条道路。由于传输线较多，使连接不太方便。另外，由于一般直接传输 0、1 信号，当传输距离超过一定距离时，传输信号就会失真，导致信息错误。因此，并行通信距离有限。并行通信的典型例子就是早期打印机与计算机的连接。计算机内部的系统总线也是并行传输。

② 串行通信方式：就是所有位使用 1 根传输线分时传输，这样传输速度慢，相当于公路上所有汽车使用 1 个车道依次通行。除了传输数据的线，也需要传输控制信号的线，一般没有地址线。该方式总线数较少，布线方便，经济成本也小。

串行通信方式有两种：同步分式、异步方式。

串行同步通信与后面描述的总线同步技术有相同的地方，工作原理这里不再叙述。串行同步通信的速度高于串行异步传输。

串行异步通信原来速度慢（4800bps、9600bps），现在有很大提高（19200bps、38400bps、57600bps、115200bps），其电路简单，价格低，因而在实际中得到普遍应用。

串行异步传输的原理为：

当没有数据传输时，数据线为高电平，代表线路处于空闲状态。

当发送方发送数据时，数据线从高电平变为低电平，代表通信开始，先传输 1 个 0 作为开始位，然后传输需要的 1 个字符数据，该字符包含 5~8 个位（程序员决定具体的位数），传输从字符的最低位开始，最后是最高位。然后传输 1 个校验位（可以选择有校验位，一般是奇偶校验方法，也可以选择不要校验位），最后传输的是停止位或者结束位，代表 1 次传输完成，占用 1~2 位（程序员决定具体的位数）。

1 个字符传输完毕，如果没有新的字符需要传输，线路回到高电平，处于空闲状态。如果有新的数据要传输，可以立即开始下一次传输过程。可见串行异步通信是以字符为单位。异步的意思是：通信双发不需要遵守一个共同的时钟信号来传输。

每个位在线路上的通信时间是传输速率的倒数。串行异步通信传输速率也叫作波特率，单位是位 / 秒（bps，bits per seconds），就是每秒钟传输多少个位。

例如：计算机与设备 A 采用串行异步通信。双发约定：波特率 1000bps，数据采用 8 位，采用 1 个奇校验，2 个停止位。现在发送字符“A”，“A”的 ASCII 码为 41H，则传输线的传输波形如图 6.2 所示。

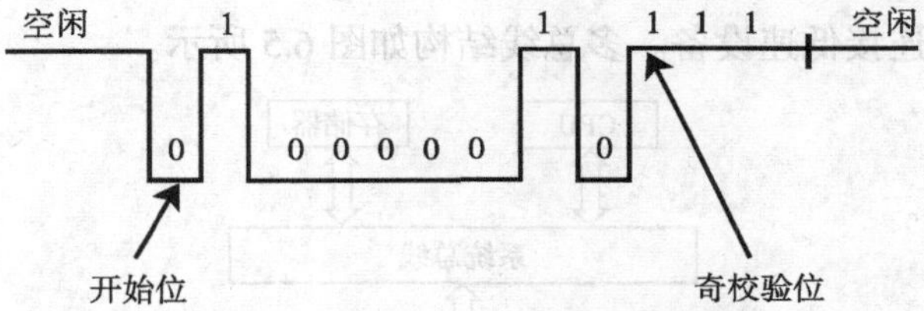

图 6.2 某串行异步传输波形

由于波特率是 1000bps，那么每个位的传输时间是 1ms。或者说图中每个位的长度是 1 毫秒（ms）。发送该字符共需要发送 12（1+8+1+2）位。

最快情况下，1 个字符发送结束，立即发送下个字符，则发送速率是每秒 83.3（1000 ÷ 12）个字符。如果需要每秒传输更多字符，可以采用更高的通信波特率。

6.2.3 总线的结构及性能指标

总线的结构可以分为以下几种。

① 单总线结构：只有 1 个系统总线，将 CPU、存储器、I/O 接口连接起来，如图 6.3 所示。

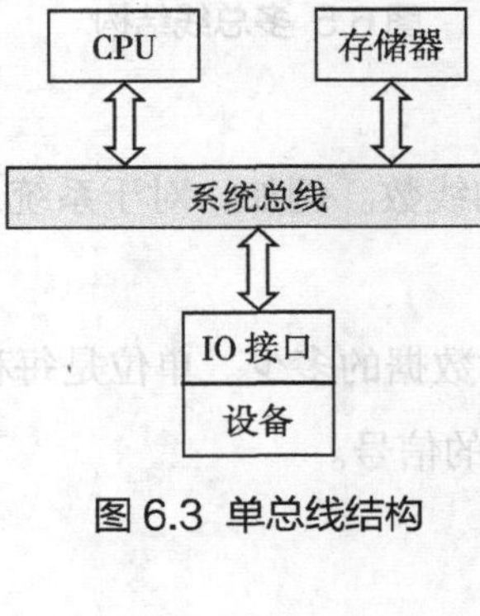

图 6.3 单总线结构

I/O 接口是设备的电子电路部分。当总线上连接的设备很多时，连接线路变长，会导致传输信号的延迟变长，从而导致出现误差。此外，总线的电气特性也限制了总线上连接的器件数量。单总线适用于简单的计算机系统。

② 双总线结构：为减少系统总线的压力，增加 1 个总线，称为扩展总线。把众多的设备连接到扩展总线上，扩展总线通过扩展总线接口与系统总线连接。双总线结构如图 6.4 所示。

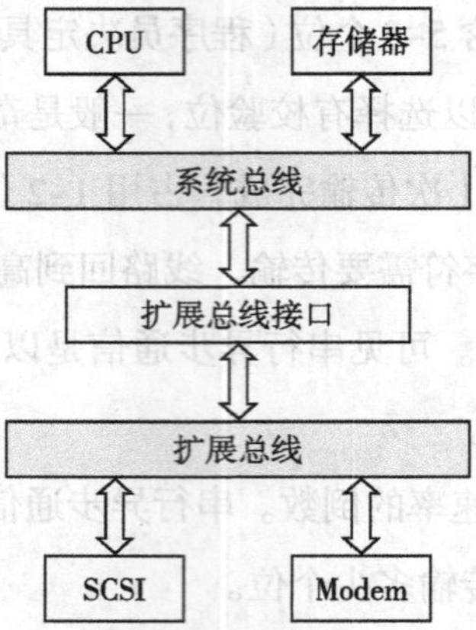

图 6.4 双总线结构

③ 多总线结构：当更多性能越来越强的 I/O 设备要连接到总线上时，导致出现多总线结构。高速总线连接高速设备，扩展总线连接低速设备。多总线结构如图 6.5 所示。

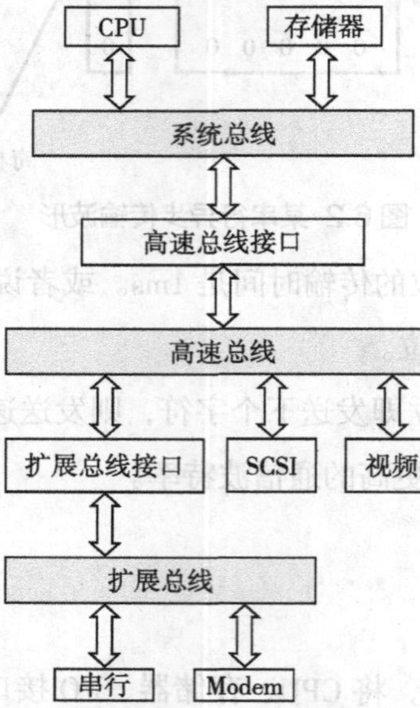

图 6.5 多总线结构

常见的总线性能指标包含以下几项。

① 总线宽度：指同时传输数据信号的线数。例如，对于系统总线，就是 CPU 与存储器之间数据连接线的根数，1 根线传输 1 个 bit。

② 总线带宽：单位时间内，总线传输数据的多少。单位是每秒多少字节。

③ 总线复用：1 组总线分时传输不同的信号。

6.2.4 真题与习题精编

● 单项选择题

1. QPI 总线是一种点对点全双工同步串行总线，总线上的设备可同时接收和发送信息，每个方向可同时传输 20 位信息（16 位数据 +4 位校验位），每个 QPI 数据包有 80 位信息，分 2 个时钟周期传送，每个时钟周期传递 2 次。因此，QPI 总线带宽为：每秒传送次数 ×2B×2。若 QPI 时钟频率为 2.4GHz，则总线带宽为（ ）。【全国联考 2020 年】

A. 4.8GB/s　B. 9.6GB/s　C. 19.2GB/s　D. 38.4GB/s

2. 某同步总线的时钟频率为 100MHz，宽度为 32 位，地址 / 数据线复用，每传输一个地址或数据占用一个时钟周期。若该总线支持突发（猝发）传输方式，则一次“主存写”总线事务传输 128 位数据所需要的时间至少是（ ）。【全国联考 2012 年】

A. 20ns　B. 40ns　C. 50ns　D. 80ns

3. 某同步总线采用数据线和地址线复用方式，其中地址 / 数据线有 32 根，总线时钟频率为 66MHz，每个时钟周期传送两次数据（上升沿和下降沿各传送一次数据），该总线的最大数据传输率（总线带宽）是（ ）。【全国联考 2014 年】

A. 132 MB/s　B. 264 MB/s　C. 528 MB/s　D. 1056 MB/s

4. 一次总线事务中，主设备只需给出一个首地址，从设备就能从首地址开始的若干连续单元读出或写入多个数据。这种总线事务方式称为（ ）。【全国联考 2014 年】

A. 并行传输　B. 串行传输　C. 突发传输　D. 同步传输

5. 下列关于总线设计的叙述中，错误的是（ ）。【全国联考 2016 年】

A. 并行总线传输比串行总线传输速度快

B. 采用信号线复用技术可减少信号线数量

C. 采用突发传输方式可提高总线数据传输率

D. 采用分离事务通信方式可提高总线利用率

6. 假定一台计算机采用 3 通道存储器总线，配套的内存条型号为 DDR3-1333，即内存条所接插的存储器总线的工作频率为 1333MHz、总线宽度为 64 位，则存储器总线的总带宽大约是（ ）。【全国联考 2019 年】

A. 10.66GB/s　B. 32GB/s　C. 64GB/s　D. 96GB/s

7. 在串行通信中，根据数据传输方向不同可以分成三种方式，不包括的方式是（ ）。

A. 单工　B. 半双工　C. 全双工　D. 互联

8. 在系统总线中，地址总线的位数决定了（ ）。

A. 可访问存储器单元的最大数目　B. 存储器单元的位数

C. I/O 端口的位数　D. 总线速率

9. 决定地址总线的位数的 CPU 内部的器件是（ ）。

A. MDR　B. MAR　C. PC　D. IR

10. 有些总线会采用地址总线与数据总线复用，其主要目的是（ ）。

A. 节约时间　　B. 提高速度　　C. 减少线数　　D. 加快传输

11. 某总线采用同步传输，总线时钟频率是 10MHz，数据线是 16 位，发送方在每个上升沿发出数据，接收方利用下降沿接收数据。该总线最大数据传输速率是每秒钟传输（ ）。

A. 10M 字节　　B. 20M 字节　　C. 80M 字节　　D. 160M 字节

12. 某总线采用同步传输。数据线是 16 位，每传输 1 个字，需要 4 个总线时钟周期。总线时钟频率是 5MHz。则每秒钟总线最多传输（ ）字节。

A. 2.5M 字节　　B. 10M 字节　　C. 20M 字节　　D. 40M 字节

13. 采用串行异步通信，要求双方（ ）。

A. 波特率相同，通信格式可以不同

B. 波特率相同，通信格式相同

C. 波特率可以不相同，通信格式可以不同

D. 波特率可以不相同，通信格式相同

14. 关于总线的叙述，有误的是（ ）。

A. 连接总线的设备共享总线

B. 连接总线的设备分时使用总线

C. 方便往总线添加设备，删除设备

D. 不如设备互联方便

15. 某计算机系统，内存共有 1024 个单元，I/O 端口有 512 个，两部分地址采用统一编址，则系统总线的地址线应该有（ ）根。

A. 9　　B. 10　　C. 11　　D. 19

● 综合应用题

某 32 位计算机，CPU 主频为 800MHz，Cache 命中时的 CPI 为 4，Cache 块大小为 32 字节；主存采用 8 体交叉存储方式，每个体的存储字长为 32 位、存储周期为 40ns；存储器总线宽度为 32 位，总线时钟频率为 200MHz，支持突发传送总线事务。每次读突发传送总线事务的过程包括：送首地址和命令、存储器准备数据、传送数据。每次突发传送 32 字节，传送地址或 32 位数据均需要一个总线时钟周期。请回答下列问题，要求给出理由或计算过程。【全国联考 2013 年】

（1）CPU 和总线的时钟周期各为多少？总线的带宽（即最大数据传输率）为多少？

（2）Cache 缺失时，需要用几个读突发传送总线事务来完成一个主存块的读取？

（3）存储器总线完成一次读突发传送总线事务所需的时间是多少？

（4）若程序 BP 执行过程中，共执行了 100 条指令，平均每条指令需进行 1.2 次访存，Cache 缺失率为 5%，不考虑替换等开销，则 BP 的 CPU 执行时间是多少？

6.2.5 答案精解

● 单项选择题

1.【答案】C

【精解】考点为系统总线的性能。

每个时钟周期传递 2 次，根据公式，$2.4G \times 2 \times 2 \times 2B/s=19.2GB/s$，所以答案为 C。

误区：公式里最后已经乘了 2 次了（全双工），在求解时不需要再乘。

2.【答案】C

【精解】考点为突发传输的原理。

地址 / 数据线复用，则先发送地址，再发送数据。

支持突发（猝发）传输方式，就是发送方发送 1 个开始地址，接收方接收该开始地址，每传送 1 个数据，该地址加 1，作为下个数据的地址，直到约定数量的数据传送完毕。也就是前面发送 1 个地址，后面的数据以数据块传输。

这里需要 128 位，数据总线为 32 位，也就是数据需要连续的 4 个总线周期。前面需要 1 个周期传输地址。总共需要 5 个总线周期。总线频率为 100MHz，则总线周期为 10ns。所以传输需要 50ns。答案为 C。

3.【答案】C

【精解】考点为总线性能。

总线传输数据时，1 次可以同时传输 4 字节。总线时钟频率为 66MHz，每个时钟周期传送 2 次数据，这样最大数据传输率为：$4 \times 66M \times 2=528MB/s$。所以答案为 C。

4.【答案】C

【精解】考点为系统突发传输。可以结合排除法。

显然题干不是描述并行传输、串行传输，也不是描述同步传输。可以确定为 C。

突发传输是先传输 1 个地址作为开始地址，然后连续传输若干个数据。

所以答案为 C。

5.【答案】A

【精解】考点为总线知识。可以结合排除法。

很明显，B、C 是正确的。

D 中，学生在学习阶段接触的总线有同步、异步、并行、串行，对分离事务通信方式可能没有印象，有点生僻。

A 中，通常的并行传输比串行传输快。但现在，随着技术发展，串行传输的速度也超过并行速度。例如，光纤网线传输的速度远远大于有些并行传输。

所以，答案为 A。

6.【答案】B

【精解】考点为总线性能。

现在总线频率是 1333MHz，每个总线的带宽是：$8 \times 1333M=10664M \approx 10.66GB/s$。DDR3 是新型

DRAM，使用外部时钟信号，在每个时钟信号进行 2 次数据传输。这样每个内存的带宽是：21.32GB/s。

一台计算机采用 3 通道存储器总线，得到总线的带宽是约 64GB/s。

考研标准答案认为是 B。编者认为与 2014 年全国统考单选第 19 题矛盾。

7.【答案】D

【精解】考点为串行异步通信知识。

单工是数据传输方向固定，在一个方向上传输；半双工数据传输允许数据在两个方向上传输，但是，在某一时刻，只允许数据在一个方向上传输。

全双工是有两个数据传输线路，可以同时在两个方向上传输。所以答案是 D。

8.【答案】A

【精解】考点为系统总线知识。

地址总线的位数决定了可访问存储器单元的最大数目，也决定了可访问 I/O 端口的最大数目。所以答案是 A。

9.【答案】B

【精解】考点为系统总线知识。

CPU 的 MAR 决定地址总线的位数。所以答案是 B。

10.【答案】C

【精解】考点为总线复用知识。

总线复用，其主要目的是减少传输线。这导致传输速率下降，控制复杂。所以答案是 C。

11.【答案】B

【精解】考点为总线性能知识。

每个总线周期完成 1 次传输，速率是：2 字节 ×10M=20M 字节 / 秒。所以答案是 B。

12.【答案】A

【精解】考点为总线性能知识。

每传输 1 个字，需要 4 个总线时钟周期，总线时钟频率是 5MHz，则每秒传输字数：5M ÷ 4=1.25M，每秒钟总线最多传输字节数：1.25M × 2=2.5M。所以答案是 A。

13.【答案】B

【精解】考点为串行异步通信知识。

采用串行异步通信，要求双方波特率相同，通信格式相同。所以答案是 B。

14.【答案】D

【精解】考点为总线知识。

A、B、C 均为总线的优点。所以答案是 D。

15.【答案】C

【精解】考点为总线知识。

总共有 1536 个地址，需要 11 根地址线。所以答案是 C。

● 综合应用题

【答案精解】

（1）CPU 时钟周期：1s ÷ 800M=1.25ns；

总线的时钟周期：1s ÷ 200M=5ns；

总线的带宽（即最大数据传输率）：4B × 200M=800MB/s。

（2）主存块大小为 32 字节。1 个读突发传送总线事务传输 32 字节。

所以，Cache 缺失时，需要用 1 个读突发传送总线事务来完成一个主存块的读取。

（3）一次读突发传送总线事务需要：

① 送首地址和命令，占用 1 个总线时钟周期，需要 5ns。8 个存储体收到地址。8 个存储器准备数据。

② 经过 40ns 后，8 个存储体准备好数据。存储周期是存储器接收地址到数据被 CPU 接收的时间。

CPU 依次读取 8 个存储体，需要 8 个总线时钟周期，需要 40ns。

所以一次读突发传送总线事务所需的时间是 85ns。

（4）命中时，执行程序的时间是：100 × 1.25ns × 4=500ns；

未命中时，执行的时间是：100 × 1.2 × 5% × 85=510ns；

BP 的 CPU 执行时间是：500+510=1010ns。

说明：这里假定每次访问存储器传输 32 字节。如果只需要读取 1 字节的话，未命中的时间是：100 × 1.2 × 5% ×（5+40+5）=300ns。

6.3 总线仲裁

能够主动使用总线，发起传输过程的设备被称为主设备（master device）。不能主动使用总线来进行数据传输的设备被称为从设备（slave device）。

总线上有多个主设备同时向从设备传输信息，则产生竞争或冲突，需要采取措施来决定哪个主设备先使用总线，也就是总线仲裁。

6.3.1 集中仲裁方式

集中仲裁方式就是增加 1 个总线仲裁电路来决定当冲突产生时，由谁使用总线。集中仲裁有 3 种方式。

（1）菊花链方式

菊花链方式如图 6.6 所示。图中没有画出总线，只是画出仲裁需要的信号。

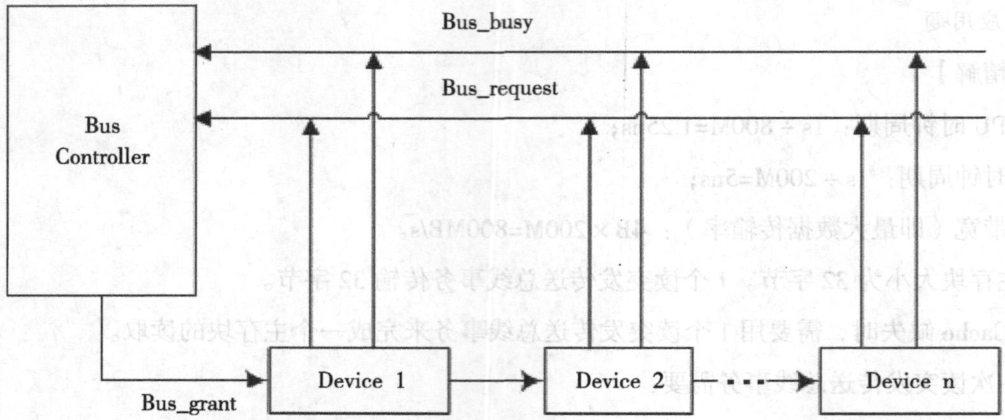

图 6.6 菊花链方式

多个设备沿着“总线授权（Bus Grant）”信号的传输路径连接，这种连接方式叫作菊花链连接。最前面的设备优先级最高，最后面的设备优先级最低。也就是，设备 1（Device1）优先级最高，设备 2（Device2）优先级次高，设备 n（Device n）优先级最低。

所有设备都可以使“总线请求（Bus request）”有效，表示提出使用总线请求。

当“总线忙（Bus_busy）”无效（总线空闲），且“总线请求”有效时，总线控制器（Bus Controller）使“总线授权（Bus Grant）”有效。该信号先传送给设备 1（Device 1），如果设备 1 刚刚提出使用总线的请求（由于优先级最高），则设备 1 使“总线忙”有效（表明总线被占用），同时不再把“总线授权”信号向后传输，这时设备 1 就成为主设备。接下来，它可以使用总线了。如果设备 1 刚刚没有提出使用请求，它会把“总线授权”有效信号向后传输。后面的设备接收到“总线授权”有效信号后的处理类似设备 1 的处理。

菊花链方式的优点：简单，具有扩展性，可以方便添加设备。

菊花链方式的缺点：在电路中的连接位置决定了设备的优先级。会出现低优先级的设备可能永远不会得到使用总线的机会。如果有一个设备产生故障，不能把信号向后传输，这时仲裁工作失败。

（2）查询方式（Polling）

查询方式原理如图 6.7 所示。

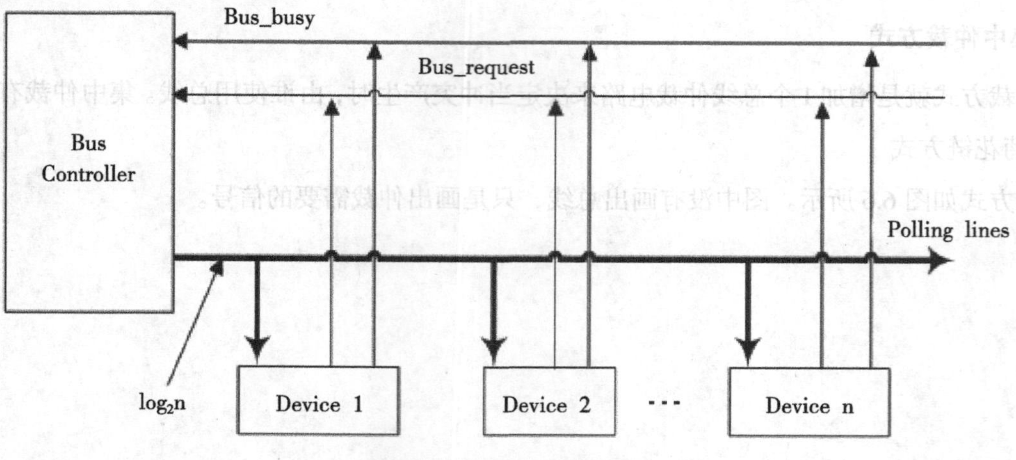

图 6.7 查询方式原理图

每个设备都可以向总线控制器提出请求。总线控制器收到请求后，使用查询线（Polling lines）来发现提出请求的设备。假定有 8 个设备，每个设备分配 1 个编码，每个设备的编码不同，编码的范围是 0~7。

总线控制器需要 3 根查询线来区分设备。总线控制器内有 1 个递增计数器，可以从 0 开始计数，也可以从设定的某个值开始计数，并通过 3 根查询线发出。设备把收到的编码与自己的编码做比较，如果相等，且设备提出使用总线请求，则该设备就使“总线忙（Bus_busy）”有效，开始占用总线。总线控制器内的计数器暂停计数。等到该设备使用完总线并放弃后，总线控制器内的计数器继续计数。

查询方式的优点：所有设备都有机会使用总线。

（3）独立请求

独立请求的原理如图 6.8 所示。

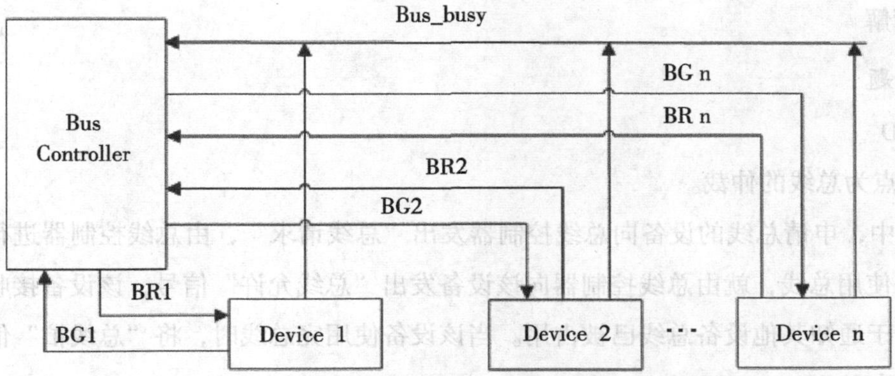

图 6.8 独立请求的原理

每个设备都可以单独向总线控制器提出请求。总线控制器收到请求后，根据预先设定的优先级高低，给优先级高的设备发出总线授予信号，让该设备使用总线。优先级由总线控制器内部决定。

6.3.2 分布仲裁方式

分布仲裁方式：总线上不设置总线控制器，由总线上的设备参与决定由谁使用总线。每个设备有自己的唯一的仲裁号码（代表优先级），当它打算使用总线时，就发出自己的仲裁号码。其他设备接收号码并与自己的号码进行比较。仲裁号码小（优先级低）的设备不能使用总线；仲裁号码大（优先级高）的设备将使用总线。

6.3.3 真题与习题精编

● 单项选择题

1. “总线忙”信号由（ ）产生。

A. CPU　　B. 发出“总线请求”的设备

C. 总线控制器　　D. 获得总线控制权的设备

2. 总线从设备指的是（ ）。

A. 掌握总线控制权的设备　　B. 申请作为从设备的设备

C. 被主设备访问的设备　　D. 总线裁决部件

3. 采用菊花链仲裁方式下，最先连接总线仲裁器的设备的特性是（ ）。

A. 使用总线的优先级最高，获得总线使用权的机会最多

B. 使用总线的优先级最低，获得总线使用权的机会最少

C. 使用总线的优先级最低，获得总线使用权的机会最多

D. 使用总线的优先级最高，获得总线使用权的机会最少

4. 属于总线集中仲裁的是（ ）。

A. 菊花链式仲裁　　B. 计数器查询仲裁

C. 独立请求仲裁　　D. 以上三者均是

5. 假定总线仲裁采用查询方式，总线上设备有 16 个，则查询线应该是（ ）根。

A. 16　　B. 8　　C. 4　　D. 1

6.3.4 答案精解

● 单项选择题

1.【答案】D

【精解】考点为总线的仲裁。

在总线控制中，申请总线的设备向总线控制器发出“总线请求”，由总线控制器进行裁决。如果经裁决允许该设备使用总线，就由总线控制器向该设备发出“总线允许”信号，该设备接收到后发出“总线忙”信号，用于通知其他设备总线已被占用。当该设备使用完总线时，将“总线忙”信号撤销，释放总线。所以答案为 D。

2.【答案】C

【精解】考点为总线的仲裁。

能够主动使用总线，发起传输过程的设备被称为主设备。不能主动使用总线来进行数据传输的设备被称为从设备。答案为 C。

3.【答案】A

【精解】考点为总线的仲裁。

设备在菊花链电路中的连接位置决定了设备的优先级。越接近控制电路，优先级越高。答案为 A。

4.【答案】D

【精解】考点为总线的仲裁。

A、B、C 均属于集中仲裁。答案为 D。

5.【答案】C

【精解】考点为总线的仲裁。

总线上设备有 16 个，查询线根数应该是 $\log_2 16=4$。答案为 C。

6.4 总线操作和定时

一个完整的总线操作过程如下：

① 主设备发出使用总线的请求；

② 主设备的请求得到同意，被总线控制器（总线仲裁器）允许使用总线；

③ 主设备发出地址信息，用于选择从设备；

④ 根据地址信息，从设备被确定；

⑤ 主设备进行数据传输；

⑥ 从设备接收数据；

⑦ 主设备释放总线。

6.4.1 同步定时方式

在同步方式下，总线有：数据总线（传输数据）、控制总线（传输控制信号）、1 个时钟信号线。这个时钟信号叫作总线时钟信号，可以是单独提供的，也可以是主设备提供的。主设备与从设备根据这个总线时钟信号来决定什么时间往总线上发送数据，什么时间从总线上接收数据。1 个总线传输花费的时间是若干个总线时钟周期。

例如，主设备在第 1 个总线时钟周期往总线上发出地址与数据，发出有效的控制信号。从设备可以在第 1 个总线时钟周期从总线上获取地址，决定自己是否被选中。如果被选中，从设备在第 2 个总线时钟周期从数据总线上读取数据或向总线上发送数据。

可以看出，主设备与从设备根据总线时钟信号来确定自己的时间。

同步总线操作简单，也容易实现，但当总线上设备的速度差异大时，总线时钟信号的频率需要适应低速的设备。

有资料介绍有半同步技术。假定正常同步操作时，CPU 向内存发送数据需要 3 个总线周期 T1~T3。在 T1 周期内，CPU 发出内存地址，内存接收地址，选中某个单元。在 T2 时刻，CPU 发出数据，发出写命令。内存接收数据与写命令，开始将数据写入选中单元。在 T3 时刻，CPU 撤销写命令与数据。内存完成数据存入工作。

如果内存的写入速度慢，在 1 个总线周期内不能完成写入数据的任务，那么内存在 T3 周期内 CPU 不能撤销数据与写命令。这时需要采用半同步技术，就是内存在 T3 时刻向 CPU 发出“数据未写完”的信号，CPU 接收到该信号，就等待 1 个总线周期，在 T4 周期再次检测是否有“数据未写完”的信号。如果内存在 T4 周期内完成数据写入工作，就发出“数据已写完”的信号，CPU 就在 T4 周期撤销数据与写命令；如果 CPU 仍然检测到“数据未写完”的信号，则 CPU 继续给内存延迟 1 个总线周期。可见，这里既使用了总线时钟信号进行同步，也使用了 1 个反馈信号，保证操作正确进行。

6.4.2 异步定时方式

在异步总线方式中，总线上没有时钟信号，信息发送方与信息接收方通过“握手信号（handshaking）”来确保信息传输的正确。

（1）完全握手方式 / 完全互锁方式

下面是一个典型的异步总线操作过程。这里的“数据准备好”信号与“数据已接收”信号就是两个应答信号。在这个总线操作过程中应答信号进行两次应答，这种异步总线操作被称作完全握手方式或完全互锁方式。该过程的信号变化如图 6.9 所示。

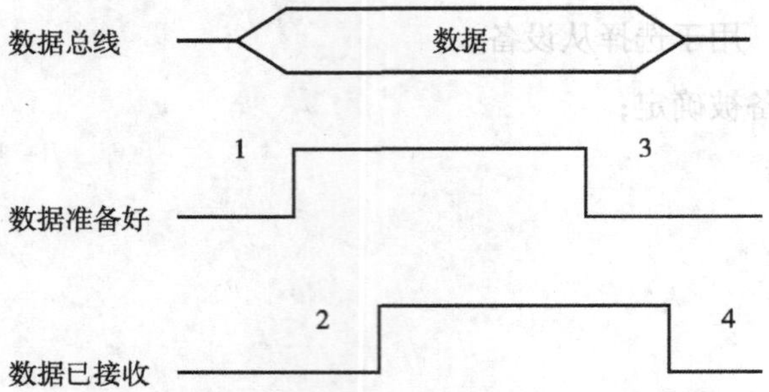

图 6.9 总线异步工作原理

① 主设备占用总线后，向数据总线发送数据，同时使控制总线的“数据准备好”信号有效（图中 1 时刻），该信号的作用是告诉从设备：数据已经发到总线上。

② 从设备检测到总线的“数据准备好”信号有效，就认为数据总线上的数据是有效的，就从设备接收数据，并发出“数据已接收”信号（图中 2 时刻），该信号的作用是告诉主设备：数据已经被接收。

③ 主设备检测到“数据已接收”信号有效，就认为已经从设备接收了数据总线的数据，就使“数据准备好”信号无效（图中 3 时刻）。

④ 从设备检测到“数据准备好”信号无效，就使“数据已接收”信号无效（图中 4 时刻）。

（2）其他握手方式

有些资料认为也存在其他的握手方式：不互锁方式、半互锁方式。描述如下。

1）不互锁方式

① 主设备发出数据后，使“数据准备好”信号有效。不等待“数据已接收”信号，而是经过特定的时间后，使“数据准备好”信号无效。

② 从设备检测到“数据准备好”信号有效，就从总线接收数据，并使“数据已接收”信号有效。经过特定的时间后，使“数据已接收”信号无效。

2）半互锁方式

① 主设备发出数据后，使“数据准备好”信号有效。等待从设备的“数据已接收”信号有效。

② 从设备检测到“数据准备好”信号有效，就从总线接收数据，并使“数据已接收”信号有效。从设备不再等待“数据准备好”信号无效，而是经过特定的时间后，使“数据已接收”信号无效。

③ 主设备检测到“数据已接收”信号有效，就使“数据准备好”信号无效。

异步总线操作更适合速度差异较大的设备进行传输。

6.4.3 真题与习题精编

● 单选选择题

1. 下列选项中，可提高同步总线数据传输率的是（ ）。【全国联考 2018 年】

I. 增加总线宽度　II. 提供总线工作频率

III. 支持突发传输　IV. 采用地址 / 数据复用

A. 仅 I、II　B. 仅 I、II、III　C. 仅 III、IV　D. I、II、III、IV

2. 下列有关总线定时的叙述中，错误的是（ ）。【全国联考 2015 年】

A. 异步通信方式中，全互锁协议的速度最慢

B. 异步通信方式中，非互锁协议的可靠性最差

C. 同步通信方式中，同步时钟信号可由各设备提供

D. 半同步通信方式中，握手信号的采样由同步时钟控制

3. 下面的操作中，不属于系统总线操作的是（ ）。

A. 读写内存　B. 读写 I/O 接口

C. 中断　D. 指令译码

4. 每当上课铃响起，教师开始授课，学生开始听课。每当下课铃响起，教师停止授课，学生带好物品，离开教室。这个过程与（ ）总线操作很相似。

A. 同步　B. 异步　C. 半同步　D. 半互锁异步

5. 第 1 节上课铃响起，教师开始布置作业，学生开始做作业。下课铃响起，教师询问学生是否完成作业。如果学生已经完成，则学生上交作业；如果学生没有完成，则让学生在第 2 节课继续做作业，在第 2 节下课时再次询问学生是否完成作业。这个过程与（ ）总线操作很相似。

A. 同步　B. 异步　C. 半同步　D. 半互锁异步

6. 总线上的 2 个部件开始 1 次总线操作，主设备最先发送的信号是（ ）。

A. 数据信号　B. 地址信号　C. 控制信号　D. 握手信号

● 综合应用题

1. 某同步总线的数据位数是 64 位，总线时钟频率为 10MHz，计算其总线带宽。

2. 某总线时钟频率为 4MHz，数据宽度为 8 位，每传送一个 32 位的字，需要 8 个总线时钟周期，计算该总线的最大传输速率。

6.4.4 答案精解

● 单选选择题

1.【答案】B

【精解】考点为同步总线的知识。

增加总线宽度、提供总线工作频率、支持突发传输可以提供数据传输率。采用地址 / 数据复用的目的是减少总线的信号线的数量。所以答案为 B。

2.【答案】C

【精解】考点为总线操作方式。

在总线同步操作中，主设备与从设备需要遵从总线时钟的信号(同步信号)。该信号可以是单独的信号，也可以由主设备提供，不能由从设备提供。异步操作不需要时钟，但需要握手信号。所以答案为 C。

3.【答案】D

【精解】考点为系统总线操作的概念。

简单来说，凡是使用系统总线的操作，就是系统总线操作。指令译码是 CPU 内部的工作，不使用系统总线。所以答案为 D。

4.【答案】A

【精解】考点为总线同步的概念。

总线同步操作需要双方按照同步信号工作。同步信号属于总线的 1 个信号，可以是主设备提供，或者专门提供。所以答案为 A。

5.【答案】C

【精解】考点为总线同步的概念。

半同步需要同步信号，也需要检查从设备的状态。所以答案为 C。

6.【答案】B

【精解】考点为总线操作的过程。

占用总线后，主设备最先发送地址信号。所以答案为 B。

● 综合应用题

1.【答案精解】

本题没有其他信息，可以默认是每个总线周期传输 64 位。

总线带宽是：$10M \times 8B = 80MB/s$。

2.【答案精解】

每传输 4 字节，需要 8 个总线周期。相当于每个总线周期传输 0.5 字节。

该总线的最大传输速率是：$0.5B \times 4M = 2MB/s$。

6.5 总线标准

常见的总线标准包含以下几种。

① PS/2：用于连接电脑与鼠标、键盘的接口。

② 工业标准结构总线 ISA(industry standard architecture): 最初是 8 位、16 位总线，后来有即插即用(plug and play) 的 ISA 总线。

③ 扩充的工业标准结构总线 EISA（Extended industry standard architecture）：32 位数据传输，也兼容 ISA 总线。

④ 外设互联总线 PCI（Peripheral component interconnect）：支持 32 位、64 位数据传输。

⑤ 通用串行总线 USB（Universal serial bus）：是一种外部总线，支持即插即用（plug and play）。

⑥ 火线 FireWire（IEEE 1394）：是一种外部总线，支持高速数据传输，可达 400Mbps。适合连接视频设备到计算机。

⑦ 小型计算机系统接口 SCSI（Small computer system interface）：通常用于大容量存储设备的并行接口。速度可达 4Mbps。有支持更高速度的变种 SCSI。

⑧ 集成驱动电子接口 IDE（Integrated drive electronics）：通常用于磁盘驱动器和光盘驱动器的接口，价格比 SCSI 便宜，而性能比 SCSI 略差。

6.5.1 真题与习题精编

● 单项选择题

1. 下列选项中的英文缩写均为总线标准的是（ ）。【全国联考 2010 年】

A. PCI、CRT、USB、EISA

B. ISA、CPI、VESA、EISA

C. ISA、SCSI、RAM、MIPS

D. ISA、EISA、PCI、PCI-Express

2. 下列关于多总线结构的叙述中，错误的是（ ）。【全国联考 2017 年】

A. 靠近 CPU 的总线速度较快

B. 存储器总线可支持突发传送方式

C. 总线之间须通过桥接器相连

D. PCI-Express × 16 采用并行传输方式

3. 下列关于 USB 总线特性的描述中，错误的是（ ）。【全国联考 2012 年】

A. 可实现外设的即插即用和热拔插

B. 可通过级联方式连接多台外设

C. 是一种通信总线，连接不同外设

D. 同时可传输 2 位数据，数据传输率高

4. 下列选项中，用于设备和设备控制器（I/O 接口）之间互连的接口标准是（ ）。【全国联考 2013 年】

A. PCI　　B. USB　　C. AGP　　D. PCI-Express

5. 如果多个设备采用（ ）标准连接，多个设备组成树形结构。

A. PCI　　B. USB　　C. AGP　　D. PCI-Express

6. 如果多个设备采用（ ）标准连接，多个设备组成菊花链结构。

A. PCI　　B. USB　　C. AGP　　D. FireWire

7. 高速 USB 传输信号的线有 2 个，它们分别是 data+、data−。这种传输方法叫作差分传输。采用差分传输的好处是（ ）。

A. 简单廉价　B. 即插即用　C. 抗干扰　D. 低功耗

6.5.2 答案精解

● 单项选择题

1.【答案】D

【精解】考点为标准总线。

A 中排除 CRT，CRT 是 cathode ray tube，即射线管显示器。

B 中排除 CPI，CPI 是 clock per instruction，即每指令的时钟数。

C 中排除 RAM、MIPS。

所以答案为 D。

2.【答案】D

【精解】考点为总线的知识。可以结合排除法。

CPU 是系统中速度最快的，越接近 CPU 的总线，速度越快。突发传送就是数据作为数据块发送。总线之间通过桥接器相连。PCI-Express×16 采用串行传输方式。所以答案为 D。

3.【答案】D

【精解】考点为常用总线中 USB 特点。

A 项描述正确，即插即用就是插上就可以使用，热拔插就是连接或断开设备，不需要关闭设备或计算机电源。B 描述正确，USB 可通过级联方式连接多台外设。C 描述正确。排除 A、B、C，所以答案为 D。

4.【答案】B

【精解】考点为常用总线。

采用 USB 连接，需要 USB 控制设备与 USB 设备。所以答案为 B。

5.【答案】B

【精解】考点为常用总线。

采用 USB 连接，多个设备组成树形结构。设备是树的叶子，除叶子外的节点是集线器。所以答案为 B。

6.【答案】D

【精解】考点为常用总线。

采用火线标准连接，多个设备组成菊花链结构。所以答案为 D。

7.【答案】C

【精解】考点为常用总线。

采用差分传输，2 根线的电压差代表数据，具有很强的抗干扰性能。所以答案为 C。

6.6 重难点答疑

1. 3 种仲裁方式的具体实现。

【答疑】仲裁方式的具体实现是需要硬件电路也需要软件才能实现，也会涉及很多内容。掌握常用仲裁的原理、特点和过程就可以了。

2. 总线时钟周期、CPU 时钟周期。

【答疑】CPU 时钟周期是 CPU 工作的基准信号，当它与存储器、I/O 接口传输数据时，CPU 时钟信号就是总线时钟信号。

如果 1 个总线不是 CPU 占用，那么此时总线的时钟信号就不是 CPU 时钟信号了，而是由占用总线的主设备提供时钟信号，或者总线上控制器提供信号。同步方式下，主设备与从设备传输以总线时钟信号为基准。此外，具体的传输过程由双方决定。有的传输情况可能是主设备在每个时钟信号周期发送 1 个字数据，从设备接收数据；有的传输情况可能是主设备每发送 1 个字数据，需要几个总线时钟周期。

6.7 命题研究与模拟预测

6.7.1 命题评价

本章内容不多，相对独立。从全国统考试题来看，本章内容在每年的考题会出 1 道或 2 道单选选择题，偶尔作为综合应用题中的小题出现，分值最多为 5 分，难度算中等。

总线的特性、总线的分类、总线性能指标属于基本知识，曾经以单项选择题出现，属于记忆或计算范围。这些知识属于基本知识，需要考生掌握。

异步串行传输曾经作为综合题的小题出现过，难度中等，易于掌握，需要考生掌握。

总线仲裁的内容属于理论知识，内容不多，也需要考生掌握。

总线同步操作会结合第 7 章 I/O 控制考查定量计算。由于实际的总线同步操作计算需要结合总线时序来进行，而考试题目中经常是使用文字来描述总线操作过程，容易导致歧义，所以进行定量计算的难度属于中等偏上。

总线的异步操作在全国统考中基本没有出现过，但需要考生理解它的含义与过程。

常用的总线标准在全国统考中曾经出现过，这部分知识简单，需要考生熟练掌握。

总之，本章的内容不多，大部分属于中等难度，也易于掌握。

6.7.2 模拟预测

● 单项选择题

1. 串行异步通信的波特率是 9600bps。通信格式是：字符采用 8 个数据位、1 个校验位、2 个停止位。则最快情况下，每秒钟传输的字符数是（ ）个。

A. 800　　B. 872　　C. 1066　　D. 1200

2. 某总线采用同步传输，每个总线时钟信号的高电平时间是 300ns，低电平时间是 200ns。数据线是 16 位，发送方在每个上升沿发出数据，接收方利用下降沿接收数据。该总线最大数据传输速率是每秒钟传输（ ）。

A. 4MB　　B. 6.6MB　　C. 10MB　　D. 20MB

3. 某总线采用同步传输，数据线是 16 位，发送方在每个上升沿发出数据，要求 2 个上升沿间隔至少 100ns。接收方利用下降沿接收数据，要求 2 个下升沿间隔至少 400ns。该总线最大数据传输速率是每秒钟传输（ ）。

A. 5MB B. 20MB C. 25MB D. 40MB

● 综合应用题

某同步存储器采用 4 个存储体构成，存储体数据宽度是 16 位。该存储器可以采用突发传输，每个突发传输需要 6 个总线周期（T1~T6）。在第 1 个总线周期 T1 存储器从总线接收地址，在第 2 个总线周期 T2 存储器从总线接收读信号，在 T3~T6 的每个总线周期存储器分别发送 4 个存储体的 1 个字。总线时钟频率为 10MHz。计算存储器每秒最大发送数据量。

6.7.3 答案精解

● 单项选择题

1.【答案】A

【精解】考点为串行异步通信知识。

每传送一个字符，在异步串行通信线上共需传输：1 个开始位、8 个数据位、1 位奇校验位和 2 位停止位，共 12 位。

最快情况下，每秒钟传输的字符数是：9600 ÷ 12=800 个。所以答案是 A。

2.【答案】A

【精解】考点为总线性能知识。

每个总线时钟周期是 200+300=500ns，频率是 2MHz。

每个总线周期完成 1 次传输，速率是：2 字节 ×2M=4MB/s。所以答案是 A。

3.【答案】A

【精解】考点为总线性能知识。

发送方要求总线周期≥ 100ns，则需要发送频率≤ 10MHz。

接收方要求总线周期≥ 400ns，则需要接收频率≤ 2.5MHz。

那么，需要总线频率≤ 2.5MHz。

每个总线周期完成 1 次传输，速率是：2 字节 ×2.5M=5MB/s。所以答案是 A。

● 综合应用题

【答案精解】

存储器每个突发传送需要 6 个总线周期。每个突发传送可以传送数据字节数是：2B×4=8B。

存储器每秒最大发送数据量：10M×8÷6=13.3MB/s。

第7章 输入输出（I/O）系统

考点解读

I/O 系统基本概念

外部设备

I/O 接口（I/O 控制器）

I/O 方式

重难点答疑

命题研究与模拟预测

第 7 章 输入输出（I/O）系统

7.1 考点解读

输入输出系统主要包括 I/O 系统的组成和控制 I/O 操作的方式，涉及的内容有 I/O 系统的基本概念、对控制方式的理解。其中，基本概念、基本原理属于需要记忆与理解的层次，需要考生记忆并通过做题加深理解。输入输出的方式会通过具体的实例来综合考查。磁盘知识、中断过程应该属于中等难度，一般涉及计算题。本章的内容相对独立，便于掌握。

本章考点如图 7.1 所示。本章最近 10 年联考考点题型分值统计如表 7.1 所示。

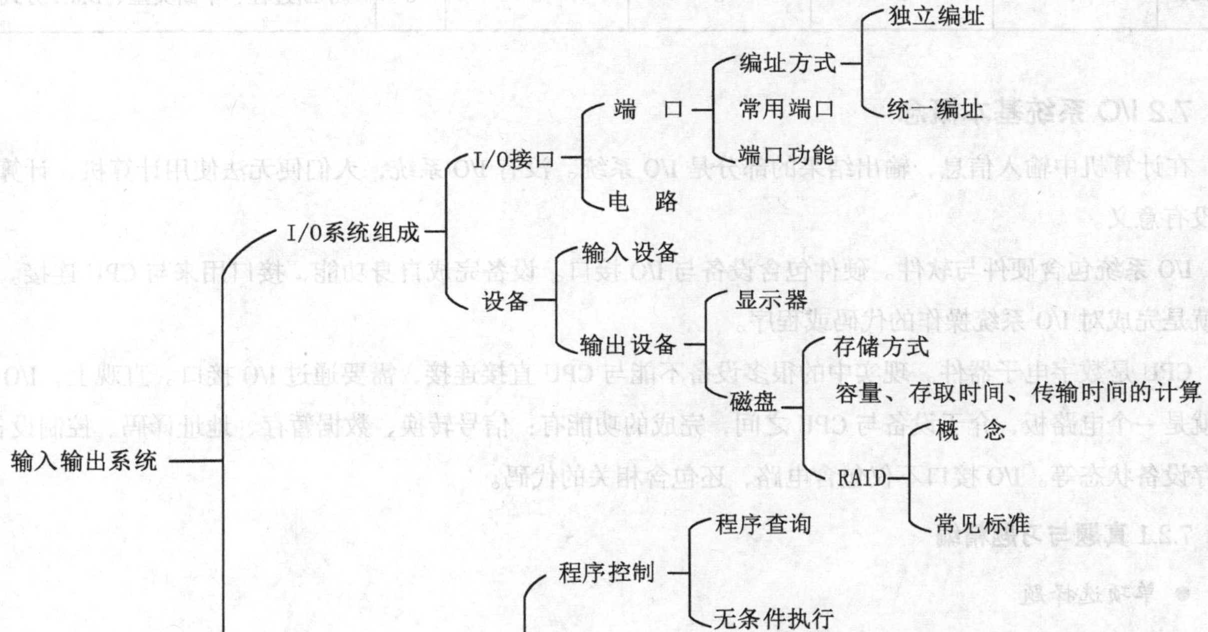

图 7.1 本章考点导图

表 7.1 本章最近 10 年联考考点题型分值统计

年份（年）	题型（题）		分值（分）			联考考点
	单项选择题	综合应用题	单项选择题	综合应用题	合计	
2011	2	0	4	0	4	中断屏蔽、查询控制
2012	2	1	4	6	10	I/O 数据、中断过程、DMA 计算
2013	3	0	6	0	6	RAID、磁盘计算、I/O 方式
2014	2	0	4	0	4	端口基础、中断计算
2015	4	0	8	0	8	磁盘计算、I/O 信息、异常、中断切换
2016	1	1	2	6	8	中断源、中断计算
2017	2	0	4	0	4	中断指令、中断过程
2018	1	1	2	8	10	中断知识、I/O 计算
2019	3	1	6	2	8	磁盘知识、中断计算、DMA、总线带宽、磁盘容量
2020	4	0	8	0	8	中断过程、中断类型、DMA 方式

7.2 I/O 系统基本概念

在计算机中输入信息，输出结果的部分是 I/O 系统。没有 I/O 系统，人们便无法使用计算机，计算机将没有意义。

I/O 系统包含硬件与软件。硬件包含设备与 I/O 接口。设备完成自身功能，接口用来与 CPU 连接。软件就是完成对 I/O 系统操作的代码或程序。

CPU 是数字电子器件。现实中的很多设备不能与 CPU 直接连接，需要通过 I/O 接口。直观上，I/O 接口就是一个电路板，介于设备与 CPU 之间，完成的功能有：信号转换、数据暂存、地址译码、控制设备、暂存设备状态等。I/O 接口不仅包含电路，还包含相关的代码。

7.2.1 真题与习题精编

● 单项选择题

1. 通常情况下，接口的主要功能不包含（ ）。

A. 数据缓冲　　B. 地址选择　　C. 信号转换　　D. 算术运算

2. 关于 I/O 接口的叙述，错误的是（ ）。

A. I/O 接口只是个概念

B. 1 个 I/O 接口具体表现是电路板，包含软件

C. 复杂的 I/O 接口也可能包含自己的 CPU

D. 对于 CPU 来说，I/O 接口就是若干端口

7.2.2 答案精解

● 单项选择题

1.【答案】D

【精解】考点为接口知识。

接口的功能包含 A、B、C 项的内容。所以答案为 D。

2.【答案】A

【精解】考点为 I/O 接口。

B、C、D 各项的叙述正确。答案为 A。

7.3 外部设备

7.3.1 输入设备

（1）键 盘

键盘是我们最经常使用的输入设备。计算机键盘由于键多，采用矩阵键盘方式，由键盘的控制电路检测用户是否按下键，并把键的编码发往主机。现在的键盘多采用 USB 接口与主机连接。

（2）鼠 标

鼠标也是现在人们经常使用的输入设备。

7.3.2 输出设备

（1）显示器

显示器是最常用的输出设备。早期显示器是 CRT，现在主要是液晶显示器。

显示器的显示单位是微小的像素。相邻像素的距离叫作点距。点距越小，分辨率越大。分辨率是指显示器像素的多少。

最简单的情况，1 个像素可以用 1 个 bit 来表示。1bit 可以代表黑色或者白色。

刷新率是指每秒钟屏幕显示多少帧画面。

（2）打印机

打印机也是最常用的输出设备。

7.3.3 外存储器

（1）硬盘存储器

硬盘是最常用的外部存储器，由盘片（磁盘）、磁盘驱动器、磁盘控制器三部分组成。

① 盘片（磁盘）

信息记录在盘片上，它利用磁性原理记录信息。

盘片分为若干个同心圆，每个同心圆叫作 1 个磁道（track）。硬盘一般有多个相同的盘片，不同盘片的相同的磁道叫作 1 个柱面（cylinder）。柱面（或磁道）都有编号，最外面的柱面（或磁道）的编号是 0，沿着半径向圆心，编号变大。每个磁道分为若干个弧段，每个弧段叫作扇区（sector）。数据就记录在柱面（或磁道）上，扇区是数据的最小单位。硬盘与内存的数据交换以扇区为单位。盘片工作原理如图 7.2 所示。

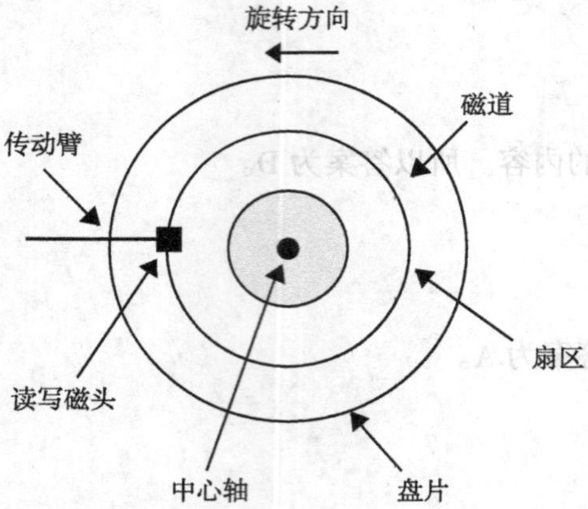

图 7.2　盘片工作原理图

描述 1 个扇区的位置的信息是：盘面号、柱面号（磁道号）、扇区号。显然，读写同一个柱面时，磁头不需要移动。

1 个扇区存储的数据的字节数是 512 的倍数，通常情况下，一个扇区容量是 512 字节。扇区除了存储用户数据外，还存储本扇区的地址信息（盘面号、磁道号、扇区号）、用于同步的信息、纠错信息 ECC。扇区之间存在间隔。

② 磁盘驱动器

磁盘驱动器是指移动磁头、旋转磁盘的机电部分。

读写磁头安装在传动臂上。每个盘面有 1 个磁头。现在的磁盘的 2 个盘面用来存储信息，这样每个磁盘就有 2 个读写磁头。老式的硬盘，没有使用最上面的盘片的上表面，也没有使用最下面的盘片的下表面。

读写磁头距离旋转的磁盘表面约 2.5 μm，因此，硬盘在工作时，盘面是高速旋转的。如果盘面上有灰尘，灰尘会破坏盘面的磁性材料，导致数据丢失，为此把盘片、中心轴、传动臂密封在一起，构成一个无尘环境。

驱动器接收磁盘控制器的命令，移动磁头到需要的磁道。磁盘驱动器的结构如图 7.3 所示。

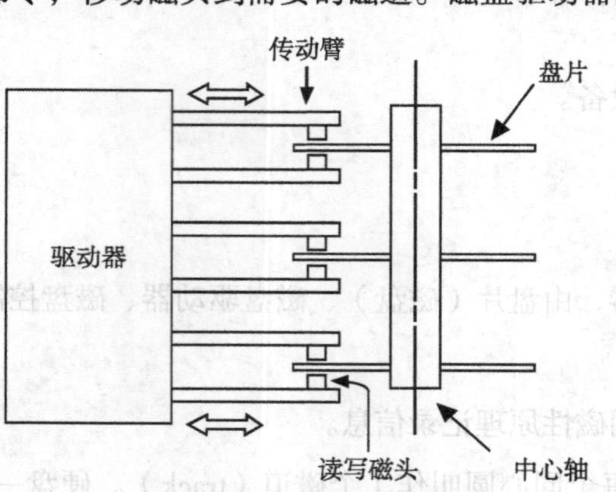

图 7.3 磁盘驱动器结构

与磁盘驱动器相关的概念如下：

寻道时间（seek time）：读写磁头从当前位置移动到需要的磁道花费的时间。具体时间与当前磁道位置、目的磁道位置有关。有些高性能磁盘是每个磁道设置 1 个读写磁头，这样就不需要寻道时间。

旋转延迟（rotational delay）：或称为等待时间。读写磁头移动到目的磁道后，目的扇区旋转到读写磁头花费的时间。1 个平均的旋转延迟时间是磁盘旋转半周的时间。

磁盘访问时间（acess time）：寻道时间与旋转延迟的总和。

有些资料认为，随着磁盘旋转，当目的扇区到达磁头位置时，磁头开始从磁盘上读取数据，也需要时间。假定传输 n 字节数据，每个磁道有 N 字节数据，磁盘转速为 R，则读写磁头从磁盘获取数据需要的时间为：$n \div N \div R$。

③ 磁盘控制器

磁盘控制器是电子电路部分，与总线打交道，转换控制信号给磁盘驱动器。

读写磁头读取数据后存放在磁盘控制器的缓冲区内，由磁盘控制器再从缓冲区把数据发往总线，这也需要若干时间，包含：磁盘控制器的额外时间、传输时间。

可以认为读写磁头从磁盘获取数据的速率、磁盘控制器与总线的传输速率是两个不同的速率。有些资料把这二者混在一起使用，粗略叫作传输速率。这一点需要加以注意。

（2）磁盘阵列

原来大型计算机使用的磁盘是单个磁盘，价格也昂贵。20 世纪 80 年代，小型磁盘价格较低，微型计算机开始使用小型磁盘来构成存储系统。为防止数据丢失，采用冗余或备份技术。RAID 原来指低价磁盘冗余阵列（Redundant Array of Inexpensivet Disks），现在是指独立磁盘冗余阵列（Redundant Array of Independent Disks）。

使用 RAID 的目的是：采用数量多、价格较低的小型磁盘构成大容量存储系统；各个磁盘独立，把同一份数据保存在不同的磁盘进行冗余备份，防止数据丢失。

每个 RAID 系统包含：1 个 RAID 控制器、1 个磁盘阵列（多个磁盘构成）、磁盘阵列管理软件。

最初，有 5 种不同的 RAID 系统，或者叫作 5 级 RAID，命名为 RAID1~RAID5。后来出现 RAID0 与 RAID6。

为方便下面的描述，假定该磁盘阵列由 4 个磁盘构成，数据包含 7 个数据块 k1~k7。

① RAID0

RAID0 技术就是把这 7 个数据块依次放在 4 个磁盘上。存储情况是：磁盘 1（k1、k5）、磁盘 2（k2、k6）、磁盘 3（k3、k7）、磁盘 4（k4）。严格意义上，RAID0 不是真正的 RAID，因为它不提供数据冗余，只是提供大容量存储空间。当某个磁盘的数据出现错误，整个数据就都错误了。

② RAID1，磁盘镜像技术

数据被写入磁盘时，同时写入另外的镜像磁盘，提供冗余，适合存储关键数据。例如涉及金钱交易的场合。

例如，磁盘 1 与磁盘 2 共同存储数据，磁盘 3 与磁盘 4 整体作为镜像磁盘。存储情况是：

磁盘 1（k1、k3、k5、k7）、磁盘 2（k2、k4、k6）、

磁盘 3（k1、k3、k5、k7）、磁盘 4（k2、k4、k6）。

③ RAID2

该技术是把数据存放在若干磁盘上，使用单独的磁盘存储数据对应的纠错信息。纠错方法是海明校验。当数据产生错误时，利用纠错信息恢复原数据。

④ RAID3

该技术是把数据按照位交叉的方式存放在若干磁盘上，使用单独的磁盘存储数据对应的奇偶校验信息。当数据产生错误时，利用奇偶校验信息恢复原数据。

⑤ RAID4

把数据按照块交叉的方式存放在若干磁盘上，使用单独的磁盘存储数据块对应的奇偶校验信息。当数据块产生错误时，利用奇偶校验信息恢复原数据。

⑥ RAID5

把数据块、数据块的奇偶校验块交叉存放在若干磁盘上。

⑦ RAID6

采用两个独立的奇偶校验方案。

（3）光盘存储器

光盘存储器有若干种。光盘上的存储数据磁道是螺旋线，不是同心圆。常见的光盘有以下几种：

CD-ROM（compact disk-read only memory）：数据写入后，不能再修改。

CD-Recordable 与 WORM：允许写入数据 1 次。

WORM（write once read many）光盘：允许写入数据 1 次。

CD-RW（CD-Rewritable）：允许写入数据多次。

DVD（Digital Video Disks）：大容量光盘。

7.3.4 真题与习题精编

● 单项选择题

1. 假定一台计算机的显示存储器用 DRAM 芯片实现，若要求显示分辨率为 1600 × 1200，颜色深度为 24 位，帧频为 85Hz，显存总带宽的 50% 用来刷新屏幕，则需要的显存总带宽至少约为（ ）。

【全国联考 2010 年】

A. 245Mbps　　B. 979Mbps　　C. 1958Mbps　　D. 7834Mbps

2. 下列选项中，用于提高 RAID 可靠性的措施有（ ）。【全国联考 2013 年】

I. 磁盘镜像　　II. 条带化　　III. 奇偶校验　　IV. 增加 Cache 机制

A. 仅 I、II　　B. 仅 I、III

C. 仅 I、III 和 IV　　D. 仅 II、III 和 IV

3. 下列关于磁盘存储器的叙述中，错误的是（ ）。【全国联考 2019 年】

A. 磁盘的格式化容量比非格式化容量小

B. 扇区中包含数据、地址和校验等信息

C. 磁盘存储器的最小读写单位为一个字节

D. 磁盘存储器由磁盘控制器、磁盘驱动器和盘片组成

4. 某磁盘的转速为 10000 转 / 分，平均寻道时间是 6ms，磁盘传输速率是 20MB/s，磁盘控制器延迟为 0.2ms，读取一个 4KB 的扇区所需的平均时间约为（ ）。【全国联考 2013 年】

A. 9ms　B. 9.4ms　C. 12ms　D. 12.4ms

5. 若磁盘转速为 7200 转 / 分，平均寻道时间为 8ms，每个磁道包含 1000 个扇区，则访问一个扇区的平均存取时间大约是（ ）。【全国联考 2015 年】

A. 8.1ms　B. 12.2ms　C. 16.3ms　D. 20.5ms

6. 下面的 RAID 系统中，采用磁盘镜像技术来保证数据安全的是（ ）。

A. RAID0　B. RAID1　C. RAID2　D. RAID3

7. 通常规定，磁盘的每个磁道存储的数据量相等。在磁盘发展的早期，为保证信息存储的安全，把文件目录信息存储在磁盘的特定磁道。该磁道的位置应该是（ ）。

A. 最外磁道　B. 最内磁道　C. 任意磁道　D. 中间磁道

8. 假定某显示器屏幕大小 4in × 6in，每 in 像素是 300，每个像素的颜色使用 3 字节。现在满屏显示 1 个图片，则需要的存储容量是（ ）字节。

A. 4 × 6 × 300　B. 4 × 6 × 300 × 3

C. 4 × 6 × 300 × 300　D. 4 × 6 × 300 × 300 × 3

9. 某汉字库显示采用的点阵是 32 × 32。需要显示 10 个不同汉字。则存储 10 个不同汉字点阵需要的容量是（ ）。

A. 160 字节　B. 320 字节　C. 1280 字节　D. 2560 字节

10. 下列操作对光盘破坏最大的是（ ）。

A. 沿半径方向擦洗　B. 沿螺旋形方向擦洗

C. 随机擦洗　D. 对背面擦洗

11. 无法保证数据完整的 RAID 系统是（ ）。

A. RAID0　B. RAID2　C. RAID4　D. RAID6

● 综合应用题

某计算机系统中的磁盘有 300 个柱面，每个柱面有 10 个磁道，每个磁道有 200 个扇区，扇区大小为 512B。文件系统的每个簇包含 2 个扇区。请回答下列问题：【全国联考 2019 年】

（1）磁盘的容量是多少？（说明：本题后两问题属于操作系统内容，故这里不列出。）

7.3.5 答案精解

● 单项选择题

1.【答案】D

【精解】考点为有关显示器的基本知识。

像素总数为：1600 × 1200，颜色深度为 24 位，就是每个像素需要 24 位的信息，总的 bit 是

$24 \times 1600 \times 1200$。每秒需要 85 帧画面，需要的存储量是 $24 \times 1600 \times 1200 \times 85$，即 3916800000。所以，显存总带宽至少约为 $3916800000 \times 2=7833600000$bps。答案为 D。

2.【答案】B

【精解】考点为 RAID 技术。

RAID 采用镜像、奇偶校验来保证数据的完整与正确。条带化就是把要存储的数据分为不同的段，把这些段叫作条带。所以答案为 B。

3.【答案】C

【精解】考点为硬盘知识。

硬盘是以扇区为单位进行读写的，所以答案是 C。

4.【答案】B

【精解】考点为磁盘知识。

寻道时间：6ms；

平均旋转时间就是旋转半周的时间：（$60000 \div 10000$）$\div 2$=3ms；

磁盘控制器延迟：0.2ms；

磁头读取 4KB 的时间：$4K \div 20M=0.2K \approx 0.2$ms；

总共时间：6+3+0.2+0.2=9.4ms。

所以答案为 B。

5.【答案】B

【精解】考点为磁盘知识。

平均寻道时间为 8ms；

平均旋转时间为：（$60000 \div 7200$）$\div 2 \approx 4.2$ms；

平均存取时间大约为：平均寻道时间 + 平均旋转时间，即 12.2ms。

所以答案为 B。

6.【答案】B

【精解】考点为 RAID 知识。

RAID1 采用磁盘镜像进行备份。所以答案为 B。

7.【答案】A

【精解】考点为磁盘知识。

最外面磁道是磁道 0，磁道长度最大，由于每个磁道存储的数据量相同，0 磁道的数据密度最小，存储数据的可靠性更好，在磁盘发展的早期，把文件目录存储在 0 磁道。所以，答案为 A。现在有些磁盘把文件目录存储在中间磁道。

8.【答案】C

【精解】考点为显示知识。

需要的存储容量是：$3 \times 300 \times 300 \times 4 \times 6=6480000$ 字节。所以答案为 C。

9.【答案】C

【精解】考点为汉字显示知识。

每个汉字点阵的字节数是：$32 \times 32 \div 8=128$ 字节。所以答案为 C。

10.【答案】B

【精解】考点为光盘知识。

光盘的存储按照螺旋线方向。在擦洗时，沿着螺旋线方向进行，对光盘的破坏最大。所以答案为 B。

11.【答案】A

【精解】考点为 RAID 知识。

RAID0 没有采用任何保证数据完整的技术。所以答案为 A。

● 综合应用题

【答案精解】

（1）磁盘的容量是：（$512 \times 200 \times 10 \times 300/1024$）$KB=3 \times 10^5$ KB。

7.4 I/O 接口（I/O 控制器）

7.4.1 I/O 接口的功能和基本结构

I/O 接口接收 CPU 发来的数据（或命令），控制外部设备完成要求的操作，或者暂存设备的数据供 CPU 读取。I/O 接口与 CPU 的连接如图 7.4 所示。

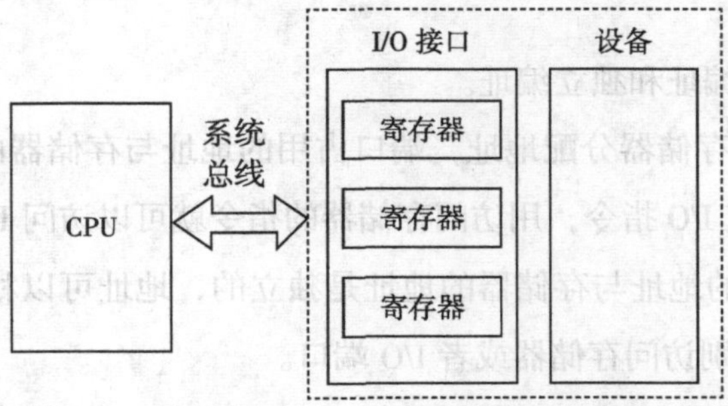

图 7.4 I/O 接口与 CPU 的连接

简单的 I/O 接口，可能就是 1 个 bit 位，或者 1 个寄存器，或者若干个寄存器。复杂的 I/O 接口可能包含自己的 CPU 和大量的存储器。

I/O 接口与 CPU 的连接是通过系统总线实现的。系统总线包括地址总线、数据总线、控制总线。具体功能如下：

① CPU 向 I/O 接口发出地址信息，I/O 接口包含地址译码器，地址信息经过地址译码器选中某个寄存器，后续对该寄存器进行读写。

② CPU 可以通过数据总线往 I/O 接口的某个寄存器发送数据，I/O 接口也可以通过数据总线往 CPU 发送数据。

③ CPU 通过控制信号，例如读信号、写信号，来决定 CPU 与 I/O 接口之间的数据流向。CPU 可以向

I/O 接口发送具有特定含义的数据，这就叫作命令。命令属于数据。I/O 接口也可以检测设备的状态，记录在状态寄存器中，供 CPU 读取后，了解设备的状态。

I/O 接口与设备的连接是多种多样的，属于设备设计的范围。

7.4.2 I/O 端口及其编址

从 CPU 的角度来看，I/O 接口可能是 1 个 bit，或者 1 个寄存器，或者若干个寄存器。通常，把 I/O 接口内的寄存器叫作端口（port）。CPU 通过地址来选择某个寄存器，因此，每个寄存器有各自的地址，叫作端口地址。CPU 可以对端口进行读操作或写操作。

从设备的角度来说，1 个 I/O 接口的每个端口对于设备有不同的用途。有的端口用于存放数据，则该端口叫作数据端口。设备可以存取数据端口，CPU 也可以读写数据端口，这样便实现了 CPU 与设备的数据交换。

有的端口用来存放 CPU 发来的信息，该信息可以让设备完成某个任务或操作，这样的端口叫作命令端口或控制端口。CPU 往命令端口写入 1 条命令，该命令具体怎样作用于设备器，属于设备制造的范围。

有的端口用来存放设备的状态信息，这样的端口叫作状态端口。设备不断把自己的状态送到自己的状态端口。CPU 读该端口获得设备的状态。设备最简单的状态可以有正常与非正常这两种状态，所以状态信息可能只占用状态端口的 1 个位。当然，有的设备可能有很多状态。

一般情况下，CPU 只能向控制端口写入命令，而不能读取控制端口的内容。CPU 只能读出状态端口，不能向状态端口写入信息。因此，有时，这两个端口可以占用同一个端口地址。CPU 可以通过读写操作来区分这两个不同端口。

端口地址的编码分为统一编址和独立编址。

统一编址就是把端口看作存储器分配地址，端口占用的地址与存储器的地址不能相同，以免冲突。这样 CPU 不用在指令系统设定 I/O 指令，用访问存储器的指令就可以访问 I/O 端口。

独立编址就是指 I/O 端口的地址与存储器的地址是独立的，地址可以相同，需要 CPU 设置存储器访问指令与端口访问指令，来分别访问存储器或者 I/O 端口。

I/O 接口一般也包含 1 个译码器。该译码器接收 CPU 发来的端口地址，产生的输出用来选中某个端口。具体的译码过程与存储器的译码过程类似，区别在于：端口的数量较少，这样用于访问端口的 CPU 地址线数量较少，译码电路相对简单。

7.4.3 真题与习题精编

● 单项选择题

1. I/O 指令实现的数据传送通常发生在（ ）。【全国联考 2017 年】

A. I/O 设备和 I/O 端口之间

B. 通用寄存器和 I/O 设备之间

C. I/O 端口和 I/O 端口之间

D. 通用寄存器和 I/O 端口之间

2. 下列选项中，在 I/O 总线的数据线上传输的信息包括（ ）。【全国联考 2012 年】

Ⅰ. I/O 接口中的命令字

Ⅱ. I/O 接口中的状态字

Ⅲ. 中断类型号

A. 仅Ⅰ、Ⅱ　　B. 仅Ⅰ、Ⅲ

C. 仅Ⅱ、Ⅲ　　D. Ⅰ、Ⅱ、Ⅲ

3. 下列有关 I/O 接口的叙述中，错误的是（ ）。【全国联考 2014 年】

A. 状态端口和控制端口可以合用同一个寄存器

B. I/O 接口中 CPU 可访问的寄存器称为 I/O 端口

C. 采用独立编址方式时，I/O 端口地址和主存地址可能相同

D. 采用统一编址方式时，CPU 不能用访存指令访问 I/O 端口

4. 在采用中断 I/O 方式控制打印输出的情况下，CPU 和打印控制接口中的 I/O 端口之间交换的信息不可能是（ ）。【全国联考 2015 年】

A. 打印字符　　B. 主存地址　　C. 设备状态　　D. 控制命令

5. 某计算机系统内存地址范围是 0~0FFFFFH，端口地址是 0~0FFFFH，可以推测，端口地址编码采用的是（ ）。

A. 统一编址　　B. 独立编址　　C. 随机编址　　D. 以上都不是

6. 某计算机系统内存地址范围是 0~0FFFFFH，端口地址是 100000H~10FFFFH，可以推测，端口地址编码采用的是（ ）。

A. 统一编址　　B. 独立编址　　C. 随机编址　　D. 以上都不是

7. 某计算机系统内存地址范围是 0~0FFFFFH。CPU 只有存储器读信号、存储器写信号。可以推测，如果在系统增加 I/O 接口，端口地址的编码应该采用（ ）。

A. 统一编址　　B. 独立编址　　C. 两种方式均可　　D. 两种方式均不行

7.4.4 答案精解

● 单项选择题

1.【答案】D

【精解】考点为接口的知识。

I/O 指令用于 CPU 读写 I/O 端口，通用寄存器在 CPU 内部。所以答案为 D。

2.【答案】D

【精解】考点为 I/O 接口的基本知识。

命令字、状态字都是通过数据线传输，中断类型号也是通过数据线传输。

所以答案为 D。

3.【答案】D

【精解】考点为 I/O 端口知识。可以结合排除法。

B 叙述正确，端口就是寄存器。

C 叙述正确，独立编址时，I/O 端口地址和主存地址各自独立，CPU 依靠不同指令区分是访问 I/O，还是访问内存。

一般来说，CPU 只能对控制端口进行写操作，对状态端口进行读操作，因此，这两个端口可以使用同一个地址。虽然地址相同，但是需要注意，这是两个不同的寄存器。

采用统一编址方式时，I/O 地址与内存地址不能相同，只要有访问内存指令就可以访问 I/O。很明显，答案 D 的叙述有误。编者个人认为答案 A 的叙述也有误。标准答案是 D。

4.【答案】B

【精解】考点为 I/O 接口的结构。

CPU 发出地址，选择某个 I/O 端口，根据该端口的用途，对该端口进行读操作或是写操作。CPU 和打印控制接口中的 I/O 端口之间交换的信息有：数据（打印字符）、设备状态、控制命令。CPU 选择 I/O 端口的地址叫作 I/O 地址或者端口地址。所以答案为 B。

5.【答案】B

【精解】考点为端口编址方式。

由于两部分的地址有相同的部分，可以推测是独立编址。

独立编址就是 I/O 端口的地址与存储器的地址是独立的，地址可以相同，但是，需要 CPU 设置存储器访问指令与端口访问指令，以明确操作的对象。所以答案为 B。

6.【答案】A

【精解】考点为端口编址方式。

由于两部分的地址是连续的，没有相同的地址，可以推测是统一编址。

统一编址就是把端口看作存储器分配地址，端口占用的地址与存储器的地址不能相同，以免冲突。这样，CPU 不用在指令系统设定 I/O 指令，用访问存储器的指令就可以访问 I/O 端口。所以答案为 A。

7.【答案】A

【精解】考点为端口编址方式。

统一编址就是把端口看作存储器分配地址，端口占用的地址与存储器的地址不能相同，以免冲突。这样 CPU 不用在指令系统设定 I/O 指令，用访问存储器的指令就可以访问 I/O 端口。所以答案为 A。

7.5 I/O 方式

计算机系统经常使用的 I/O 控制方式如下所述。

7.5.1 程序查询方式

程序查询方式就是 CPU 通过指令或者一段程序读取 I/O 接口内的状态寄存器（存放设备状态信息的寄存器），根据读取的状态了解设备的状态。

对于输入设备来说，如果它准备好可读取的数据，CPU 就通过读指令获得 1 个字节数据。

对于输出设备来说，如果它处于空闲状态，就可以接收 CPU 发来的新数据，CPU 就通过写指令发出 1 个字节数据。

这种方式就是先查看设备的状态，如果设备准备好（就绪），CPU 就读写设备数据；如果设备没有准备好（未就绪），CPU 就等待若干时间后，再次查询设备的状态，重复该过程，直到设备准备好，CPU 或者读设备的端口，或者写设备的端口，进行具体的输入输出。

CPU 在查询阶段，不能做别的事情，一直忙于查询，导致不能响应别的事情。

假定有 5 个设备，编号为 Device1~Device5，都采用程序查询方式。则 CPU 先与 Device1 进行查询控制，直到 Device1 准备好，CPU 与 Device1 进行数据传送。随后，CPU 与 Device2 进行查询控制，按照类似步骤，最后 CPU 与 Device5 进行数据传送。

程序查询方式适合于设备数量较少，并且每次访问读写数据量较大的情况。

查询方式能够保证 CPU 把数据发送给状态正常的设备或者从状态正常的设备获得正确的数据。缺点是：如果设备产生故障，状态寄存器的信息一直是没有准备好的状态，那么 CPU 将一直处于查询状态，无法使程序往下运行。

7.5.2 程序中断方式

中断是计算机的重要概念。

中断是指计算机发生了某事件，需要 CPU 来处理。CPU 暂停正在运行的（原）程序，保存当前的程序计数器 PC、标志寄存器 FR 的内容，然后开始运行新的（某个中断服务）程序。该新的程序的任务是处理刚才发生的事件，该程序叫作中断服务程序（有些资料中也叫作中断处理程序，这个称呼容易导致混淆）。当中断服务程序运行完毕时（宏观上看，就是处理了刚才发生的事件），CPU 的运行转移到原来被暂停的程序，继续运行被暂停的程序。

引起中断发生的事件叫作中断源。有些资料把引起中断发生的事件称为异常（exception）。

当 1 个事件发生，相当于产生 1 个中断请求。一般，每个中断请求事件对应 1 个中断服务程序。

中断按照事件的重要程度分为：可屏蔽中断、不可屏蔽中断。

① 可屏蔽中断就是该中断请求可以被设置为被屏蔽（被忽略），这样 CPU 可以不处理它。通常可屏蔽中断的中断事件不是非常重要的事件，例如外部设备要求进行数据传输的中断。

② 不可屏蔽中断就是该中断请求不能被忽略，CPU 必须处理它，否则将导致严重后果。可屏蔽中断的中断事件是十分重要的事件，通常与 CPU 的正常工作有关，例如内存奇偶校验出错。

有些中断发生在指令的执行过程。例如 8086 指令 int 21h，可以产生 1 个软件中断。或者，在除法指令中，如果除数是 0，也导致 1 个中断。

有些中断发生的时间是随机的。例如，用户点击鼠标，产生 1 个输入中断。这类中断大部分是设备输入输出引起的中断。

中断按照发生的事件是否在 CPU 内部，可以分为内部中断和外部中断。显然，设备输入输出的中断属于外部中断。

CPU 都有若干外部中断请求管脚来接收外面器件送来的中断请求。当某个中断请求管脚的电平有效时，则代表产生 1 个中断请求。

CPU 的工作流程是：读指令，译码指令，执行指令，检测是否发生中断并处理中断，循环此过程。也就是对于外部中断，CPU 在 1 条指令执行完毕后，才处理中断请求。从外部提出中断请求，到 CPU 开始处理该中断，间隔很短的时间。

对于可屏蔽中断，CPU 内部的标志寄存器 FR 里面有个可屏蔽中断控制位 IE（interrupt enable）可以决定是否响应它。该位可以由用户通过指令设置。

当设置 IE 为 1，就是允许 CPU 响应可屏蔽中断的请求，CPU 需要处理该请求。

当设置 IE 为 0，就是禁止 CPU 响应可屏蔽中断的请求，CPU 不处理该请求。

以外部中断为例来描述中断处理的过程。该过程大致的步骤如下：

（1）有些 CPU 可能对每个事件设置 1 个中断请求管脚，这样，当多个外部中断同时请求时，多个中断请求管脚处于有效状态。假定当前 IE 位被设置为 1，则 CPU 内部配置的中断优先级判断电路从这几个中断请求中确定出优先级最高的中断请求，进行下一步的处理。

有些 CPU 可能只有 1 个外部中断请求管脚，这时需要设计或增加外部的中断优先级判断电路，由该电路确定出优先级最高的中断请求，记录该中断请求对应的 1 个编号 n（叫作中断类型号，用于区分不同的中断），在中断响应阶段，由 CPU 读取该中断类型号。

（2）有些 CPU 存在中断响应的操作，该类 CPU 有至少 1 个叫作 int_ack 的管脚（中断响应管脚）。当 CPU 决定处理该中断时，int_ack 的管脚发出有效信号，送给外部的中断请求电路，要求外部的电路送来该中断的中断类型号。CPU 中断响应的目的是识别提出中断的事件。只有识别了中断的事件，才能执行对应的程序。

（3）CPU 根据收到的中断类型号，找到该事件对应的中断服务程序在内存的开始地址（也叫入口地址）。在步骤（1）中，得到的优先级最高的中断请求的中断类型号 n，一般根据 n，可以通过某种方式，得到它的中断服务程序的开始地址 M。由中断类型号 n 得到对应的中断服务程序的开始地址 M 的过程，与 CPU 的设计有关。不同的 CPU 处理该过程可能有所不同。

（4）接着，CPU 把标志寄存器 FR 的内容送到特定的寄存器或特定的存储器单元进行保存。目的是：以后需要恢复 FR 的原值。

然后把 FR 的 IE 位设置为 0，目的是：防止下面的处理过程受到中断请求的干扰。

把 PC 的内容送到特定的寄存器或特定的存储器单元保存，目的是：以后需要恢复 PC 的原值，从而继续运行被暂停的原程序。

这里的保存 FR、PC 原值的操作叫作保存断点。

然后，把中断服务程序的开始地址 M 送 PC，开始执行中断服务程序。

本步骤的实现是由 CPU 的控制器发出信号完成的，需要几个 CPU 时钟周期。

（5）执行中断服务程序，完成需要的操作。

中断服务程序（有的资料称为中断处理程序）的工作流程通常是：保存现场、可能进行开中断、处理具体的输入输出、恢复现场、可能的开中断、中断返回。

① 保存现场：中断服务程序会用到某些寄存器，这些寄存器在原程序有自己的值。需要把这些寄存器的值保存到内存特定区域（一般是内存的堆栈区域），等到中断服务程序使用完这些寄存器，再恢复这些寄存器的原有的值。

② 可能进行开中断：保护现场完毕，由于此时标志寄存器FR的IE位为0，这是禁止CPU响应中断的。如果不希望CPU有中断嵌套，也就是不希望更高优先级的中断事件打断当前中断服务程序的运行，就不用管IE位，因为此时IE为0。

如果希望CPU有中断嵌套，也就是允许更高优先级的中断事件打断当前中断服务程序的运行，就需要在这时增加1条允许中断指令（也叫开中断指令），当CPU执行开中断指令时，IE就被设置为1，允许CPU响应更高优先级的中断。

中断嵌套是CPU在执行1个中断服务程序过程中，CPU响应新的优先级更高的中断请求，导致现在的中断服务程序暂停，执行另外的优先级更高的中断服务程序的现象。

中断嵌套能够使中断请求优先级更高的中断得到优先服务，但是中断嵌套会导致程序运行情况不明确。

③ 处理具体的输入输出：这部分代码完成读写端口来实现输入输出。具体代码与需要的任务有关。

④ 恢复现场：这里从特定内存区域把前面保存的寄存器值恢复到对应的寄存器中。需要保存与恢复的寄存器与具体的输入输出代码有关，不同的输入输出代码使用的寄存器不同。所以把这两个工作放到中断服务程序内由代码实现，不采用由CPU控制器统一完成的方式。

⑤ 可能的开中断：由于此时标志寄存器FR的中断允许位IE为0，这是禁止CPU响应中断的。这里可以增加1条开中断指令，当CPU执行开中断指令时，IE就被设置为1，允许CPU响应更高优先级的中断。也可以等到回到原程序，再通过开中断指令使CPU响应中断请求。

⑥ 中断返回：通常是1条中断返回指令。CPU执行该指令，就恢复标志寄存器的旧值，此值的IE位是1，也就是允许中断。然后恢复PC的旧值，这样就开始继续运行原程序。

采用中断方式进行输入输出的设备D具有一定的智能化。如果它是输入设备，当它需要从CPU获得有效数据时，就向CPU提出中断请求，要求CPU发送若干字节的数据，一般每次传输的数据不会很多。

CPU每执行完1条指令，检测是否有中断请求。如果有中断请求，并且IE位为1，且该中断请求是优先级最高的，则CPU开始响应该中断请求，然后执行该请求对应的中断服务程序。与设备D真正打交道是在中断服务程序中具体的输入输出部分（例如，CPU往数据端口发送几个字节数据）。

当中断返回后，CPU继续允许被暂停的原程序，设备D自己处理数据端口的数据，当设备D处理完毕后，它还需要数据的话，再次向CPU提出中断。

如果它是输出设备，它与CPU的交互过程类似于上面的过程。

可见，除了中断处理的时间，其他时间CPU与设备D各自独立工作，互不打扰。当设备需要CPU的帮助时，主动提出请求。

这样 CPU 与设备 D 的利用率都很高。

利用中断进行设备输入输出的方式适合于设备的请求不频繁、随机请求的情况，并且中断的设备进行传输的数据量不大，为几个字节的情况。

7.5.3 DMA 方式

中断的缺点是：在处理中断时，在原程序与中断服务程序的切换过程中，需要保存与恢复 IP、FR 与其他寄存器，耗费时间。

要进行大量数据传输，需要采用 DMA（direct memory access）方式。

通常实现外设向内存传输 1 次数据的操作是：

CPU 读外设→外设发出数据到数据总线→ CPU 得到数据→ CPU 发出数据、写内存控制信号→内存接收数。

实现内存向外设传输 1 次数据的操作与上面的过程相反。

DMA 方式就是用 DMA 控制器代替 CPU 发出需要的信号，完成 1 次数据传输，循环若干次，就实现了大量数据的传输。在传输中，CPU 不参与控制信号的产生。在传输开始与传输完成时，CPU 进行初始化或其他工作。

早期，DMA 控制器连接在总线上。现在出现了设备专用的 DMA 控制器。这两种 DMA 控制器与总线的连接如图 7.5 所示。

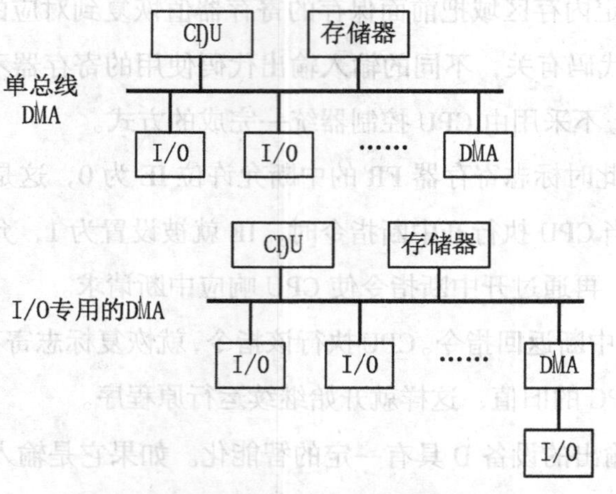

图 7.5 两种 DMA 控制器与总线的连接

DMA 控制器内部包含：地址寄存器 AR（Address_Register）、字数计数器 WCR（Word_ Count_Register）、数据缓冲器。

DMA 控制器在进行 1 次数据传输前，需要 CPU 对它进行设置。通常，设置包含：

① 无论是从内存读取数据，还是向内存发送数据，把内存的起始单元的地址送入 DMA 控制器的地址寄存器 AR；

② 向字数计数器 WCR 写入要传送的数据的数目；

③ 设定当 1 次 DMA 操作完成，是否向 CPU 提出中断请求。

在DMA过程中，每传输完1个字数据，AR的内容自动增加，指向下一个内存单元。WCR的值自动减1，当WCR的值为0时，代表整个数据块传输完成；如果WCR的值不为0，表示传输没有完成，继续传输。

DMA操作有两种方式：突发（burst）方式、单周期方式（或者称为周期挪用方式）。

① 突发方式就是：DMA控制器一直占用系统总线，直到要求的数据块传输完成。CPU在DMA操作期间，不能使用系统总线。

② 单周期方式就是：每传输1个字，DMA控制器放弃占用系统总线。这种方式下，CPU与DMA控制器可以交叉使用系统总线，但是DMA控制器不断请求使用总线、放弃使用总线，也导致系统性能下降。

7.5.4 真题与习题精编

● 单项选择题

1. 下列关于“自陷”（Trap，也称陷阱）的叙述中，错误的是（ ）。【全国联考2020年】

A. 自陷是通过陷阱指令预先设定的一类外部中断事件

B. 自陷可用于实现程序调试时的断点设置和单步跟踪

C. 自陷发生后，CPU将转去执行操作系统内核相应程序

D. 自陷处理完成后返回到陷阱指令的下一条指令执行

2. 单级中断系统中，中断服务程序内的执行顺序是（ ）。【全国联考2010年】

I. 保护现场　II. 开中断　III. 关中断　IV. 保存断点

V. 中断事件处理　VI. 恢复现场　VII. 中断返回

A. I → V → VI → II → VII　　B. III → I → V → VII

C. III → IV → V → VI → VII　　D. IV → I → V → VI → VII

3. 外部中断包括不可屏蔽中断（NMI）和可屏蔽中断。下列关于外部中断的叙述中，错误的是（ ）。【全国联考2020年】

A. CPU处于关中断状态时，也能响应NMI请求

B. 一旦可屏蔽中断请求信号有效，CPU将立即响应

C. 不可屏蔽中断的优先级比可屏蔽中断的优先级高

D. 可通过中断屏蔽字改变可屏蔽中断的处理优先级

4. 响应外部中断的过程中，中断隐指令完成的操作，除保护断点外，还包括（ ）。【全国联考2012年】

Ⅰ. 关中断

Ⅱ. 保存通用寄存器的内容

Ⅲ. 形成中断服务程序入口地址并送PC

A. 仅Ⅰ、Ⅱ　　B. 仅Ⅰ、Ⅲ

C. 仅Ⅱ、Ⅲ　　D. Ⅰ、Ⅱ、Ⅲ

5. 下列关于多重中断系统的叙述中，错误的是（ ）。【全国联考2017年】

A. 在一条指令执行结束时响应中断

B. 中断处理期间 CPU 处于关中断状态

C. 中断请求的产生与当前指令的执行无关

D. CPU 通过采样中断请求信号检测中断请求

6. 某计算机处理器主频为 50MHz，采用定时查询方式控制设备 A 的 I/O，查询程序运行一次所用的时钟周期数至少为 500。在设备 A 工作期间，为保证数据不丢失，每秒需对其查询至少 200 次，则 CPU 用于设备 A 的 I/O 的时间占整个 CPU 时间的百分比至少是（ ）。【全国联考 2011 年】

A. 0.02%　　B. 0.05%　　C. 0.20%　　D. 0.50%

7. 处理外部中断时，应该由操作系统保存的是（ ）。【全国联考 2015 年】

A. 程序计数器（PC）的内容　　B. 通用寄存器的内容

C. 快表（TLB）中的内容　　D. Cache 中的内容

8. 下列关于外部 I/O 中断的叙述中，正确的是（ ）。【全国联考 2018 年】

A. 中断控制器按所接收中断请求的先后次序进行中断优先级排队

B. CPU 响应中断时，通过执行中断隐指令完成通用寄存器的保护

C. CPU 只有处于中断允许状态时，才能响应外部设备的中断请求

D. 有中断请求时，CPU 立即暂停当前指令执行，转去执行中断服务程序

9. 假定不采用 Cache 和指令预取技术，且机器处于“开中断”状态，则在下列有指令执行的叙述中，错误的是（ ）。【全国联考 2011 年】

A. 每个指令周期中 CPU 都至少访问内存一次

B. 每个指令周期一定大于或等于一个 CPU 时钟周期

C. 空操作指令的指令周期中任何寄存器的内容都不会被改变

D. 当前程序在每条指令执行结束时都可能被外部中断打断

10. 某计算机有五级中断 L4~L0，中断屏蔽字为 M4M3M2M1M0，Mi=1（$0 \leqslant i \leqslant 4$）表示对 Li 级中断进行屏蔽。若中断响应优先级从高到低的顺序是 L4 → L0 → L2 → L1 → L3，则 L1 中断处理程序中设置的中断屏蔽字是（ ）。【全国联考 2011 年】

A. 11110　　B. 01101　　C. 00011　　D. 01010

11. 下列关于 DMA 方式的叙述中，正确的是（ ）。【全国联考 2019 年】

Ⅰ. DMA 传送前由设备驱动程序设置传送参数

Ⅱ. 数据传送前由 DMA 控制器请求总线使用权

Ⅲ. 数据传送由 DMA 控制器直接控制总线完成

Ⅳ. DMA 传送结束后的处理由中断服务程序完成

A. 仅Ⅰ、Ⅱ　　B. 仅Ⅰ、Ⅲ、Ⅳ

C. 仅Ⅱ、Ⅲ、Ⅳ　　D. Ⅰ、Ⅱ、Ⅲ、Ⅳ

12. 异常是指令执行过程中在处理器内部发生的特殊事件，中断是来自处理器外部的请求事件。下列

关于中断或异常情况的叙述中，错误的是（ ）。【全国联考 2016 年】

A. “访存时缺页”属于中断

B. “整数除以 0”属于异常

C. “DMA 传送结束”属于中断

D. “存储保护错”属于异常

13. 下列关于中断 I/O 方式和 DMA 方式比较的叙述中，错误的是（ ）。【全国联考 2013 年】

A. 中断 I/O 方式请求的是 CPU 处理时间，DMA 方式请求的是总线使用权

B. 中断响应发生在一条指令执行结束后，DMA 响应发生在一个总线事务完成后

C. 中断 I/O 方式下数据传送通过软件完成，DMA 方式下数据传送由硬件完成

D. 中断 I/O 方式适用于所有外部设备，DMA 方式仅适用于快速外部设备

14. 内部异常（内中断）可分为故障（fault）、陷阱（trap）和终止（abort）三类。下列有关内部异常的叙述中，错误的是（ ）。【全国联考 2015 年】

A. 内部异常的产生与当前执行指令相关

B. 内部异常的检测由 CPU 内部逻辑实现

C. 内部异常的响应发生在指令执行过程中

D. 内部异常处理后返回到发生异常的指令继续执行

15. 若某设备中断请求的响应和处理时间为 100ns，每 400ns 发出一次中断请求，中断响应所允许的最长延迟时间为 50ns，则在该设备持续工作过程中，CPU 用于该设备的 I/O 时间占整个 CPU 时间的百分比至少是（ ）。【全国联考 2014 年】

A. 12.5%　　B. 25%　　C. 37.5%　　D. 50%

16. 某设备以中断方式与 CPU 进行数据交换，CPU 主频为 1GHz，设备接口中的数据缓冲寄存器为 32 位，设备的数据传输率为 50kB/s。若每次中断开销（包括中断响应和中断处理）为 1000 个时钟周期，则 CPU 用于该设备输入 / 输出的时间占整个 CPU 时间的百分比最多是（ ）。【全国联考 2019 年】

A. 1.25%　　B. 2.5%　　C. 5%　　D. 12.5%

17. 在 DMA 操作期间，CPU 只能完成的工作是（ ）。

A. 访问内存　　B. 访问 I/O　　C. 响应中断　　D. 两个寄存器的加法

18. 以下关于外设中断服务程序与一般子程序的叙述有误的是（ ）。

A. 外设中断服务程序由中断事件引起，子程序由调用引起

B. 外设中断服务程序随机运行，子程序运行由指令确定

C. 外设中断服务程序返回操作与子程序返回操作不同

D. 两者没有区别

19. 若设备采用周期挪用 DMA 方式进行输入输出，每次 DMA 传送的数据块大小为 512 字节，相应的 I/O 接口中有一个 32 位数据缓冲寄存器。对于数据输入过程，下列叙述中，错误的是（ ）。

【全国联考 2019 年】

A. 每准备好 32 位数据，DMA 控制器就发出一次总线请求

B. 相对于 CPU，DMA 控制器的总线使用权的优先级更高

C. 在整个数据块的传送过程中，CPU 不可以访问主存储器

D. 数据块传送结束时，会产生“DMA 传送结束”中断请求

20. DMA 的输出操作是（ ）。

A. 读取设备的数据，送到内存

B. 读取内存的数据，送到设备

C. 读取设备的数据，送到设备

D. 读取内存的数据，送到内存

21. 在 DMA 方式下，数据从内存传送到外设的步骤是（ ）。

A. 从内存读到 DMA 内部寄存器，再写到外设

B. 从内存读到数据总线，再写到外设

C. 从内存读到 CPU，再写到外设

D. 从外设读到内存

22. 周期挪用方式常被用于的输入 / 输出方式是（ ）。

A. DMA　　B. 中断　　C. 程序传送　　D. 通道

23. 从磁盘读取 1 个 2M 的文件到内存，适合的输入 / 输出方式是（ ）。

A. 中断　　B. DMA　　C. 查询程序传送　　D. 以上均合适

24. 键盘或鼠标这类设备与主机适合采用的输入控制方式是（ ）。

A. 中断　　B. DMA　　C. 查询程序传送　　D. 以上均合适

25. 多个外设同时中断时，需要进行优先级判定。这个工作由（ ）完成。

A. CPU　　B. 专门的优先级判定电路

C. 中断服务程序　　D. 以上均可以

26. 下面的描述中，（ ）不是中断方式的缺点。

A. 每次读写字节数较少

B. 需要保存 PC、FR、其他寄存器

C. 需要恢复 PC、FR、其他寄存器

D. 提高 CPU 与外设利用率

27. DMA 有两种方式：突发（burst）方式、挪用（stealing）方式。适合简单系统的 DMA 方式是（ ）。

A. 突发（burst）方式　　B. 挪用（stealing）方式　　C. 二者皆可

28. 某计算机系统采用查询方式与输入设备 D 打交道。设备 D 每 20ms 准备好 1 字节数据。采用定时运行 1 个查询程序的方法，该查询程序的最长运行时间是 100μs。则该查询程序相邻 2 次运行的时间间隔不能是（ ）。

A. 10ms　　B. 15ms　　C. 18ms　　D. 20ms

29. 有些 CPU 采用向量中断方法，则中断向量表中存储的是（ ）。

A. 被中断程序的返回地址

B. 中断服务程序入口地址

C. 中断类型号

D. 中断服务程序的代码

● 综合应用题

1. 假定计算机的主频为 500MHz，CPI 为 4。现有设备 A 和 B，其数据传输率分别为 2MB/s 和 40MB/s，对应 I/O 接口各有 1 个 32 位的数据缓冲寄存器。请回答下列问题，要求给出计算过程。【全国联考 2018 年】

（1）若设备 A 采用定时查询 I/O 方式，每次输入输出都至少执行 10 条指令。设备 A 最多间隔多少时间查询 1 次才能不丢失数据？ CPU 用于设备 A 输入输出的时间占 CPU 总时间的百分比是多少？

（2）在中断 I/O 方式下，若每次中断响应和中断处理的总时钟周期数至少为 400，则设备 B 能否采用中断 I/O 方式？为什么？

（3）若设备 B 采用 DMA 方式，每次 DMA 传送的数据块大小为 1000B，CPU 用于 DMA 预处理和后处理的总时钟周期数为 500，则 CPU 用于设备 B 输入输出的时间占 CPU 总时间的百分比最多是多少？

2. 假定 CPU 主频为 50MHz，CPI 为 4。设备 D 采用异步串行通信方式向主机传送 7 位 ASCII 字符，通信规程中有 1 位奇校验位和 1 位停止位，从 D 接收启动命令到字符送入 I/O 端口需要 0.5ms。请回答下列问题，要求说明理由。【全国联考 2016 年】

（1）每传送一个字符，在异步串行通信线上共需传输多少位？在设备 D 持续工作过程中，每秒钟最多可向 I/O 端口送入多少个字符？

（2）设备 D 采用中断方式进行输入 / 输出，示意图如下：

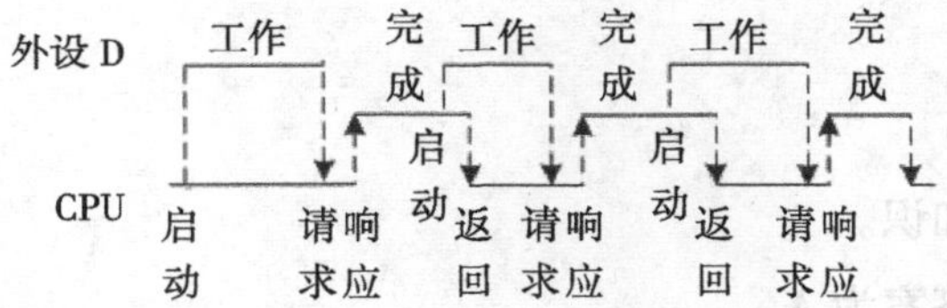

I/O 端口每收到一个字符申请一次中断，中断响应需 10 个时钟周期，中断服务程序共有 20 条指令，其中第 15 条指令启动 D 工作。若 CPU 需从 D 读取 1000 个字符，则完成这一任务所需时间大约是多少个时钟周期？ CPU 用于完成这一任务的时间大约是多少个时钟周期？在中断响应阶段 CPU 进行了哪些操作？

3. 某计算机的 CPU 主频为 500MHz，CPI 为 5（即执行每条指令平均需 5 个时钟周期）。假定某外设的数据传输率为 0.5MB/s，采用中断方式与主机进行数据传送，以 32 位为传输单位，对应的中断服务程序包含 18 条指令，中断服务的其他开销相当于 2 条指令的执行时间。请回答下列问题，要求给出计算过程。【全国联考 2009 年】

（1）在中断方式下，CPU 用于该外设 I/O 的时间占整个 CPU 时间的百分比是多少？

（2）当该外设的数据传输率达到 5MB/s 时，改用 DMA 方式传送数据。假定每次 DMA 传送块大小为

5000B，且 DMA 预处理和后处理的总开销为 500 个时钟周期，则 CPU 用于该外设 I/O 的时间占整个 CPU 时间的百分比是多少（假设 DMA 与 CPU 之间没有访存冲突）？

4. 某 CPU 具有类似 DMA 操作的数据块传输功能。使用该功能时，需要使用 1 个端口地址寄存器、1 个内存地址寄存器、1 个数据计数器。假定该 CPU 是 16 位 CPU，内部寄存器均为 16 位。计算它每次能传输的最大数据块的大小。

5. 某 8 位 CPU 用来控制 2 个输出设备 D1、D2。需要为 CPU 设计 1 个 I/O 接口连接 D1、D2。2 个设备与 CPU 输出数据以字节为单位。设备 D1 有 4 个控制线，2 个状态线。设备 D2 有 5 个控制线，4 个状态线。

（1）接口中需要哪些寄存器？

（2）接口需要几个地址？

6. 某 8 位 CPU 连接 1 个键盘。操作人员按键的速率最快是 10 次 / 秒，请问：

（1）假定采用定时方式进行读键，读键盘程序运行时间为 100μs，则 2 次执行程序的时间间隔至少是多少？

（2）假定键盘采用中断方式，读键盘程序运行时间为 100μs，整个系统工作了 1 小时，键盘被按下 20 次。计算 CPU 用于处理键盘花费的时间（中断时 CPU 切换花费时间忽略不计）。

7. 通常，DMA 控制器申请使用总线的优先级高于 CPU 使用总线的优先级。解释这样设计的原因。

8. 某 8 位计算机系统配置有 DMA 控制器。每次 DMA 操作传输 1 个字节，需要 3 个总线周期。总线时钟信号频率为 4MHz。计算：

（1）采用 DMA 方式，传输 1 个字节需要的时间。

（2）采用 DMA 方式，最快的传输速度是多少？

（3）由于内存速度慢，在每个 DMA 操作中增加 2 个时钟周期，这时的传输速率是多少？

7.5.5 答案精解

● 单项选择题

1.【答案】A

【精解】考点为中断基本知识。

自陷是属于内中断。所以答案为 A。

2.【答案】A

【精解】考点为中断服务程序的执行过程。

CPU 在执行中断服务程序前，使标志寄存器的 IE 为 0，也就是关闭外部中断。在服务程序中，一般先保存需要用到的寄存器的内容（保存到内存特定区域），这个步骤叫作保存现场，然后根据需要可以开中断（可选步骤），接下来执行处理任务的代码，然后是从内存读取前面保留的寄存器的旧值，送回到对应的寄存器。这个步骤叫作恢复现场。最后是执行一条中断返回指令，中断返回指令的目的是恢复 PC 的旧值，恢复标志寄存器的旧值，标志寄存器的旧值中的中断允许位 IE 是 1。不同资料的描述可能有所差异。

B 中，缺少 VI 恢复现场。

C 中，缺少 I 保护现场。

D 中，IV 保存断点是中断服务程序运行前 CPU 需要做的操作，不能在中断服务程序中操作。

所以答案为 A。

3.【答案】B

【精解】本题容易误选 A。非屏蔽中断是一种硬件中断，此种中断通过不可屏蔽中断请求 NMI 控制，不受中断标志位 IF 的影响，即使在关中断（IF=0）的情况下也会被影响。

B 选项 CPU 响应中断需要满足 3 个条件：① 中断源有中断请求；② CPU 允许中断及开中断；③ 一条指令执行完毕，且没有更紧迫的任务。

4.【答案】B

【精解】考点为考查中断过程。

CPU 识别 1 个中断后，知道了中断的事件（获取了 1 个中断类型号），知道了该中断服务程序在内存的地址。CPU 需要把 PC 的内容保存到内存特定的位置，这叫作保护断点，也把标志寄存器 FR（此时里面的 IE 位是 1）的内容保存到内存特定的位置。然后 CPU 把 FR 的 IE 位设置为 0，禁止响应中断，也就是关中断。把中断服务程序的地址送 PC，这样开始执行中断服务程序。保存通用寄存器的工作由中断服务程序完成，因为需要保存哪些通用寄存器与该中断服务程序用到的寄存器有关。如果把保存通用寄存器的工作放到中断服务程序运行前完成，则需要保存所有寄存器的内容，这样工作量大，效率低。所以答案为 B。

5.【答案】B

【精解】考点为中断的知识。可以结合排除法。

多重中断是指某个中断的中断服务程序 A 运行期间，另外的高优先级的中断请求来到，导致 CPU 暂停当前的中断服务程序，去执行新的中断服务程序 B。如果在 A 运行期间，中断允许位 IE 为 0，即关中断，则 CPU 不会响应新中断。所以答案为 B。

6.【答案】C

【精解】考点为控制设备输入输出的过程。

每次查询间隔最多 5ms。查询程序运行时间为 $20\text{ns} \times 500 = 10\mu\text{s}$。

CPU 花费的时间比是：$10\mu\text{s} \div 5\text{ms} = 0.002 = 0.2\%$。所以答案为 C。

7.【答案】B

【精解】考点为中断的过程。

CPU 响应外部中断，完成保存 PC 内容的操作。快表的内容、Cache 的内容由存储器管理电路负责，与中断无关。通用寄存器的内容由各个设备的中断服务程序保存。答案中似乎没有正确的选项。

如果把各个设备的中断服务程序看作操作系统的部分，这样可以认为操作系统保存通用寄存器的内容。标准答案为 B。

8.【答案】C

【精解】考点为中断的知识。

通用寄存器的保护由中断服务程序完成。所以 B 错误。

有中断请求时，只有中断允许位 IE 为 1 并且中断请求的优先级比当前程序的优先级高，CPU 立即暂停当前指令执行，转去执行中断服务程序。所以 D 错误。

中断控制器的优先级可能是固定的，也可能是轮转的，但不是按照请求先后次序决定优先级，所以A错误。所以答案为C。

9.【答案】C

【精解】考点为指令周期、时钟周期、CPU检查外部中断请求的基本知识。

A描述正确，CPU需要取指令，每个指令周期访问内存1次。

B描述正确，每个指令执行至少需要1个时钟周期。

D描述正确，当前程序在每条指令执行结束时不一定都被外部中断打断，是可能。

排除这些，可以认为C叙述有误。空操作不会进行任何操作，但CPU读取该指令后，PC的内容需要修改。所以答案为C。

10.【答案】D

【精解】考点为中断的基本知识。

L1中断处理程序在运行中，允许L4、L0、L2中断发生，所以对应的屏蔽位为0。禁止L3中断，所以对应的屏蔽位为1。所以，屏蔽字为010X0。对照答案，只有D符合。可以理解为当某中断服务程序执行时，禁止本事件再次中断。答案为D。

11.【答案】D

【精解】考点为DMA知识。

选项A正确，DMA传送前需要CPU设置传送参数。

选项B正确，DMA传送前需要请求使用总线。

选项C正确，DMA传送由DMA控制器负责。

选项D正确，DMA传送完成后需要通知CPU。

所以答案是D。

12.【答案】A

【精解】考点为中断的知识。可以结合排除法。

很多资料并没有很详细地区分中断与异常，实际上两者是一回事。

有些资料认为中断是由CPU与其他器件（不包含内存）导致。异常是CPU执行指令导致的。标准答案为A。

13.【答案】D

【精解】考点为DMA与中断知识。可以结合排除法。

A选项正确，DMA操作需要使用总线，中断需要CPU执行中断服务程序。

C选项正确，DMA操作需要硬件，中断需要CPU执行中断服务程序。

B选项正确，CPU在每条指令执行完毕检查是否有中断，并处理。DMA操作中，DMA控制器向CPU提出请求（使CPU的DMA请求管脚有效）。CPU在每个时钟周期检测DMA请求管脚，当DMA请求管脚有效时，CPU在完成当前总线操作后给出响应。

D选项中“中断适用于所有外部设备”，描述不准确。中断适用于频率不高的设备。所以答案为D。

14.【答案】D

【精解】考点为内部中断的知识。

内部中断一般与 CPU 的工作有关。CPU 执行软件中断指令 int n，可以引起中断。CPU 执行除法运算时，如果除数为 0，也会导致中断。CPU 在处理完这些异常后，不会返回异常继续执行。所以，答案为 D。

15.【答案】B

【精解】考点为中断处理过程。

某设备中断请求的响应和处理时间为 100ns，就是 CPU 花费的时间。每 400ns 发出一次中断请求，100 ÷ 400=0.25。中断响应所允许的最长延迟时间为 50ns，这是干扰信息。所以答案为 B。

16.【答案】A

【精解】考点为中断过程。

设备需要每秒钟传输 12.5k 个 4 字节的数据块。每个数据块引起 1 次中断。每次中断开销是：1ns × 1000=1μs。每秒钟中断总时间是：1μs × 12.5k=12.5ms

所以，CPU 用于该设备输入 / 输出的时间占整个 CPU 时间的百分比最多是：

12.5ms ÷ 1s=0.0125=1.25%。所以答案是 A。

17.【答案】D

【精解】考点为 DMA 知识。

在 DMA 操作期间，DMA 控制器占用系统总线，CPU 不能使用系统总线。所以不能进行使用系统总线的操作。所以答案是 D。

18.【答案】D

【精解】考点为中断知识。

A、B、C 正是两者的区别。所以答案是 D。

19.【答案】C

【精解】考点为 DMA 知识。

周期挪用是指利用 CPU 不访问存储器的那些周期来实现 DMA 操作，此时 DMA 可以使用总线而不用通知 CPU 也不会妨碍 CPU 的工作。故选 C。

20.【答案】B

【精解】考点为 DMA 知识。

DAM 的输出操作是：读取内存的数据，写入设备。DMA 的输入输出是从内存角度说的。所以答案是 B。

21.【答案】A

【精解】考点为 DMA 知识。

DAM 的输出（内存到外设）操作是：读取内存的数据，写入 DMA 数据寄存器，再从 DMA 数据寄存器发出，写到外设。所以答案是 A。

22.【答案】A

【精解】考点为 DMA 知识。

周期挪用方式是每进行 1 次 DMA 传输，就放弃总线控制。所以答案是 A。

23.【答案】B

【精解】考点为 DMA 知识。

DMA 传输适合大量、连续、高速的数据传送。从磁盘读取文件是 DMA 的典型应用场合。所以答案是 B。

24.【答案】A

【精解】考点为中断的特点。

中断适合设备主动通知 CPU，并且传输数据量不大，随机发生传输的场合。键盘与鼠标属于此类设备，所以答案是 A。

25.【答案】D

【精解】考点为中断知识。

进行优先级判定，需要优先级判定电路。

专门的优先级判定电路在 CPU 外，也有 CPU 把优先级判定电路集成到 CPU 内部。有的则是通过中断服务程序，由程序逐一查询来判断。所以答案是 D。

26.【答案】D

【精解】考点为中断知识。

选项 A、B、C 是中断的缺点。所以答案是 D。

27.【答案】A

【精解】考点为 DMA 知识。

突发（burst）方式就是 DMA 占用系统总线，进行 1 个数据块的传输，在此期间，CPU 不能使用系统总线。传输完毕，DMA 控制器放弃系统总线。该方式传输最快，适合简单的系统。

挪用（stealing）方式是：DMA 在没有操作期间，不占用总线。当需要传输时，它优先使用总线，使 CPU 放弃总线。DMA 控制器传输 1 个字数据，放弃总线。CPU 恢复使用总线。这种方式导致 CPU 使用总线的时间变长。这是一种效率高的方式。所以答案是 A。

28.【答案】D

【精解】考点为查询程序知识。

设备 D 每 20ms 准备好 1 字节数据，CPU 执行查询的间隔应该小于 20ms，否则导致设备数据被覆盖而丢失。所以答案是 D。

29.【答案】B

【精解】考点为中断知识。

有些 CPU 采用向量中断方法，中断向量表存放每个中断服务程序入口地址。每个表目对应 1 个中断服务程序入口地址。CPU 根据中断类型号，通过设定的规则，找到对应的中断向量表的表目，就得到该中断服务程序的入口地址。所以答案是 B。

● 综合应用题

1.【答案精解】

（1）设备 A 数据传输率为 2MB/s，数据缓冲为 4 字节，则每秒传送 0.5M 个 4 字节，或者每 4 个字节需要 2μs。设备 A 最多间隔 2μs 查询 1 次才能不丢失数据。

计算机的主频为 500MHz，CPI 为 4，则 CPU 时钟周期是 2ns，每条指令的时间是 8ns。每次输入输出都至少执行 10 条指令，需要 80ns。

CPU 用于设备 A 输入输出的时间占 CPU 总时间的百分比是：80ns ÷ 2μs=4%。

（2）设备 B 的数据传输率为 40MB/s，数据缓冲为 4 字节，则每秒传送 10M 个 4 字节，或者每 4 个字节需要 0.1μs。设备 B 最多间隔 0.1μs 传输 1 次才能不丢失数据。

每次中断响应和中断处理的总时钟周期数至少为 400，总时间是 2ns × 400=800ns=0.8μs。

因此，设备 B 不能采用中断 I/O 方式。

（3）设备 B 数据传输率为 40MB/s，每次 DMA 传送的数据块大小为 1000B，每秒需要 DMA 操作 0.04M 次，每次 DMA 间隔 25μs。

CPU 用于 DMA 预处理和后处理的总时钟周期数为 500，时间是 2ns × 500=100ns=1μs。

占总时间的比率为：1 ÷ 25=0.04=4%。

2.【答案精解】

（1）每传送一个字符，在异步串行通信线上共需传输：1 个开始位、7 个数据位、1 位奇校验位和 1 位停止位，共 10 位。

题目对于设备 D 的工作描述不是很清楚。如果假定 D 每次往 I/O 端口送字符的间隔是 0.5ms，则每秒钟最多可向 I/O 端口送入的字符个数是：1000 ÷ 0.5=2000。

（2）时钟周期是 20ns。每条指令需要 4 个时钟周期。

CPU 获得 1 个字符的过程为：启动到请求（0.5ms）、请求到响应（10 个时钟周期）、中断服务到启动（15 条指令周期）。花费时间的时钟周期为：（0.5ms ÷ 20ns）+10+15 × 4=25070。

从 D 读取 1000 个字符，则完成这一任务所需时间大约是 25070000 个时钟周期。

每次 CPU 参与的过程：请求到返回。时钟周期数量是：10+4 × 20=90。

从 D 读取 1000 个字符，CPU 用于完成这一任务的时间大约是 90000 个时钟周期。

在中断响应阶段 CPU 进行的操作：保存 PC 的值，保存标志寄存器的值，设置标志寄存器的 IE 位为 0，识别中断类型。

提示：这步的计算不再考虑步（1）的串行通信。

3.【答案精解】

（1）某外设的数据传输率为 0.5MB/s，以 32 位为传输单位，也就是每秒传送 0.125M（0.5M ÷ 4）个 4 字节的数据块，每个 4 字节数据块间隔时间是：1s ÷ 0.125M=8μs。

CPU 主频为 500MHz，则 CPU 时钟周期是 2ns。中断程序总共相当于 20 条指令，CPI 为 5，需要时间为：2ns × 5 × 20=200ns。

CPU 用于该外设 I/O 的时间占整个 CPU 时间的百分比是：200ns ÷ 8us=0.025=2.5%。

（2）1s 内需要 DMA 的次数：5M ÷ 5000=1000。

每次 DMA 时间时隔：1s ÷ 1000=1ms。

每次 DMA 时，CPU 处理花费的时间是：2ns × 500=1000ns=1μs。

CPU 用于该外设 I/O 的时间占整个 CPU 时间的百分比是：1μs ÷ 1ms=0.1%。

4.【答案精解】

数据计数器是 16 位，所以，它每次能传输的最大数据块的大小为 65536 个字。可以这样理解：装入的传输次数比实际的传输次数少 1，例如，装入的数值是 10，则实际传输 11 次。装入的最大值是 65535，则实际传输是 65536 次。

5.【答案精解】

（1）对于每个输出设备，接口中应该有 2 个数据寄存器，分别存放发送给 D1、D2 的数据。

应该有 2 个状态寄存器，分别连接 D1 的 2 个状态线、D2 的 4 个状态线。

应该有 2 个控制寄存器，分别连接 D1 的 4 个控制线、D2 的 5 个控制线。

（2）总共需要 6 个寄存器，需要 6 个地址。

6.【答案精解】

（1）按键的速率最快是 10 次 /s，程序运行间隔最少需要 100ms。

（2）中断花费时间：100μs × 20=2ms。

7.【答案精解】

DMA 操作涉及外设，如磁盘。如果 DMA 操作期间被 CPU 打断，读取磁盘就会受到干扰，导致数据丢失。

8.【答案精解】

（1）总线周期是 0.25μs。每次 DMA 传输 1 个字节需要：0.25μs × 3=0.75μs。

（2）最快的传输速度是：1B ÷ 0.75μs=1.33MB/s。

（3）每次 DMA 传输 1 个字节需要：0.25μs × 5=1.25μs。

传输速度是：1B ÷ 1.25μs=0.8MB/s。

7.6 重难点答疑

1. I/O 接口的概念。

【答疑】I/O 接口从硬件角度讲就是 1 个电路板，该电路板连接 CPU 与外设。与 CPU 传输需要地址总线、数据总线、控制总线。与外设如何协调工作则是设备设计者需要处理的事情。从 CPU 角度看接口，I/O 接口就是可以访问的寄存器集合。CPU 通过地址区分每个寄存器。

2. 关于磁盘传输与磁盘存取、磁道读取。

【答疑】常规下，磁盘存取时间指：寻道时间与旋转半周时间的和。

有的资料认为，当磁头在某个磁道时，旋转 1 周读取 1 个磁道的数据的时间，叫作传输时间或读取时间。有的资料是把从寻道开始到完成读取数据的时间叫作传输时间。有的资料认为，磁盘传输时间是指磁盘通过总线往内存传输的时间。在涉及磁盘时间的计算时，需要结合题目的信息确定。

7.7 命题研究与模拟预测

7.7.1 命题研究

从历年全国统考看，本章内容每年都会考查到，有 2 道左右的单选选择题，有时有 1 道综合题。

首先考生需要掌握 I/O 的组成，这属于需要考生记忆与理解的范围。

关于设备的知识会涉及显示带宽的计算，曾经出现在全国统考题目中，属于简单知识。考生能够很容易掌握。

磁盘的组成、磁盘容量计算、磁盘平均存取时间的计算曾经多次出现在全国统考题目中，属于中等难度，需要考生掌握。

RAID 的概念、RAID 原理、RAID 的分类也曾经出现在全国统考题目中，但属于简单知识。考生能够很容易掌握。

I/O 接口的组成、端口、端口的编址暂时没有出现在全国统考题目中，但属于简单知识。考生能够很容易掌握。

程序查询、中断、DMA 是本章的重点，曾经多次出现在全国统考题目中。题目多结合总线操作要求进行定量计算。难度属于中等偏上，需要考生通过练习加以掌握。

7.7.2 模拟预测

● 单项选择题

1. 某计算机系统每次读写发出 20 位地址，有存储器读信号、存储器写信号、I/O 读信号、I/O 写信号。如果系统增加 I/O 接口，端口地址的编码可以采用（ ）。

A. 统一编址　　B. 独立编址　　C. 两种方式均可　　D. 两种方式均不行

2. 某计算机系统地址管脚有 20 根。访问内存使用 20 位地址线，访问 I/O 使用 16 位地址线。采用独立编址。则 CPU 可以访问的地址范围的总数是（ ）。

A. 2^{20}　　B. 2^{16}　　C. $2^{20}+2^{16}$　　D. 2^{36}

3. 端口与接口的关系是（ ）。

A. 1 个端口只包含 1 个接口　　B. 1 个端口可以包含多个接口

C. 1 个接口只包含 1 个端口　　D. 1 个接口可以包含多个端口

● 综合应用题

1. 某磁盘旋转速度为 10000rpm，每个扇区大小是 512 字节，平均寻道时间为 5ms，数据传输速率为 50MB/s，磁盘控制器需要 0.5ms 的时间开销。从空闲状态起，读写磁盘 1 个 512 字节的扇区，计算需要花费的平均时间。

2. 某硬盘的特性是：有 6 个表面，每个表面有 1024 个磁道，每个磁道有 256 个扇区，每个扇区为 512 字节数据，寻道时间为 8ms，旋转速度为 5000rpm。计算：

（1）磁盘的容量。

（2）存取时间。

3. 磁盘转速为 6000rpm，计算：

（1）平均旋转延迟。

（2）假定访问时间为 7.5ms，则平均寻道时间是多少？

4. 某磁盘转速为 10000rpm，平均寻道时间为 5ms，扇区大小为 512，每个磁道有 1024 个扇区。某文件大小为 1MB，存放在连续的扇区中。计算读取该文件需要的时间。

5. 某计算机采用中断方式进行 I/O 操作。CPU 响应中断的时间（即从 CPU 发现中断到开始执行中断服务程序的时间间隔）是 6μs。中断服务程序运行完毕返回被中断的原程序需要 3μs。

（1）如果中断服务程序由 10 条指令构成，且 CPU 每 1μs 执行 10 条指令。则中断服务的效率是多少？

（2）假定中断服务的效率是 80%，则中断服务程序应该由多少条指令构成？

6. 假定某 I/O 系统采用 DMA 方式。从外设提出数据传输的请求到数据开始传输需要花费 20ms。数据传输的速率是每 1μs 传输 1 个字节。

（1）假定 1 个数据块是 1K 个字节，计算 1 次 DMA 传输的效率。

（2）假定 1 个数据块是 10K 个字节，计算 1 次 DMA 传输的效率。

7.7.3 答案精解

● 单项选择题

1.【答案】C

【精解】考点为端口编址方式。

统一编址就是把端口看作存储器分配地址，端口占用的地址与存储器的地址不能相同，以免冲突。这样 CPU 不需要 I/O 读信号、I/O 写信号，用访问存储器的指令就可以访问 I/O 端口。

独立编址就是 I/O 端口的地址与存储器的地址是独立的，地址可以相同，需要有存储器读信号、存储器写信号、I/O 读信号、I/O 写信号来明确操作的对象。

所以答案为 C。

2.【答案】C

【精解】考点为端口编址方式。

独立编址就是 I/O 端口的地址与存储器的地址是独立的，地址可以相同。

访问内存使用 20 位地址线，地址范围为 2^{20}。

访问 I/O 使用 16 位地址线，地址范围为 2^{16}。

所以答案为 C。

3.【答案】D

【精解】考点为端口、接口的知识。

1 个接口，从硬件角度看就是电路板，从软件角度看就是不同端口的集合。端口就是寄存器。接口可以包含多个端口。所以，答案为 D。

● 综合应用题

1.【答案精解】

磁盘存取时间包含：寻道时间、旋转延迟、传输时间、磁盘控制器花费时间。

寻道时间为 5ms；

旋转延迟为：（60000 ÷ 10000）÷ 2=3ms；

传输时间为：0.5k ÷ 50 ≈ 0.01ms；

需要花费的平均时间：5ms+3ms+0.5ms+0.01m=8.51ms。

2.【答案精解】

（1）磁盘容量为：512 × 256 × 1024 × 6=768 × 1024 × 1024=768MB。

（2）寻道时间为 8ms，

平均旋转时间为：（60 × 1000 ÷ 5000）÷ 2=6ms，

存取时间为：8ms+6ms=14ms。

3.【答案精解】

rpm 是指 revolutions per minute，就是每分钟旋转多少圈。

（1）旋转 1 周花费的时间是：$60000 \div 6000=10ms$，

平均旋转延迟为旋转半周时间，即 5ms。

（2）访问时间 = 平均旋转延迟 + 平均寻道时间，

平均寻道时间 $=7.5-5=2.5ms$。

4.【答案精解】

每个磁道存储的数据是：$0.5K \times 1024=0.5MB$，

该文件需要 2 个相邻的磁道来存储。

平均寻道时间：5ms，

平均旋转延迟：$60000 \div 10000 \div 2=3ms$，

传输第 1 个磁道时间：$60000 \div 10000=6ms$，

假定传输第 2 个磁道不需要寻道时间，只需要平均旋转延迟，则花费时间为：9ms，

总的读取文件时间是：$5+3+6+9=23ms$。

5.【答案精解】

某计算机采用中断方式进行 I/O 操作。CPU 响应中断的时间（即从 CPU 发现中断到开始执行中断服务程序的时间间隔）是 6μs。中断服务程序运行完毕返回被中断的原程序需要 3μs。

（1）中断服务程序运行时间是 1μs。

处理中断需要的总的时间是：$3+6+1=10\mu s$，

中断服务的效率是：中断服务程序的时间 ÷ 中断总时间。

所以，$1 \div 10=0.1=10\%$。

（2）假定中断服务程序运行时间是 x，假定中断的效率是 80%，即：

$x \div (x+9)=0.8$，则 $x=36\mu s$。

CPU 每 1μs 执行 10 条指令，则中断服务程序的指令条数是：$10 \times 36=360$ 条。

6.【答案精解】

（1）假定 1 个数据块是 1K 个字节。

传输该数据块需要时间是：$1\mu s \times 1024=1024\mu s$，

DMA 操作花费总的时间：$102\mu s+20ms=21024\mu s$，

传输的效率是：$1024\mu s \div 21024\mu s=0.0487=4.87\%$。

（2）假定 1 个数据块是 10K 个字节。

传输该数据块需要的时间是：$1\mu s \times 10240=10240\mu s$，

DMA 操作花费总的时间为：$10240\mu s+20ms=30240\mu s$，

传输的效率是：$10240\mu s \div 30240\mu s=0.3386=33.86\%$。

参考文献

[1] 教育部考试中心. 2020 年全国硕士研究生招生考试计算机科学与技术学科联考计算机学科专业基础综合考试大纲 [M]. 北京：高等教育出版社，2020.

[2] 唐朔飞. 计算机组成原理（第 2 版）[M]. 北京：高等教育出版社，2008.

[3] William Stallings. 计算机组成与体系结构: 性能设计(第 8 版)[M]. 彭蔓蔓等译. 北京: 机械工业出版社，2011.

[4] Carl Hamacher，Zvonko Vranesic，Safwat Zaky，Naraig Manjikian. 计算机组成与嵌入式系统（第 6 版）[M]. 王国华等译. 北京：机械工业出版社，2013.